普通高等教育"十一五"规划教材

21世纪大学数学创新教材

丛书主编　陈　化

数学软件与数学实验

第二版

王正东　主编

科学出版社

北　京

内 容 简 介

本书第二版是编者根据在第一版教学实践中所积累的经验修改而成的.

本书讨论了 Matlab 和 Lingo 两个软件，前一部分讲述了 Matlab 软件及使用该软件完成的数学实验，后一部分讲述了 Lingo 软件及其在解决优化问题上的应用，书末附有 Matlab 的统计计算命令，以方便读者查询.

本书软件讲述详细，通过完整的应用例题的介绍，力图使读者能够尽快掌握动手编程的能力.

实验案例新颖有趣，其中既有圆周率的计算问题，又有金融贷款的实际问题；既有对混沌现象的讨论，又有对蹦极运动的仿真实验，充分展现了数学的美和软件的巧.通过这些实验介绍了计算方法、线性和非线性迭代现象、模拟和仿真方法、最优化方法和统计计算方法，每个实验还配备了相应的练习题，可供读者实践.

本书可作为高等院校理工类专业数学实验和数学建模的教科书，也可供数学软件学习者选用参考.

图书在版编目(CIP)数据

数学软件与数学实验/王正东主编.—2 版.—北京：科学出版社，2010.8
普通高等教育"十一五"规划教材.21 世纪大学数学创新教材
ISBN 978 - 7 - 03 - 028615 - 4

Ⅰ.①数… Ⅱ.①王… Ⅲ.①数值计算-应用软件-高等学校-教材②高等数学-实验-高等学校-教材 Ⅳ.①O245②O13 - 33

中国版本图书馆 CIP 数据核字(2010)第 158545 号

责任编辑：曾 莉／责任校对：董艳辉
责任印制：徐晓晨／封面设计：苏 波

科 学 出 版 社 出版
北京东黄城根北街 16 号
邮政编码：100717
http://www.sciencep.com

北京教图印刷有限公司 印刷
科学出版社发行 各地新华书店经销

＊

2004 年 8 月第 一 版 开本：B5(720×1000)
2010 年 8 月第 二 版 印张：17 3/4
2017 年 1 月第六次印刷 字数：339 000

定价：49.00 元

《21世纪大学数学创新教材》丛书序

《21世纪大学数学创新教材》为大学本科数学系列教材,大致划分为公共数学类、专业数学类两大块,创新是其主要特色和要求.经组编委员会审定,列选科学出版社普通高等教育"十一五"规划教材.

一、组编机构

《21世纪大学数学创新教材》丛书由多所985和211大学联合组编:

丛 书 主 编 陈　化

常务副主编 樊启斌

副 　 主 　 编 吴传生　何　穗　刘安平

丛 书 编 委(按姓氏笔画为序)

王卫华　王展青　刘安平　严国政　李　星

杨瑞琰　肖海军　吴传生　何　穗　汪晓银

陈　化　罗文强　赵东方　黄樟灿　梅全雄

彭　放　彭斯俊　曾祥金　谢民育　樊启斌

二、教材特色

创新是本套教材的主要特色和要求,创造双重品牌:

先进.把握教改、课改动态和学科发展前沿,学科、课程的先进理念、知识和方法原则上都要写进教材或体现在教材结构及内容中.

知识与方法创新.重点教材、高层次教材,应体现知识、方法、结构、内容等方面的创新,有所建树,有所创造,有所贡献.

教学实践创新.教材适用,教师好教,学生好学,是教材的基本标准.应紧跟和引领教学实践,在教学方法、教材结构、知识组织、详略把握、内容安排上有独到之处.

继承与创新.创新须与继承相结合,是继承基础上的创新;创新需转变为参编者、授课者的思想和行为,避免文化冲突.

三、指导思想

遵循国家教育部高等学校数学与统计学教学指导委员会关于课程教学的基本

要求,力求教材体系完整,结构严谨,层次分明,深入浅出,循序渐进,阐述精炼,富有启发性,让学生打下坚实的理论基础.除上述一般性要求外,还应具备下列特点:

（1）恰当融入现代数学的新思想、新观点、新结果,使学生有较新的学术视野.

（2）体现现代数学创新思维,着力培养学生运用现代数学软件的能力,使教材真正成为基于现代数学软件的、将数学软件融合到具体教学内容中的现代精品教材.

（3）在内容取舍、材料组织、叙述方式等方面具有较高水准和自身特色.

（4）数学专业教材要求同步给出重要概念的英文词汇,章末列出中文小结,布置若干道(少量)英文习题,并要求学生用英文解答.章末列出习题和思考题,并列出可进一步深入阅读的文献.书末给出中英文对照名词索引.

（5）公共数学教材具有概括性和简易性,注重强化学生的实验训练和实际动手能力,加强内容的实用性,注重案例分析,提高学生应用数学知识和数学方法解决实际问题的能力.

四、主编职责

丛书组编委员会和出版社确定全套丛书的编写原则、指导思想和编写规范,在这一框架下,每本教材的主编对本书具有明确的责权利:

1. 拟定指导思想

按照丛书的指导思想和特色要求,拟出编写本书的指导思想和编写说明.

2. 明确创新点

教改、课改动态,学科发展前沿,先进理念、知识和方法,如何引入教材;知识和内容创新闪光点及其编写方法;教学实践创新的具体操作;创新与继承的关系把握及其主客体融合.

3. 把握教材质量

质量是图书的生命,保持和发扬科学出版社"三高"、"三严"的传统特色,创出品牌;适用性是教材的生命力所在,应明确读者对象,篇幅要结合大部分学校对课程学时数的要求.

4. 掌握教材编写环节

（1）把握教材编写人员水平,原则上要求博士、副教授以上,有多年课程教学经历,熟悉课程和学科领域的发展状况,有教材编写经验,有扎实的文字功底.

（2）充分注意著作权问题,不侵犯他人著作权.

（3）讨论、拟定教材提纲,并负责编写组的编写分工、协调与组织.

（4）拟就内容简介、前言、目录、样章,统稿、定稿,确定交稿时间.

（5）负责出版事宜,敦促编写组成员使用本教材,并优先选用本系列教材.

《21世纪大学数学创新教材》组编委员会

2009 年 6 月

第二版前言

美国著名的数学家和数学教育家波利亚(George Polya,1887~1985)曾经指出:"数学有两个侧面,一方面它是欧几里得式的严谨科学,从这个方面看,数学像一门系统的演绎科学;但另一方面,创造过程中的数学,看起来却像一门试验性的归纳科学."大数学家欧拉(Leonhard Euler,1707~1783)说:"数学这门科学需要观察,也需要实验."荷兰著名的数学教育家弗赖登塔尔(H. Freudenthal,1905~1990)认为,数学教学方法的核心是学生的"再创造".

经历了多年实验课的教学实践,我们体会到,数学实验教学,能够改善学习环境,活跃学习思维,使学生顺利进行意义构建并实现再创造.数学实验的引入,必将对我国数学教育改革起到重要而深远的影响.

在第一版的基础上,我们根据教学实践中积累的经验,对本书作了如下几个方面的修改:

(1)加强了对 Matlab 软件功能的介绍;

(2)新增了 Lingo 软件与优化问题的内容;

(3)对原书中部分数学实验的内容作了重新修订.

数月的辛劳终于得到了回报,看着打印机中吐出的一页页文字、公式、程序和图片,作者享受到了难以言状的轻松和愉悦,它们是作者心血的凝聚.

高兴中仍有些许遗憾,受篇幅所限,作者忍痛割除了已完成的 Mathmetica 软件及其实验内容.

本书由王正东主编.杨文霞编写了第 1 章,尹强编写了第 2 章中第 2、第 4、第 5节,李宇光编写了第 6 章,王正东编写了其余所有的章节.

我的学生张雪梅为分形一节编写了作图程序,使本书增色不少,我深深感谢她对本书所做的贡献.

本书在编写的过程中,还获得了我校教务处的立项支持,编者在此表示衷心的感谢.

本书中的重要程序已经上网,下载地址:http://public.whut.edu.cn/math01.

编　者

2010 年 4 月

目　　录

第1章 Matlab 与矩阵运算

Matlab(取名于 Matrix Laboratory)是美国 MathWorks 公司开发的数学软件,是世界流行的优秀科学计算软件之一.它集数值分析、矩阵运算、信号处理和图形显示等于一体,构成了一个方便的、界面友好的数学平台,具有功能强大(具备数值计算、符号计算、图形生成、文本处理功能及多种专业工具箱)、界面友好、源代码开放、可二次开发等特点.

Matlab 的基本运算单元是不需指定维数的矩阵,该软件有丰富的库函数,可以很方便地进行复杂的矩阵运算.Matlab 包含 30 多种学科工具箱,其应用范围包括工程和科学计算与仿真的各个领域.用户还可以根据自己的需要建立新的库函数,以提高 Matlab 的使用效率,扩充它的功能.

1.1 Matlab 的基本操作

1.1.1 Matlab 界面及主要窗口介绍

运行 Matlab 软件,将出现 Matlab 运行主界面(Matlab Desktop),界面主要包含有:

(1) 命令窗口(Command Window).用于进行各种 Matlab 操作,键入和运行 Matlab 指令、函数及表达式,显示数值计算的运算结果,如图 1.1 所示.

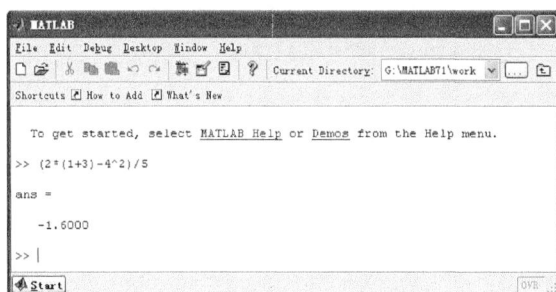

图 1.1 Matlab 的命令窗口

(2) 命令历史窗口(Command History).该窗口记录已经运行过的函数及表达式,同时允许用户对它们进行删除、复制及再次运行.

(3) 当前目录窗口(Current Directory).用于设置文件的访问和存储目录,并展示目录中的 Matlab 文件,可以进行复制、编辑及运行等操作.

(4) 工作空间窗口(Workspace).工作空间是由 Matlab 提供的一个由常量和

变量构成的工作环境.每一次打开 Matlab 时,自动建立一个工作空间,工作空间中有 Matlab 的固有常量,如圆周率 pi、虚数单位 i 等.程序和指令的运算结果,以变量的形式保存在工作空间中,它们又可以被别的程序继续调用.

以上窗口可以通过 Desktop 菜单将其打开或者关闭.

此外,其他比较重要的窗口有 M 文件编辑/调试器(Editor/Debugger)、帮助窗口等.这些将在后文中介绍.

1.1.2　Command Window 操作

用户打开 Matlab 软件后,Command Window 中会出现一个"＞＞"提示符,提示读者在此输入指令和运行程序.

例 1.1　求 $[2\times(1+3)-4^2]\div 5$ 的值.

在 Command Window 的提示符下输入如下指令:

```
>> (2*(1+3)-4^2)/5
```

按回车键,该条指令即被执行.指令执行后,Command Window 中显示如下结果:

```
ans =

   -1.6000
```

运行结果中,ans 是英文"answer"的缩写,是 Matlab 中预定义的一个默认变量,存储最近一条指令运行后的结果.ans 存储在 Workspace 中.

Matlab 语言并不要求对变量进行事先声明,也不需要指定变量类型,它会自动根据所赋予变量的值或对变量所进行的操作,来确定变量的类型.在赋值过程中,如果变量已存在,则使用新值代替旧值,并以新的变量类型代替旧的变量类型.

1. Matlab 语句

Matlab 语言是一种解释型语言,它对输入的表达式边解释边运行,同 Basic 语言中的做法一样.Matlab 语句的常用格式为:

```
变量=表达式[;]
```

(1)表达式可以由函数、变量等构成.用户输入一个表达式,并以回车键结束,Matlab 将立刻执行表达式的计算命令,计算结果赋给左边的变量,并同时显示在屏幕上.

(2)如果表达式以分号";"结束,则 Matlab 只进行计算,不在屏幕上显示结果.

(3)如果省略左边的变量和等号,则由 Matlab 自动建立一个名为 ans 的变量.

(4)如果一个表达式太长,在一行中放不下,可以在行末使用续行符号"...",将其余的部分延续到下一行.

(5)一行中可以写多个语句,它们之间需用逗号或者分号分开,但建议初学者一行只写一条语句,简洁清晰.

表达式中运算的执行次序遵循如下通用的优先规则:表达式从左到右执行,幂运算具有最高优先级,乘法和除法具有相同的次优先级,加法和减法有相同的最低优先级.括号可用来改变通用的优先次序,由最内层括号向外执行.

在例 1.1 中,可以输入:

```
a = (2 * (1 + 3) - 4^2)/5
```

运行该条指令,输出结果:

```
a =
    - 1.6000
```

即将指令的运行结果赋给变量 a,同时变量 a 存储在 Workspace 中.

命令 who 可以帮助用户了解当前工作空间已存在的变量.例如,

```
>> who
Your variables are:
   a    ans
```

即说明工作空间内现有 a 和 ans 两个变量.

命令 whos 较命令 who 提供的信息更详细,而 clear 命令可以删除工作空间里的变量.

```
>> whos
   Name      Size              Bytes  Class
   a         1x3                  24  double array
   ans       1x1                   8  double array
Grand total is 4 elements using 32 bytes
```

退出 Matlab 后,工作空间内的所有变量都会消失,用户可以将工作空间中选定的变量保存下来,以便今后使用.使用 save 和 load 指令完成工作空间中数据的存取,具体的使用格式如下:

save Filename	把全部内存变量保存为 Filename.mat 文件
save Filename x y	把内存变量 x,y 保存为 Filename.mat 文件
load Filename	把 Filename.mat 文件中的全部变量装入内存
load Filename x y	把 Filename.mat 文件中的变量 x,y 装入内存

2. Matlab 变量和数值

变量名可由字母、数字和下划线组成,最多为 63 个字符,且第一个字符必须是字母.变量字母区分大写和小写,如 Var 与 var 是两个合法的不同变量.Matlab 还提供了几个固定变量,在启动 Matlab 时产生.建议用户在编写指令和程序时,尽可能不对表 1.1 所列固定变量重新赋值,以免产生混淆.

表 1.1 Matlab 的固定变量

变 量	含 义	变 量	含 义
ans	计算结果的缺省变量	i 或者 j	虚数单位 $\sqrt{-1}$
eps	浮点数的相对精度	pi	圆周率 π
Inf	无穷大	realmax	最大正浮点数
flops	浮点运算次数	realmin	最小正浮点数

在例 1.1 中,计算结果以保留小数点后面 4 位的数据显示. 有时候,需要计算结果以分数显示或者需要小数点后面更精确的数据,则需要改变数据的显示形式. 数据的显示格式用 format 函数控制. 以无理数 π 为例,输入表 1.2 第一列的不同命令,显示结果及意义如第二列和第三列所示. 在选择不同的显示格式时,Matlab 并不改变数字的内容,只改变显示格式.

表 1.2　数值显示格式

命　　令	显　示　结　果	说　　明
format long	3.14159265358979	小数点后 14 位
format short e	3.1416e+00	5 位加指数
format long e	3.141592653589793e+00	小数点后 15 位加指数
format hex	400921fb54442d18	十六进制
format bank	3.14	小数点后两位
format +	+	正、负号或零
format rat	355/113	有理数近似
format short(缺省)	3.1416	小数点后四位

1.1.3　数组的赋值与访问

数组的创建与赋值方法包括数组的直接输入创建、冒号生成法、线性采样法、特殊矩阵的函数生成法等.

1. 数组的直接输入法

在命令窗口可以直接输入数组或矩阵,遵循如下规定:

(1) 按行方式输入每个元素:同一行中的元素用逗号","或者用空格符来分隔.

(2) 不同的行用分号";"分隔.

(3) 所有元素处于一方括号"[ ]"内.

例如,在命令窗口中输入:

A = [1 2 3;4 5 6;7 8 9]

按回车键运行后得:

```
>> A =
    1    2    3
    4    5    6
    7    8    9
```

2. 冒号生成法

该方法用于生成具有等差律的数组. 通过步长设定,自动生成一维行向量,其通用格式为:

变量 = 初值:增量:终值

其中,初值是数组的第一个元素,增量为采样点之间的间隔,即步长.增量也可以省略,缺省时步长为 1.

例 1.2 分别在命令窗口中运行如下指令,观察输出结果.

```
>> X1 = 1:1:10              %生成从1到10的一维行数组,步长指定为1
X1 =
        1    2    3    4    5    6    7    8    9    10
>> X2 = 1:10                %功能和上一条指令相同
X2 =
        1    2    3    4    5    6    7    8    9    10
>> X3 = 1:2:10             %从1开始步长为2生成数组,最后一个元素为9
X3 =
        1    3    5    7    9
>> X4 = 1: - 2: - 10       %从1开始步长为-2生成数组
X4 =
        1   -1   -3   -5   -7   -9
```

3. 线性采样法

该方法使用 linspace 函数,在设定的数据长度下,均匀生成一维行数组.指令为:

$$X = linspace(a, b, n)$$

其中 a 和 b 分别为数组的第一个和最后一个元素.n 是数组的总长度,数组的步长为 $\dfrac{b-a}{n-1}$,n 的缺省值为 100.

例 1.3 输入如下指令观察结果.

```
>> X = linspace(0,1,5)      %生成从0到1共5个数据的一维数组,步长为0.25
X =
        0    0.2500    0.5000    0.7500    1.0000
```

对于一维数组,以 A=[1 2 3 4 5 6 7 8 9 10]为例,元素访问与赋值的常见方法如下:

```
A(3)              访问A中第3个元素.若在命令窗口运行A(3),则输出 ans = 3
A([1 2 5])        访问第1,2,5个元素组成的子数组
A(2:5)            访问第2至5个元素
A(2:end)          访问第2至最后一个元素
A(4: - 1:1)       由前4个元素倒序构成的子数组
A(1:3) = [7 8 9]  将矩阵A的前3个元素重新赋值,分别为7,8,9
A(11) = 11        将数组自动添加一个元素,第11个元素赋值11
```

对于二维数组,以 B=[1 2 3 4;5 6 7 8;9 10 11 12]为例,元素访问与赋值的常见方法如下:

```
B(3,4)            访问B中第3行第4列的元素
```

B(5)	访问 B 中按列优先原则开始数的第 5 个元素,即 B(5) = 6
B(2,:)	访问 B 中第 2 行的所有元素
B(:,3)	访问 B 中第 3 列的所有元素
B(1:2 ,2:3)	访问 B 中第 1～2 行,2～3 列的元素,共 2 行 2 列
B(2,1) = 10	将 B 中第 2 行 1 列的元素赋值 10
B_ele = B(:)	访问 B 的所有元素,按列优先的原则依次访问并生成一个列向量,赋值给 B_ele
B(3 ,1:2) = 0	将第 3 行的第 1,2 个元素重新赋值为 0
B(2,:) = []	删除 B 中第 2 行的元素

例 1.4 数组的创建、访问与赋值.

```
>> A = [1 2 3;4 5 6;7 8 9];        % 生成一个新的数组
A =
    1    2    3
    4    5    6
    7    8    9
>> A(6) = 100                      % 按"列优先原则"访问 A 的第 6 个元素并重新赋值为
                                     100
A =
    1    2    3
    4    5    6
    7  100    9
>> b = [10 11 12]';
>> A = [A,b]                       % 在 A 的每一行后面添加一个元素,即添加一列 b
A =
    1    2    3   10
    4    5    6   11
    7  100    9   12
>> c = [1 1 1];
>> A = [A;c]                       % 在 A 后添加一行元素
A =
    1    2    3   10
    4    5    6   11
    7  100    9   12
    1    1    1    1
```

矩阵元素也可以是表达式,例如,

```
>> v = [-1.2 sqrt(3) (3+4)*6.7]
v =
    -1.2000    1.7321   46.9000
```

4. 特殊矩阵的生成

除了直接用键盘输入矩阵外,Matlab 还提供了一些函数来构造特殊矩阵,如

单位矩阵、对角矩阵等. 表 1.3 中列出常用的一些生成特殊矩阵的函数. 例如,

```
>> s = eye(3)          % 产生 3×3 正方形单位矩阵
s =
     1     0     0
     0     1     0
     0     0     1
```

表 1.3　特殊矩阵生成函数

函　　数	含　　义
[ ]	空矩阵
blkdiag	对角矩阵
eye	单位矩阵
magic	魔方矩阵
ones	全部元素都为 1 的矩阵
rand	元素服从 0 和 1 之间均匀分布的随机矩阵
randn	元素服从标准正态分布的随机矩阵
vander	范德蒙(Vandermonde)矩阵
zeros	全部元素都为 0 的矩阵

Matlab 中的单位矩阵与数学上定义的单位矩阵并不完全一致. 数学上,单位矩阵是对角线元素为 1,其余元素为 0 的方阵;在 Matlab 中,单位矩阵也可以是长方阵,此时行数和列数相等的位置的元素为 1,其余元素为 0.

```
>> q = zeros(2,3)          % 产生 2×3 零矩阵
q =
     0     0     0
     0     0     0
>> u = ones(2)          % 产生 2×2 对角线元素全为 1 的矩阵
u =
     1     1
     1     1
>> t = randn(3,4)          % 矩阵的元素为服从标准正态分布的随机数
t =
   -0.6918   -1.5937   -0.3999    0.7119
    0.8580   -1.4410    0.6900    1.2902
    1.2540    0.5711    0.8156    0.6686
```

1.1.4　矩阵和数组的常见运算函数

Matlab 的计算功能来自各个领域的专家为它编写的各种函数和工具箱,包含基本的数学函数、向量函数和矩阵函数.

1. 常用函数

表 1.4　基本数学函数

函　　数	符　　号				
三角函数	sin	cos	tan	cot	sec	csc
反三角函数	asin	acos	atan	acot	asec	acsc
指数和对数函数	sqrt	exp	log	log2	log10	pow2
双曲函数	sinh	cosh	tanh	coth	sech	csch
反双曲函数	asinh	acosh	atanh	acoth	asech	acsch
复数函数	abs	angle	real	imag	conj	
取整函数	fix	floor	ceil	round		
求余函数	rem	mod				
符号函数	sign					

注：log 为自然对数；log10 为常用对数；log2 为以 2 为底的对数；pow2 为 2 的乘幂；abs 为模或绝对值；real 为复数实部；imag 为复数虚部；angle 为复数辐角；conj 为共轭复数；fix 为去掉小数取整；floor 为向负无穷方向取整；ceil 为向正无穷方向取整；round 为四舍五入取整；rem 为求余数；mod 为模除求余数.

例 1.5　不同的取整函数演示.

```
>> A = [1.23, 1.78, -1.23, -1.78];
>> fix(A)
ans =
     1     1    -1    -1
>> floor(A)
ans =
     1     1    -2    -2
>> ceil(A)
ans =
     2     2    -1    -1
>> round(A)
ans =
     1     2    -1    -2
```

2. 向量函数

下面的函数常常作用于行或列向量,称之为向量函数. 当这些函数作用于矩阵时,将产生一个行向量. 行向量的每个元素是函数对矩阵列的作用的结果.

表 1.5　向量函数

指　令	功　能	指　令	功　能
max	求向量中最大元素	sum	求元素和
min	求向量中最小元素	prod	求元素积
mean	求向量中元素的平均值	cumsum	求元素累积和
median	求向量中元素的中位数	length	求数组长度
std	求标准差	size	求矩阵阶数

例 1.6 部分向量函数功能演示.

```
>> t = [3 2 4 - 1]
t =
     3     2     4    - 1
>> u = min(t),v = median(t),w = sum(t),q = prod(t)
u =
    - 1
v =
    2.5000
w =
    8
q =
    - 24
>> f = [1 - 2 3;4 5 6]
f =
    1    - 2     3
    4     5     6
>> g1 = cumsum(f),g2 = size(f),g3 = length(f)
g1 =
    1    - 2     3
    5     3     9
g2 =
    2     3
g3 =
    3
```

3. 矩阵函数

矩阵计算函数和矩阵操作函数涵盖了代数学中的基本功能,部分常用函数见表 1.6 和 1.7.

表 1.6　矩阵计算函数

指　令	功　　能	指　令	功　　能
det	计算方阵行列式	norm	计算矩阵范数或模
eig	计算方阵特征值	orth	求出可将矩阵化为对角阵的正交阵
inv	求方阵的逆	poly	矩阵的特征多项式
rank	计算矩阵的秩	lu	矩阵的 LU 分解
trace	计算矩阵的迹	chol	矩阵的 Cholesky 分解

表 1.7 矩阵操作函数

指 令	功 能	指 令	功 能
reshape	改变矩阵阶数	flipud	矩阵作上下翻转
repmat	按指定的行列数复制矩阵	fliplr	矩阵作左右翻转
rot90	逆时针旋转矩阵 90°		

例 1.7 矩阵操作函数演示.

```
>> h = 1:6,H = reshape(h,2,3)          %将 h 变为 2×3 矩阵,注意元素赋值的顺序
h =
     1     2     3     4     5     6
H =
     1     3     5
     2     4     6
>> H1 = reshape(H,3,2)                  %将 h 变为 3×2 矩阵
H1 =
     1     4
     2     5
     3     6
>> G = repmat(h,2,2)                    %将 h 复制为 2 行 2 列,赋值给 G
G =
     1     2     3     4     5     6     1     2     3     4     5     6
     1     2     3     4     5     6     1     2     3     4     5     6
>> fliplr(H)                            %左右翻转 H
ans =
     5     3     1
     6     4     2
>> rot90(H)                             %逆时针 90 度翻转 H
ans =
     5     6
     3     4
     1     2
```

4. 关系操作和逻辑操作

在程序流控制中,需要对是非问题作出"真"或"假"的回答. 为此,Matlab 提供了关系运算与逻辑运算,这两种运算的计算结果是由 0 和 1 组成的"逻辑数组",此数组中的 1 表示"真",0 表示"假".

常见关系运算符见表 1.8.

表 1.8 关系运算符

指　令	含　义	指　令	含　义
$<$	小于	$>=$	大于等于
$<=$	小于等于	$==$	相等
$>$	大于	$\sim=$	不相等

Matlab 共有三个逻辑运算符,它们是:逻辑与 &、逻辑或|、逻辑非~.
对于两个标量 x 与 y 的逻辑运算规则见表 1.9.

表 1.9　逻辑运算规则

x	y	x&y	x|y	~x
0	0	0	0	1
0	1	0	1	1
1	1	1	1	0

例 1.8　Matlab 关系运算实例.

```
>> A = [1 4 3 2];B = [5 4 1 3];
>> A>B                          % 比较 A 与 B 矩阵的元素大小,输出逻辑数组
ans =
    0    0    1    0
>> x = find(A == B)             % 找出 A 中元素与 B 中元素相等时的下标
x =
    2
>> A(A == B)                    % 访问 A 和 B 中对应元素相等的元素
ans =
    4
```

例 1.9　找出矩阵 $A = \begin{pmatrix} -4 & -2 & 0 & 2 & 4 \\ -3 & -1 & 1 & 3 & 5 \end{pmatrix}$ 中绝对值大于 3 的所有元素.

```
>> A = zeros(2,5);
>> A(:) = -4:5
A =
    -4    -2     0     2     4
    -3    -1     1     3     5
>> L = abs(A)>3
L =
     1     0     0     0     1
     0     0     0     0     1
>> XL = A(L)
```

```
    XL =
       - 4
         4
         5
```

L 的元素是 0 和 1,它称为"逻辑数组". 本例中通过与 A 同样大小的逻辑数组 L 中"逻辑 1"所在的位置标识出 A 中特殊元素的位置,这种处理很有特点.

例 1.10　对已知的矩阵中满足一定条件的元素进行处理的演示.

```
>> R = randn(3,5)                    %生成正态随机矩阵
R =
    0.1139    - 0.0956    - 1.3362    - 0.6918    - 1.5937
    1.0668    - 0.8323      0.7143      0.8580    - 1.4410
    0.0593      0.2944      1.6236      1.2540      0.5711
>> L = abs (R) < 0.5 | abs (R) > 1.5   %生成逻辑矩阵
L =
    1    1    0    0    1
    0    0    0    0    0
    1    1    1    0    0
>> R(L) = 0                          %赋"逻辑 1"对应的元素为 0 值
R =
         0           0    - 1.3362    - 0.6918           0
    1.0668    - 0.8323      0.7143      0.8580    - 1.4410
         0           0           0      1.2540      0.5711
>> s = (find (R == 0))'              %用指令 find 获取符合条件元素的"单下标"
s =
    1    3    4    6    9    13

>> R(s) = 666                        %用"单下标"定位赋值
R =
    666.0000    666.0000    - 1.3362    - 0.6918    666.0000
      1.0668    - 0.8323      0.7143      0.8580    - 1.4410
    666.0000    666.0000    666.0000      1.2540      0.5711
>> [II, JJ] = find ( R == 0);        %用 find 获取符合条件元素的"双下标"
>> disp(II'), disp(JJ')              %显示"双下标"
    1    3    1    3    3    1
    1    1    2    2    3    5
```

矩阵元素的位置是用双下标"m 行,n 列"表示的,在 Matlab 系统下,可以对矩阵的元素进行"一维编号":将矩阵的列按先左后右的次序,首尾相接排成一维列向量,然后,自上而下按顺序编号.

1.1.5 Matlab 的"help"功能介绍与使用

Matlab 软件提供了强大的帮助系统,初学者就算没有 Matlab 教材,只要充分地利用帮助功能,也可以很顺利地进行学习.Matlab 提供的帮助方式包括:

1. help 命令

如果用户知道要寻求帮助的标题,使用 help 命令是获得帮助最简单的方式.只要函数存在,在命令窗口键入"help＋查询的对象",回车后就可以获得 Matlab 的帮助信息.

```
>> help magic
 MAGIC Magic square.
    MAGIC(N) is an N-by-N matrix constructed from the integers
    1 through N^2 with equal row, column, and diagonal sums.
    Produces valid magic squares for N=1,3,4,5,...
```

帮助信息常用大写字母来突出函数名,但在使用函数时,应该用小写字母.

2. lookfor 命令

当用户不能确定主题的拼写或主题是否存在时,可使用 lookfor 方式获取帮助.例如,要查找 Matlab 中计算行列式的命令时,可在 Command Window 中输入:

```
lookfor determinant
```

即显示如下内容:

```
DET Determinant.
DET Determinant of square GF matrix.
DET Symbolic matrix determinant.
DET Laurent matrix determinant.
det_xtx.m: % xreglinear/DET_XTX Determinant of X'X
det_xtx.m: % xreglinear/DET_XTX Determinant of X'X
det_xtx.m: % xreglinear/DET_XTX Determinant of X'X
DRAMADAH Matrix of zeros and ones with large determinant or inverse.
```

通过上述内容,读者即可知道,求行列式的函数为 det.

此外,Matlab 的帮助菜单文档允许用户搜索主题、搜索函数、注释主题以及打印帮助屏幕.

1.2 M 文件与程序流程的控制

1.2.1 M 文件简介

一般地,在命令窗口,用户可以使用键盘逐条键入 Matlab 命令,按下回车键后,Matlab 就执行该命令并显示结果.用这种方式费工费时,难以实现复杂的功能.

M 文件是由 Matlab 的命令组成的可在 Matlab 环境下运行的磁盘文件,该文件的扩展名为 m. M 文件可以在 Matlab 的程序编辑器(Matlab Editor/Debugger)中完成编辑和调试工作. M 文件若仅由 Matlab 命令组成,称为命令文件,命令文件不带输出和输入参数,只是一些命令的组合;M 文件若带有输出和输入参数的函数,称为函数文件.

例 1.11 M 文件的建立、编辑及运行.

在命令窗中依次选 File/New/M-file 命令,打开编辑窗口,会生成一个空白文件,此时在 Matlab 中输入语句:

```
% This is my first M - script file
t = pi * (0:0.001:1);
x = sin(t). * sin(10 * t);
comet(t,x)
```

存入磁盘并取名为 move. m,在 Matlab 命令窗口中键入 move,按回车键后将会出现质点沿曲线运动的效果,请读者自己试试.

comet 和 comet3 是两个产生质点沿曲线运动的指令,前者用于产生二维平面上质点运动效果,后者用于质点三维运动,详情可使用 help 查询. 读者可自行设计一个质点沿空间螺旋线轨迹运动三次的 M 文件.

以上是一个命令文件的例子. M 文件可以多次运行、修改和调试,为解决复杂问题提供了方便.

1.2.2 Matlab 函数文件的编写

若某一功能的程序段需要反复使用,或者程序运行时有一些控制参数要调整,这时使用 Matlab 的函数功能更方便. 函数文件有如下特征:

(1) 函数文件的第一行必须包含关键字 function,命令文件没有这种要求.

(2) 第一行必须指定函数名、输入变量(在圆括号内)和输出变量(在方括号内).

(3) 函数头与函数体之间可以有多个以符号"%"开始的注释段,说明函数的功能和使用方法. 当执行命令 help〈文件名〉时,将显示这些注释,直到遇到第一个非注释行为止(注释段可以省略).

(4) 函数体语句.

下面是一个求向量均值和标准差的名为 stat. m 的函数文件.

```
function [mean,stdev] = stat(x)
% [mean,stdev] = stat(x)
% STAT Interesting statistics
% For vectors x, [mean,stdev] return the mean value and
```

14

```
% the standard deviation of vectors x
        n = length(x); % length of x
        mean = sum(x) / n;
        stdev = sqrt(sum((x - mean).^2)/n);
```

在命令窗口键入：

```
w = 1:6;
[g,h] = stat(w)                    %调用该函数,w为输入参数,g,h为输出结果
```

输出结果：

```
g =
    3.5000
h =
    1.7078
```

对上述函数文件 stat. m,作以下几点说明：

（1）由关键字 function、函数名 stat、输入变量 x、输出变量 mean 和 stdev 组成的第一行称为函数定义行. 多个输入（输出）变量之间用逗号分隔；当函数无输出变量时,输出参数项空缺（等号也省略）,或用空的中括号表示,例如,

```
function ctrbul(x)
function [ ] = ctrbul(x)
```

（2）该文件由百分号"％"开头的从第 2～5 行构成了 M 文件的帮助信息.

（3）函数文件中除了上述部分之外的文本称为函数体,它们是文件执行计算或其他实质性命令的主体.

（4）调用该函数时应使用它的存储文件名,所以该函数的存储文件名最好与其函数名一致,否则,调用时会有麻烦.

1.2.3　循环与控制

Matlab 提供几种控制程序流程的语句（命令）,这些语句可分为两类,一类可称为循环语句,常用的有 for 循环,while 循环；另一类称为条件控制语句,常用的有 switch 结构和 if 结构.

1. for 循环

for 循环的基本作用是以预定的次数重复执行一组特定的命令,for 循环的一般形式是：

```
for k = start:incr:over
    commands
end
```

其中,赋值给 k 的变量 start、incr、over 分别是循环初值、循环步长和循环终值,当 incr ＝ 1 时,可以省略. k 从初值 start 开始,每执行一遍语句体 commands 后就成为 k＋incr,并将该值赋给 k,直至 k ≥ over 便退出循环,执行 end 后面的语句.

为提高程序运行效率,一般而言,要尽量减少循环,以对数组的整体运算和赋值替代.如下两个方法都能生成相同的数组 y,但方法 2 的效率要高.

方法 1 按循环生成数组 y.

```
for t = 1:5000
    y(t) = sin(2 * pi * t/10);
end
```

方法 2 利用数组运算生成数组 y,效率比方法 1 要优.

```
t = 1:5000;
y = sin(2 * pi * t/10);
```

2. while 循环

while 循环常用于事先不能确定次数的循环,其一般形式是:

```
while expression(控制表达式)
    commands
end
```

其中,控制表达式(expression)是由关系运算符连接的表达式,当该表达式的值为真时,就执行 while 和 end 语句之间的命令串(commands).

例 1.12 测试机器零阈值的大小.

```
num = 0;
EPS = 1;
while(1 + EPS) > 1
    EPS = EPS/2;
    num = num + 1;
end
num,EPS
```

该程序最后在 num = 53 时停止,EPS 最终结果为 1.1102e−016,这说明机器零阈值为 2.2204×10^{-16}.

3. if 结构

if 条件语句的调用格式是:

```
if expression_1
    statements_1
elseif expression_2
    statements_2
else
    statements_3
end
```

if 语句根据逻辑表达式的值来确定执行哪一个语句体. 当条件表达式 expression_1 为真时,执行语句体 statements_1,执行完后,跳出循环结构;当 expression_1 为假时,检验 expression_2 的逻辑值,为真时,执行语句体 statements_2,

而后跳出循环.而当两个语句体的值都为假时,执行 else 语句体 statements_3.

一般地,有两个选择的 if 结构是:

```
if expression
    statements_1
else
    statements_2
end
```

在这里,如果 expression 为真,则执行第 1 组命令,然后跳出循环;如果表达式是假,则执行第 2 组命令.

if 语句最简单的用法是:

```
if expression
    statements
end
```

如果 expression 为真,则执行 statements,跳出循环;否则,执行 end 的后续命令.

例 1.13　演示 if 的程序,检测输入数据.

```
score = input('Please input your score:');
if score > = 0 & score < 60
    disp('You must work harder! ');
elseif score > = 60 & score < 80
    disp('Not bad! ');
elseif score > = 80 & score < 90
    disp('Great! ');
elseif score > = 90 & score < = 100
    disp('Excellent! ');
else
    disp('Are you kidding? ');
end
```

其中,input 函数为提示用户输入,将输入结果赋给变量 score,缺省为数字.

4. switch 结构

switch 语句用于多个条件的判断,它根据变量或表达式的值分别执行不同的命令. 该语句的语法调用格式如下:

```
switch expression
    case case_1,
        commands_1
    case case_2,
        commands_2
    ......
```

```
    case case_k,
        commands_k
    otherwise,
        commands
end
```

当 expression 的值为 case_k 时,执行 case_k 下相应的命令 commands_k,否则执行 otherwise 下面的语句 commands.

例 1.14 生成一个在[0,6]上的随机数,以此作为掷骰子出现的点数,出现 1,3,5 显示奇数,出现 2,4,6 显示偶数,出现 0 则显示错误.

```
disp('Play dice,please! ')        %提示输入信息
Num = round(6 * rand)             %利用 round 函数产生在[0,6]上服从均匀分布的
                                   随机数
switch Num
    case {1,3,5},
        disp('Odd')
    case {2,4,6},
        disp('Even')
    otherwise,
        disp('You are out! ')
end
```

5. break 结构

break 是一种特殊的控制结构,它与 if 指令判别的配合使用可以强制终止 for 循环和 while 循环.

请读者执行下面的一段程序,观察变量 p 和 k 的值.

```
for k = 0:2:5
    r = 2 * k;
    p = 2 * r;
    if p > 3
        break
    end
end
p,k
```

例 1.15 以下的级数可以计算 π 的近似值:

$$4\left[1 - \frac{1}{3} + \frac{1}{5} - \frac{1}{7} + \cdots + \frac{(-1)^{n-1}}{2n-1} + \cdots\right]$$

写一个 Matlab 的函数 pifun.m 来计算该级数,其中,n 为函数的输入变量,对于固定的 n,函数输出 π 的近似值.

方法 1 使用 for 循环实现:

```
function mypi = pifun(n)
mypi = 0;
for k = 1:n
    mypi = mypi + ( -1)^(k-1)/(2 * k-1);
end
mypi = 4 * mypi;
```

方法 2 使用 while 循环实现:

```
function mypi = pifun(n)
mypi = 0;
i = 0;
while k < n
    k = k + 1;
    mypi = mypi + ( -1)^(k-1)/(2 * k-1);
end
mypi = 4 * mypi;
```

方法 3 使用递归实现:

```
function mypi = pifun(n)
if n == 1
    mypi = 4;
elseif n > 1
    mypi = pifun(n-1) + 4 * ( -1)^(n-1)/(2 * n-1);    % 递归
else
    error('wrong input parameter! ')
end
```

方法 4 使用向量运算:

```
function mypi = pifun(n)
k = 1:n;
s = 4 * ( -1).^(k-1)./(2. * k-1);                    % 向量元素除以向量元素,除法前
                                                      面一定要加"."
mypi = sum(s);
```

方法 5 使用符号数列和运算:

```
function mypi = pifun(n)
syms t;                                               % 定义 t 为符号变量
s = 4 * symsum(( -1).^(t-1)./(2. * t-1),1,n);        % 符号数列求和
mypi = double(s);                                     % 将符号变量 s 值为双精度浮点
                                                      型数据输出
```

在 Command Window 中依次调用这五个函数,并使用 tic 和 toc 来得到它们之间的指令运行时间,例如,

```
tic, pifun(10000);toc
```

可以发现,使用第四种方法,即向量运算,效率最高,其次是使用 for 和 while 循环,数列求和因为使用符号计算(详见 1.5 节),效率比较低,但精度也最高,递归调用效率最低.

Matlab 规定,递归调用函数最大次数为 500 次,否则会出错.因此使用第三种方法时,n 最大只能取 500,否则函数报错,出错信息为:

```
??? Maximum recursion limit of 500 reached. Use set(0,'RecursionLimit',N)to
change the limit. Be aware that exceeding your available stack space can crash
Matlab  and/or your computer.
```

可以使用:

```
set(0,'RecursionLimit',N)
```

将最大允许递归次数修改为 N.

上 机 练 习

1. 利用循环结构和随机数命令 rand(或 randn)产生若干个随机数,并将这些数字放入事先指定的某个矩阵内.

2. 写一个计算 $n!$ 的 M 函数文件.

3. 计算 $\sum\limits_{k=1}^{10} k!$,要求:

   (1) 用循环结构并使用上题的 M 函数文件;

   (2) 用 help 命令查询 sum 和 prod 的用法,并用这两个指令完成计算.

4. 用尽可能多的方法编写 Matlab 函数 mysum1. m 来计算和式 $f(n)=\sum\limits_{i=1}^{n}\ln\left(1+\dfrac{1}{i^2}\right)$. 其中,$n$ 为函数的输入变量,函数输出为 $f(n)$ 的值. 分析指出它们执行效率的高低,给出理由.

5. 用尽可能多的方法编写 Matlab 函数 mysum2. m 来计算如下和式:

$$f(n) = \frac{1}{1\times 4} + \frac{1}{4\times 7} + \cdots + \frac{1}{(3n-2)(3n+1)}$$

   其中,n 为函数的输入变量,函数输出为 $f(n)$ 的值.

6. 写一个程序用于得到阶乘不超过 10^{100} 的最小整数.

7. 写一个函数 rs＝f(s),对输入的字符串变量 s,删除其中的小写字母,然后将原来的大写字母变为小写字母,得到 rs 返回. 例如,s＝"aBcdE,Fg?",则 rs＝"be,f?"(提示:可利用 find 函数和空矩阵,也可以利用循环语句. 小写字母比大写字母的 ASCII 码大 32,小写字母 a 的 ASCII 码为 97).

8. 设计函数 min_element. m,其功能是在一个二维矩阵中找出其最小元素,函数定义如下:

   ```
   [minEle, row,column] = min_element(matrix)
   ```

   其中,matrix 是一个二维矩阵,minEle 是返回的最小元素的值,row 是其所在行,column 是其所在列. 要求:

   (1) 在调用函数时,要写出调用的语句;

   (2) 不使用 Matlab 函数 min 编写;

   (3) 使用 min 函数和 find 函数编写.

9. 若一个自然数是素数,且它的各位数字位置经过任意对换之后仍为素数,则该数为绝对素数,
例如,113 是绝对素数.试求所有三位的绝对素数.

1.3　数据可视化

"百闻不如一见",视觉是人们感受世界、认识自然的最直接途径之一.数据可视化的任务就是通过图形,从一堆繁杂的数据和复杂的函数公式中观察变量的内在关系,感受图像所传递的深层信息.

Matlab 可以将计算数据以二维、三维的图形显示,通过对图形的线型、色彩、光线、视角等的指定和处理,把数据的特征更好地表现出来.

1.3.1　二维图形绘制

1. 基本二维绘图命令——plot

在 Matlab 的二维曲线绘图指令中,最基本的指令是 plot,plot 的调用格式有:

(1) plot(x, y, s)

- x,y 为同维向量,绘制分别以 x 为横坐标、y 为纵坐标的曲线;
- x,y 中有一个是矩阵,一个是向量时,绘制出矩阵的每一列相对于向量的曲线,其结果是绘出多条不同色彩的曲线;
- x,y 为同维矩阵时,以两矩阵的对应列为横、纵坐标绘出多条曲线;
- s 为可选项,用于图形修饰.

(2) plot(x, s)

- 绘制以 x 为纵坐标,x 元素的下标为横坐标(x 为矩阵时,则以 x 的列元素的下标为横坐标)的曲线;
- s 的意义同上;
- x 为复矩阵时,plot(x)相当于 plot(real(x),imag(x)).

例 1.16　在一幅图形窗口中,分别绘制 $f_1(x) = \mathrm{e}^{-x^2}$, $f_2(x) = x^2\mathrm{e}^{-x^2}$, $f_3(x) = x\mathrm{e}^{-x^2}$, $f_4(x) = \mathrm{e}^{-x}$ 的图形,其中 $x \in [0, 3]$.

绘图指令如下,运行结果如图 1.2 所示.

```
x = linspace(0,3,50);
f1 = exp( - x.^2);
f2 = (x.^2). * exp( - x.^2);
f3 = x. * exp( - x.^2);
f4 = exp( - x);
```

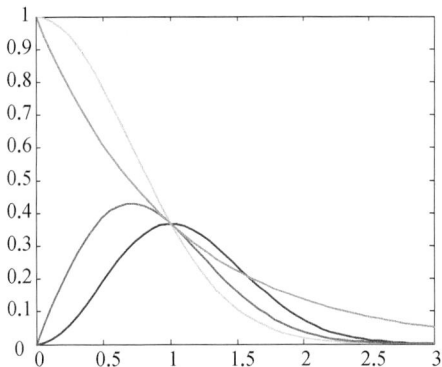

图 1.2　例 1.16 运行结果

```
plot(x,f1,x,f2,x,f3,x,f4);                        % 在一图形窗口中显示四条曲线
```

在绘制多组曲线时,Matlab 为每条曲线自动选择颜色. 为了标识不同的曲线,还可以对曲线和图形作进一步的修饰.

2. 图形修饰

曲线和图形的修饰主要包含线型、色彩、坐标网格、标注和图例说明等几个部分.

1)线型和色彩

表 1.10　曲线线型和色彩选择标记

线型	—		—.		——		:	
	实线(默认值)		点划线		虚线		点线	
色彩	g	b	r	y	m	c	k	w
	绿	蓝	红	黄	紫	青	黑	白

2)数据点形状

表 1.11　数据点形状选择标记

符　号	含　义	符　号	含　义
o	圆　圈	+	加　号
*	星　号	x	叉　号
s	方　形	d	菱　形
^	上三角	<, >	左、右三角
p	五角形	h	六角形

3)网格线与坐标轴

表 1.12　网格线与坐标轴

指　令	含　义	指　令	含　义
grid	画网格线的双向切换指令	box	坐标轴封闭与开启的切换指令
grid on	画网格线	box on	使坐标轴开启
grid off	不画网格线	box off	使坐标轴关闭

4)图形及图例标注

图形标识包括:标题(title)、文本(text)、坐标轴标记(xlabel,ylabel,zlabel)、坐标控制(axis)和图例(legend)等. 它们最简单的调用格式如下:

```
title ('string')        当前坐标系顶部加标题
xlabel ('string')       当前坐标系 x 轴旁加标题(下方)
ylabel ('string')       当前坐标系 y 轴旁加标题(左侧)
zlabel ('string')       当前坐标系 z 轴旁加标题(仅在三维坐标系中使用)
```

text (x, y, 'string')	当前坐标系指定位置(x,y)处标记文本字符串
axis ([x1, x2, y1, y2]) 或 axis ([x1, x2, y1, y2, z1, z2])	设定二维(或三维)坐标范围
axis equal	坐标轴采用等长刻度
axis tight	数据范围即坐标范围
legend ('s1', 's2', 's3' ,…)	在当前图形内建立一图例说明框,框内显示各字符串 s1,s2,….并且图形的曲线与字符串按绘制顺序依次对应,可用鼠标拖动图例框改变其位置

3. 图形对象

图形对象是图形系统中的最基本成分.图形窗口、坐标系、线、面、文本等都是图形对象.一个图形对象在创建以后便会产生一个句柄(handle),依据句柄可设置相应图形对象的属性,以产生不同的外观效果,称为句柄图形(Handle Graphics).函数 figure 可以用来创建图形窗口.在第一个绘图命令运行后,将自动创建名为"Figure No.1"的图形窗口,后续的绘图命令均在该窗口中进行.在一个图形对象中,还可作如下设置:

1) 多子图形

函数 subplot (m, n, p)将图形窗口分成 m×n 个小图形区域,指定第 p 个区域为当前图形的绘制区域.各子坐标系按行排序,编号分别为 1,2,…,m×n.

2) 图形重叠绘制

当一个图形对象上已经绘有图形后,使用 hold 指令可以将后续图形添加到当前图形上.

hold on   功能:保留当前图形及其坐标轴,允许后续图形添加到原图上.

hold off   功能:其后的绘图命令将抹掉原图而重新绘制(缺省设置).

hold   功能:on 与 off 的状态切换.

3) 图形对象属性的读取和设置

由图形命令产生的每一部分都是图形对象,所有的图形对象都有属性,对象属性包括属性名与之相应的值,属性名是字符串,不区分大小写.每一个对象有一系列句柄与它相关,每个对象有可以设置和改变的属性,对图形对象进行操作时常用的两个指令是 get 和 set.其中,get 用于获取对象的属性值.

gcf	获取当前图形窗口的句柄
gca	获取当前坐标轴的句柄

直接调用这些指令就会返回对象的句柄,如在命令窗口键入:

>> gcf

返回的句柄值:

ans = 1

     v = get (H, ' PropertyName ')

获取句柄为"H"的对象中名为"PropertyName"的属性的值,并赋给 v.

set 用于设置对象的属性. 例如,

```
set(H,' PropertyName ',PropertyValue)
```

把句柄为"H"的对象中名为"PropertyName"的属性设置为"PropertyValue".

下面的命令用来设置横坐标轴的刻度位置和刻度标记,结果如图 1.3 所示.

```
>> set(gca,'XTick',0:pi/2:2 * pi)
>> set(gca,'XTickLabel',{'0','pi/2','pi','3pi/2','2pi'})
```

如下的命令用来获取当前坐标轴的刻度:

```
>> h_XTick = get(gca,'XTick')
h_XTick =
        0    1.5708    3.1416    4.7124    6.2832
```

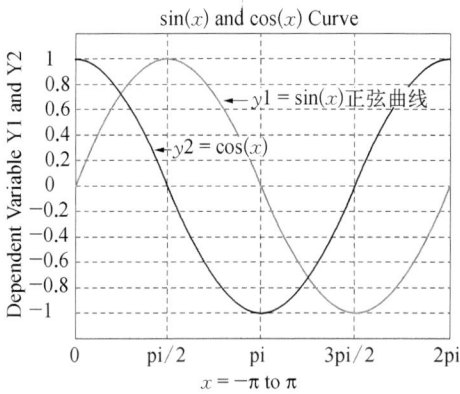

图 1.3　刻度位置和标记设置　　　　图 1.4　网格线性和刻度设置

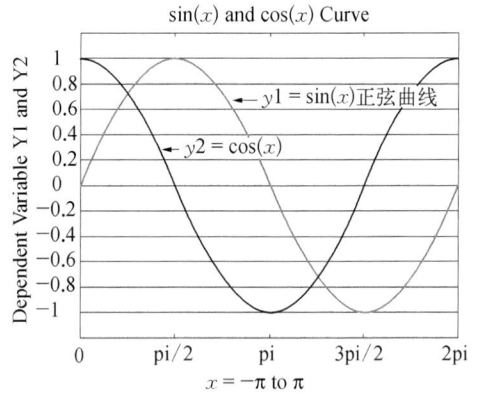

下面的命令先改变网格线线型,而后删去标明 x 轴刻度的线条,结果如图 1.4 所示.

```
>> set(gca,'GridLineStyle','- ')
>> set(gca,'XGrid','Off')
```

例 1.17　分别按以下要求绘制前例图形:

(1) 用不同的颜色和线型绘图,加上适当的图形修饰;

(2) 用 2×2 的子图形区域绘制四条曲线.

程序 1.1　曲线的修饰

```
x = linspace (0,3,50);
f1 = exp( - x.^2);
f2 = (x.^2). * exp( - x.^2);
f3 = x. * exp( - x.^2);
f4 = exp( - x);
figure(1);                    % 新建一个图形窗口
plot(x,f1,'r - ');            % 用红色的实线绘制
hold on;                      % 在当前图形上继续绘制下一个图形
```

```
plot(x,f2,'b:');                    %用蓝色的虚线绘制
hold on;
plot(x,f3,'k-.');                   %用黑色点划线绘制
hold on;
plot(x,f4,'m*--');                  %用紫色的虚线及小方块绘制
grid on                             %给图形加上网格
title('不同颜色线型效果演示');
xlabel('x 轴');
ylabel('y 轴')
legend('f1','f2','f3','f4');
figure(2);                          %新建一个图形窗口,此后的图形在 figure 2 上绘制
subplot(2,2,1),plot(x,f1,'r','linewidth',1);
axis([0 3 0 1])
subplot(2,2,2),plot(x,f2,'b','linewidth',2);
axis([0 3 0 1]);
subplot(2,2,3),plot(x,f3,'c','linewidth',3);
axis([0 3 0 1])
subplot(2,2,4),plot(x,f4,'bd','markersize',5);
axis([0 3 0 1])
```

图形如图 1.5 所示.

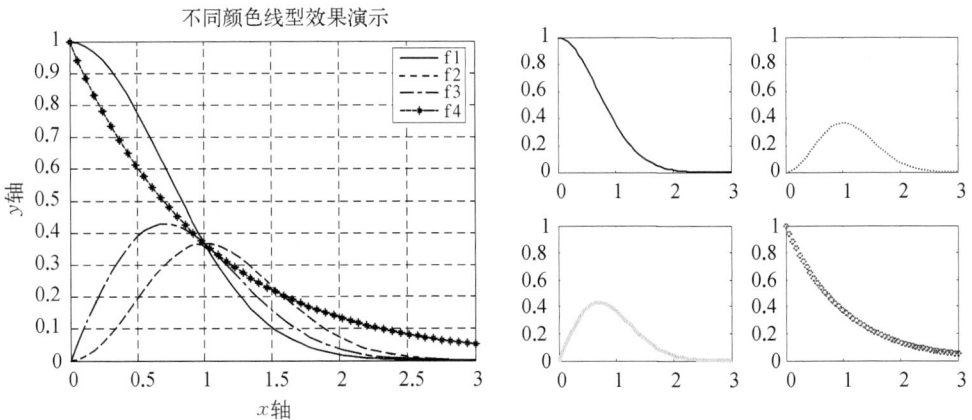

图 1.5   颜色线型设置及子图绘制

例 1.18   图形标识参数设置(图 1.6).
程序 1.2   图形标识设置

```
x = 0:pi/15:2 * pi; y1 = sin(x); y2 = cos(x);
plot(x,y1,x,y2),axis([0,2 * pi, -1.2,1.2])
grid
title('sin(x) and cos(x) Curve')
```

```
xlabel('x = -\pi to \pi','FontSize',15)
ylabel('Dependent Variable Y1 and Y2')
text(1.38,0.3,'\leftarrow y2 = cos(x)')
gtext('\leftarrow\bfy1 = sin(x)\fontname{隶书}正弦曲线','fontsize',14)
```

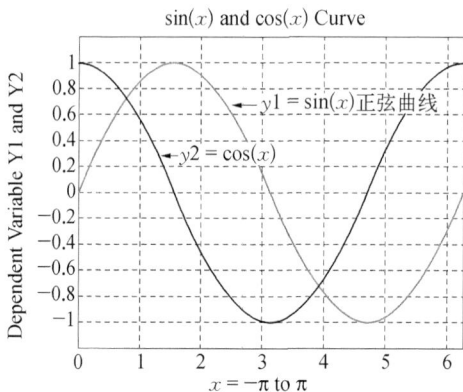

图 1.6　图形标识参数设置

说明　（1）在命令 xlabel('x = -\pi to \pi','FontSize',15)中,反斜杠"\"表示用希腊字母 π 表示 pi,'FontSize',15 表示使用 15 号字.

（2）在命令 text(1.38,0.3,'\leftarrow y2=cos(x)')中,"leftarrow"表示采用向左的箭头,标记 y2=cos(x)被置于坐标为(1.38,0.3)处.

（3）执行命令 gtext('y1=sin(x)')的结果是,用户在图形的某个部位单击鼠标后,需要显示的文本标记"y1=sin(x)"就被放在这一位置.

（4）关于数学符号的输入和字体属性设置等的具体参数,可查看 Matlab help 中的"Text Properties"一节.

4）交互式图形指令

Matlab 中有若干个与鼠标有关的图形操作指令. 它们是：input,gtext, lengend,zoom. 其中,除 ginput 只能用于二维图形外,其余三个指令对二维、三维图形均适用;ginput 与 zoom 常常配合使用,以便从图形中获得较准确的数据,但若同时使用这几个交互指令(除 ginput 与 zoom 联用外),有时可能引起图形混乱,故应避免几个交互指令同时运行.

其中,ginput 函数使用的比较多,其调用格式如下：

[x, y] = ginput(n)　　用鼠标从二维图形上获取 n 个点的数据坐标(x, y)

[x, y] = ginput　　　从图形上获取任意多个点的坐标,直到键入 Enter 键结束

[x, y, b] = ginput　　变量 b 中记录了选取数据点时鼠标的动作(左、中、右键对应 1,2,3)或键盘上按键的 ASCII 码值

调用 ginput 指令后,在图形窗口中鼠标箭头会变成"十"字形光标,移动鼠标,光标随之移动,在关心的点上单击鼠标,该点的数据就被记录下来,直到点击数达到指定的 n 值或键入 Enter 键结束.

例 1.19　求函数 $f(t) = (\sin^2 t)e^{-0.1t} - 0.5 |t|$ 的一个近似零点.

程序 1.3　获取函数的近似零点

（1）作图形观察函数的零点分布(图 1.7).

```
clear,clf
t = -10:0.01:10;
```

```
y = sin(t).^2. * exp( - 0.1 * t) - 0.5. * abs(t);          %计算函数值
plot(t,y,'r'),hold on
plot(t,zeros(size(t)),'k')                                  %选用黑色画横坐标轴
hold off
```

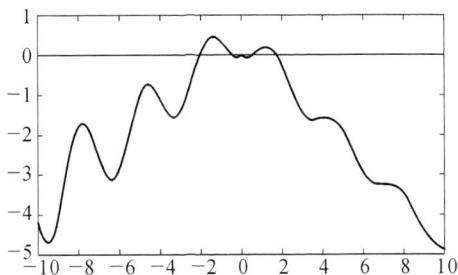

图 1.7　函数的零点分布图

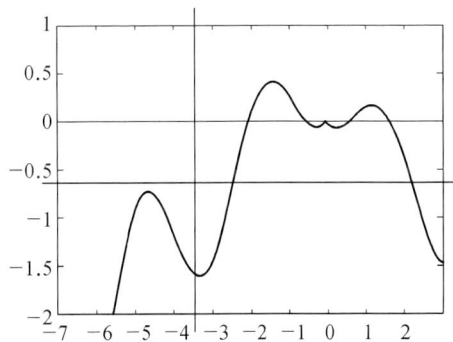

图 1.8　局部放大并利用鼠标获取数据

（2）利用指令 zoom 和 ginput 获取函数的一个近似零点. 后面的代码在 Command Window 中运行（图 1.8）.

```
zoom on                                                     %获局部放大图形
[tt,yy] = ginput(1),zoom off                                %单击鼠标
tt =
    - 1.9931                                                %零点近似值
yy =
    - 0.0044                                                %相应的函数值
```

4. 其他二维图形命令

Matlab 提供的一些其他图形绘制命令见表 1.13,读者可以通过帮助文档查阅它们的详细用法.

表 1.13　其他常用图形绘制函数

函　数	含　义	函　数	含　义
bar	绘制条状图	stairs	绘制阶梯状图
stem	绘制火柴杆状图	polar	极坐标图
errorbar	误差条状图	hist	频数直方图
rose	玫瑰图	fplot	绘制特定范围内的函数
ezplot	隐函数 $f(x,y) = 0$ 绘制	gplot	拓扑关系绘图命令
fill	填充多边形命令	plotyy	在同一坐标系中使用不同坐标绘制两个图形
loglog	在对数坐标系中绘图	semilogy	y 轴为对数坐标,x 轴为线性坐标
ribbon	带状图绘制命令	pie	饼图

27

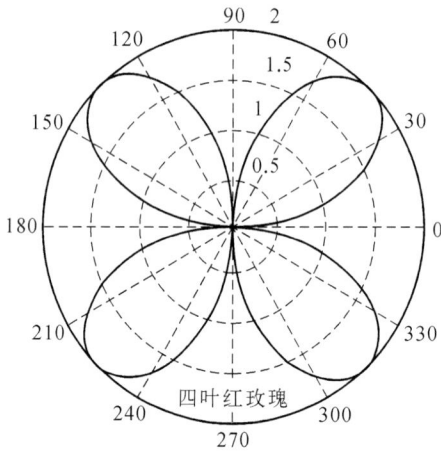

图 1.9 四叶玫瑰线

例如,以下的命令绘制出了漂亮的四叶玫瑰线(图 1.9).

```
t = 0:0.01:2 * pi;
r = 2 * sin(2 * t);polar(t,r,'r')
text( - 0.6, - 1.5,'\fontname{隶书}
    四叶红玫瑰','fontsize',12)
```

1.3.2 三维图形命令

在 Matlab 中,既有三维曲线绘制的命令,也有三维曲面绘图的命令,还可以对图形的着色模式、颜色、消隐和透视等进行选择.

1. 三维曲线命令

最基本的三维曲线绘制命令由 plot3 函数实现,其基本调用格式为:

```
plot3(x, y, z, s)
```

其中,x,y,z 分别为维数相同的存储着曲线的三个坐标值的向量. 当 x,y,z 分别为阶数相同的矩阵时,分别取出这三个矩阵中的对应列,画出多条空间曲线. 这些曲线的颜色和线型可以由选项 s 规定,与 plot 命令的使用相同.

例 1.20 三维曲线绘制(图 1.10).

```
t = (0:0.02:2) * pi;
x = sin(t);
y = cos(t);
z = cos(2 * t);
plot3(x,y,z,'b - ',x,y,z,'bd');
view([ - 82,58]);
                %设置观察视角
box on;
legend('链','宝石')
```

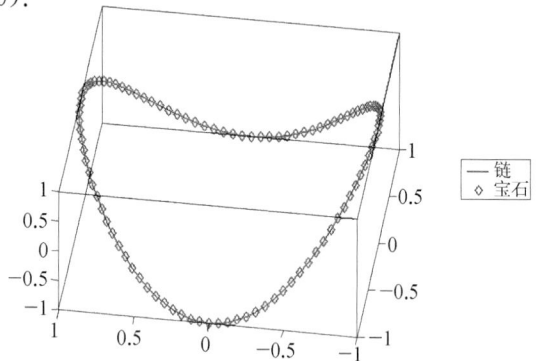

图 1.10

2. 曲面网线图和表面图

如果已知 m 维向量 x 和 n 维向量 y 及相应的二元函数 $z = f(x, y)$ 的离散值 $z_{ij} = f(x_i, y_j)$ ($i = 1, 2, \cdots, m$; $j = 1, 2, \cdots, n$),则绘制二元函数空间曲面图的基本步骤如下:

第一步 数据准备.

使用 meshgrid 函数,生成网格结点矩阵 X 和 Y.具体调用方式如下:

```
[X,Y] = meshgrid(x,y)
```

其作用是将给定的区域按一定的方式划分成平面网格,该平面网格可以用来绘制三维曲面.

这里 x 和 y 为给定的向量,一方面可以用来定义网格划分区域,另一方面也可用来定义网格划分方法.矩阵 X 和 Y 则是网格划分后的数据矩阵.X 为 $m \times n$ 的矩阵,其每一行都是 x 向量的复制,而 Y 也为 $m \times n$ 矩阵,其每列均为 y 向量的复制.

例如,在 xOy 的正方形区域[0,1;0,1]内产生平面网格.运行下面的程序:

```
x = 0:0.2:1;
y = x;[x y] = meshgrid(x,y);
plot(x,y,'+')
```

产生的网格点如图 1.11 所示.

例如,在矩阵 x 中第 2 列的元素:x(1,2) = 0.2,x(2,2) = 0.2,…,x(6,2) = 0.2;相应地,在矩阵 y 中第 2 列的元素:y(1,2) = 0,y(2,2) = 0.2,…,y(6,2) = 1.0.

这样就把正方形区域[0,1;0,1]划分成 25 小方格,共计 36 个格点,然

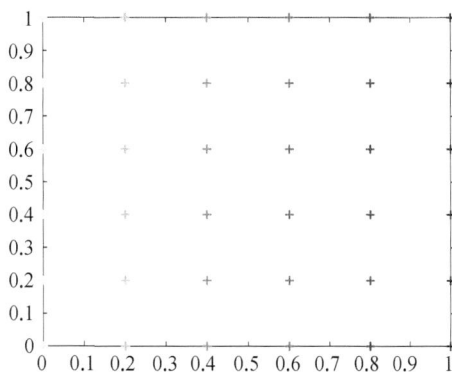

图 1.11　meshgrid 函数产生的网格点

后再计算各格点上的函数值,即 z=f(x,y),就获得了空间点的竖坐标.

第二步　由 X,Y 计算函数值矩阵 Z.

第三步　使用 mesh 函数或者 surf 函数绘制曲面.

与 mesh 有同样功能的指令有 meshz 和 meshc. meshz 除了有 mesh 的功能外,还在曲面周围绘出类似"幕布"的线条;meshc 在完成 mesh 功能的同时,在曲面下方绘出等高线.

surf 绘出的曲面是网格表面着色图形,以不同的颜色表征曲面值的大小.

图形生成后,为了更好地看清整个立体,往往需要选择一个良好的视角,确定观察点的指令为 view,其主要调用方式为:

```
view([x, y, z])    观察点的直角坐标 (x, y, z)
view([az, el])     观察点的方位角和俯视角 (az, el)
```

例 1.21　绘制锥面 $z = \sqrt{x^2 + y^2}$ 与抛物柱面 $z^2 = 2x$ 的交线及其在 xOy 面上的投影曲线.

分析　曲线就是圆柱面 $(x-1)^2 + y^2 = 1$ 与锥面 $z = \sqrt{x^2 + y^2}$ 的交线,交线在 xOy 面上的投影曲线就是 $(x-1)^2 + y^2 = 1$.

程序 1.4　空间曲线作图

```
clf,clear                    % 清除图形
x = -1.2:0.06:2.1;y = x;     % 设置 x,y 的范围
[x,y] = meshgrid(x,y);       % 生成平面网格
z = sqrt(x.^2 + y.^2);       % 锥面数据
hold on;
```

```
view([-9.02,12.83,6.92])              %设置观察角
mesh(x,y,z);                          %绘制锥面网格图
x1 = 0:0.01:2;                        %设置交线的 x 范围
y1 = sqrt(2. * x1 - x1.^2);           %在 xOy 平面上的投影曲线表达式
y2 = - y1;                            %y1 和 y2 构成完整投影曲线
plot(x1,y1,'b',x1,y2,'b');            %绘制投影曲线
z1 = sqrt(x1.^2 + y1.^2);             %得到圆柱面与锥面的交线
plot3(x1,y1,z1,'r',x1,y2,z1,'r');     %绘制完整的交线
axis tight
```

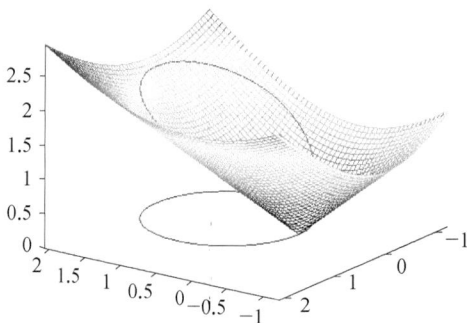

图 1.12　交线与投影曲线

图形如图 1.12 所示.

例 1.22　莫比乌斯(Mobius)带是一种单侧曲面,这种曲面的特点形象地说,就是置于曲面上的一只小虫可以不越过曲面的边界而爬到它所在位置的背面,对于这种曲面,不能定向,也不能讨论通过曲面一侧流到另一侧的流量,因而不能在这类曲面上定义第二类曲面积分. 莫比乌斯带的参数方程是:

$$x = \left(a + v\sin\frac{t}{2}\right)\cos t, \qquad y = \left(a + v\sin\frac{t}{2}\right)\sin t, \qquad z = v\cos\frac{t}{2}$$

其中 a, b 为常数, $t \in [0, 2\pi]$, $v \in [-b, b]$.

程序 1.5　莫比乌斯带

```
TT = 0:0.1 * pi:2 * pi;               %设置 t 的范围
a = - 2;b = 1;                        %设置参数 a,b 的值
VV = - b:0.1:b;                       %设置 v 的范围
[t,v] = meshgrid(TT,VV);              %生成平面网格数据
x = (a + v. * sin(t./2)). * cos(t);
y = (a + v. * sin(t./2)). * sin(t);
z = v. * cos(t./2);                   %依次生成 x,y,z 的数据
figure;surf(x,y,z)                    %绘制该曲面
view([- 117 32])                      %设置观察角
title('莫比乌斯曲面带')
```

图形如图 1.13 所示.

例 1.23　绘出旋转抛物面 $z = x^2 + y^2$ 被圆柱面 $x^2 + y^2 = 1$ 及三坐标平面所截得的在第 I 卦限的图形.

程序 1.6　旋转抛物面与圆柱面

```
dd = 0.01;n = 1 + 1/dd;
```

```
[x y] = meshgrid(0:dd:1,0:dd:1);        % 产生 xOy 平面网格
```
% 以下判断网格点的位置，若格点位于单位圆 $x^2 + y^2 = 1$ 内，有 $z = x^2 + y^2$，否则
   $z = 0$
```
for j = 1:n
  for i = 1:n
    if x(i,j) < sqrt(1 - y(i,j).^2)
      z(i,j) = x(i,j).^2 + y(i,j).^2;
    else
      z(i,j) = 0;
    end
  end
end
mesh(x,y,z);
view([5 - 10 8])              % 画出曲面网格图并设置适当的视点
```

图形如图 1.14 所示.

莫比乌斯曲面带

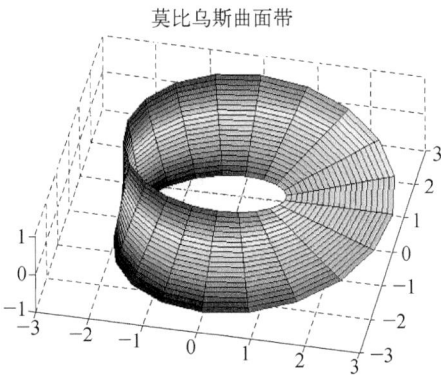

图 1.13　莫比乌斯带

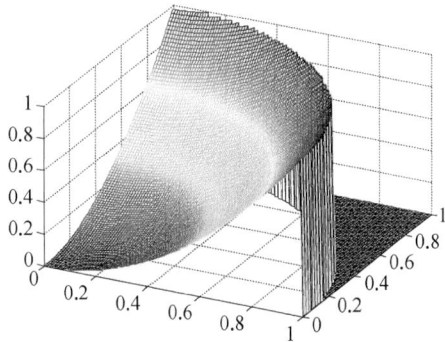

图 1.14　例 1.23 运行结果

1.3.3　动画效果

下面简单介绍影片式动画的制作步骤. 主要包括:

1) 创建帧画面矩阵

```
M = moviein(n)
```

功能: 创建具有存储 n 帧画面的矩阵 M.

2) 制作第 j 帧画面

```
M(:,j) = getframe
```

功能: 得到一幅画面信息, 存储在动画的第 j 帧.

3) 放映动画

```
movie(M,k)
```

功能:使存放在 M 中的画面连续播放 k 次.

例 1.24 通过将 peaks 函数绕 z 轴旋转,观察动态的 peak 旋转曲面.

程序 1.7 观察动态旋转曲面

```
[X,Y,Z] = peaks(30);               % 生成 peaks 数据
h = surf(X,Y,Z)                    % 画表面着色图
axis([-3,3,-3,3,-10,10])           % 设置轴的范围
axis('off');                       % 隐去轴
shading interp                     % 使用插补填色
colormap(cool)                     % 设置颜色映射方式
n = 12;
m = moviein(n);                    % 生成保存 12 幅图形的矩阵
for i = 1:12
  rotate(h,[0 0 1],30);            % 将图像绕 z 轴逆时针旋转,每次旋转 30 度
  m(:,i) = getframe;               % 获取当前图形窗口作为一个画面取下并保存
end
movie(m,20)                        % 放映存储的动画 20 次
```

请读者运行该程序并观察动画过程.

上 机 练 习

1. 已知空间螺旋线的参数方程为 $x = \sin(t)$, $y = \cos(t)$, $z = t$. 请使用指令 plot3 绘制出该曲线,其中 t 的范围为 $[-10,10]$,对 x 轴、y 轴进行标注,并给图像命名. 请设置不同的线条颜色和线条形状及离散点的形状.

2. 用几种不同的方法作出下列函数的图形:

   (1) $y = x^n$ (n 可取不同的值);

   (2) $y = \arctan x$ 及 $p_n(x) = x - \dfrac{x^3}{3} + \dfrac{x^5}{5} - \cdots + (-1)^{n-1}\dfrac{x^{2n-1}}{2n-1}$ (n 可取不同的值).

   譬如在一张图上画几条曲线,用 subplot 命令作多幅图形等,考虑如何画上横轴和纵轴,并采用不同的线型、颜色,在图上加上各种标注等各种技巧以区别不同的曲线. 观察这些曲线,你可以得到怎样的结论?

3. 几何体 Ω 是由旋转抛物面 $y = x^2 + z^2$、抛物柱面 $y = 4x^2$ 与平面 $y = 2$ 所围成且在第 I 卦限的部分,绘出该立体的图形及其在 xOy 平面上的投影区域,并计算该立体的体积.

4. 用平行截面 $z = z_0$ 截椭球面 $\dfrac{x^2}{a^2} + \dfrac{y^2}{b^2} + \dfrac{z^2}{c^2} = 1$,绘制截痕曲线,参量 a,b,c 自定,椭球面可使用 ellipsoid 命令或采用下面的参数式:

$$\begin{cases} x = a\cos u\sin v \\ y = b\cos u\cos v \quad u \in (-\pi/2, \pi/2), \ v \in (0, \pi) \\ z = c\sin u \end{cases}$$

5. 观察二次曲面族 $z = x^2 + y^2 + kxy$ 的图形. 特别注意确定 k 的这样一些值,当 k 经过这些值时,曲面从一种类型的二次曲面变成了另一种类型.

1.4 线 性 代 数

1.4.1 解线性方程组

根据线性代数中求解方程组的基本知识,首先应判断系数矩阵的秩是否和增广矩阵的秩相等,若不等,则无解;若有解,根据秩和未知量个数的关系,判断是唯一解还是无穷多解;若为无穷多解,其通解为齐次方程组的通解加非齐次方程组的特解.

求非齐次线性方程组 $Ax = b$ 的特解,可直接使用命令 A\b,求解齐次线性方程组的通解,可以使用函数 null 或 rref 来实现.

B = null(A,'r')	求系数矩阵为 A 的齐次线性方程组 $Ax = 0$ 的基础解系,结果为有理数,B 的列向量即基础解系的列向量
Z = null(A)	求出 $Ax = 0$ 的基础解系后,将基础解系的向量正交单位化,存储在 Z 中
C = rref(A)	求出矩阵 A 的行最简形矩阵(reduced row echelon form)

程序 1.8 求解非齐次线性方程组

```
function [S_H, S_P] = solveLS(A,b)
% 输入参数 A：系数矩阵
% 输入参数 b：Ax = b 的常数项列向量 b
% S_H：齐次线性方程组的基础解系
% S_P：非齐次线性方程组的特解
if size(A,1)～= length(b)
  error('输入数据错误,请重新输入！')
  return;
else
  B = [A,b];                      % 增广矩阵
  rank_A = rank(A);               % 求系数矩阵的秩
  rank_B = rank(B);               % 求增广矩阵的秩
  if rank_A～= rank_B             % 无解情况
    disp('线性方程组无解！');
    S_H = [];
    S_P = [];
  else if rank_B == size(A,2)     % 若增广矩阵的秩 = 未知量个数
      disp('线性方程组有唯一解！');
      S_P = A\b; % 求唯一解
      S_H = [];
    else
      disp('线性方程组有无穷解！');
```

```
    S_H = null(A,'r');                    % 求出齐次方程组的基础解系
    S_P = A\b;                            % 求非齐次方程组的特解
  end
 end
end
```

例 1.25 使用 Matlab 求解方程组

$$\begin{cases} x_1 + 2x_2 - 2x_3 + 3x_4 = 2 \\ 2x_1 + 4x_2 - 3x_3 + 4x_4 = 5 \\ 5x_1 + 10x_2 - 8x_3 + 11x_4 = 12 \end{cases}$$

在命令窗口键入:

```
>> A = [1 2 - 2 3;2 4 - 3 4;5 10 - 8 11];
>> b = [2 5 12]';format rat;
>> [S_H,S_P] = solveLS(A,b)
```

运行结果:

```
rank_A =
        2
rank_B =
        2
S_H =
      - 2    1
        1    0
        0    2
        0    1
S_P =
        0
      7/4
        0
      - 1/2
```

则该线性方程组有无穷多解,通解为

$$\boldsymbol{x} = k_1 \begin{pmatrix} -2 \\ 1 \\ 0 \\ 0 \end{pmatrix} + k_2 \begin{pmatrix} 1 \\ 0 \\ 2 \\ 1 \end{pmatrix} + \begin{pmatrix} 0 \\ 7/4 \\ 0 \\ -1/2 \end{pmatrix}, \quad k_1, k_2 \in \mathbf{R}$$

若要在 Matlab 中输出通解,可运行如下代码:

```
>> syms k1 k2;                          % 定义两个符号变量 k1,k2
>> X = k1. * S_H(:,1) + k2. * S_H(:,2) + S_P    % 写出方程组的通解
```

此外,使用 rref 函数求增广矩阵的行最简形,再经过简单推算,亦可以得到方程组的通解.

```
>> A = [1 2 - 2 3; 2 4 - 3 4; 5 10 - 8 11];
>> b = [2 5 12]';
>> B = [A, b];
>> B1 = rref(B)                          % 增广矩阵的行最简形
```

运行结果:

```
B1 =
     1     2     0    - 1     4
     0     0     1    - 2     1
     0     0     0     0     0
```

例 1.26　三个朋友 A, B, C 各饲养家禽, A 养鸡, B 养鸭, C 养兔. 他们同意按照下面的比例分享各人饲养的家禽: A 得鸡的 1/3, 鸭的 1/3, 兔的 1/4; B 得鸡的 1/6, 鸭的 1/3, 兔的 1/2; C 得鸡的 1/2, 鸭的 1/3, 兔的 1/4; 要求他们分享家禽之后所获得的收益与他们各自饲养家禽的收益相等. 同时各户的最高收益是 2000 元, 则每户确定他们各自的收益是多少?

（1）问题分析与数学模型.

根据协议中每人分享饲养后总收益与各自饲养相等的原则, 分别考虑 A, B 及 C 的总收益. 设他们三人应得收益分别为 x_1, x_2, x_3. A 的收益平衡可描述为 $\frac{1}{3}x_1 + \frac{1}{3}x_2 + \frac{1}{4}x_3 = x_1$; B 的收益平衡可描述为 $\frac{1}{6}x_1 + \frac{1}{3}x_2 + \frac{1}{2}x_3 = x_2$; C 的收益平衡可描述为 $\frac{1}{2}x_1 + \frac{1}{3}x_2 + \frac{1}{4}x_3 = x_3$. 将三个等式联立, 可得描述实际问题的方程组:

$$\begin{cases} \dfrac{1}{3}x_1 + \dfrac{1}{3}x_2 + \dfrac{1}{4}x_3 = x_1 \\[2mm] \dfrac{1}{6}x_1 + \dfrac{1}{3}x_2 + \dfrac{1}{2}x_3 = x_2 \\[2mm] \dfrac{1}{2}x_1 + \dfrac{1}{3}x_2 + \dfrac{1}{4}x_3 = x_3 \end{cases}$$

整理, 得

$$\begin{cases} -\dfrac{2}{3}x_1 + \dfrac{1}{3}x_2 + \dfrac{1}{4}x_3 = 0 \\[2mm] \dfrac{1}{6}x_1 - \dfrac{2}{3}x_2 + \dfrac{1}{2}x_3 = 0 \\[2mm] \dfrac{1}{2}x_1 + \dfrac{1}{3}x_2 - \dfrac{3}{4}x_3 = 0 \end{cases}$$

这是一个齐次线性方程组的求解问题.

（2）算法与数学模型求解.

求解代码如下:

```
>> A = [-2/3,1/3,1/4;1/6,-2/3,1/2;1/2 1/3 -3/4];
>> format rat;                          %将输出结果以有理数格式显示
>> null_A = null(A,'r')                 %得到齐次方程组的有理解空间
```
运行结果：
```
null_A =

        6/7
      27/28
          1
```

根据齐次方程组基础解系的理论,齐次方程组的通解可以表示为

$$\begin{pmatrix} x_1 \\ x_2 \\ x_3 \end{pmatrix} = k \begin{pmatrix} 6/7 \\ 27/28 \\ 1 \end{pmatrix}$$

其中 k 为任意实数.

(3) 问题解答.

尽管这一问题是在方程组的无穷多组解中寻求解答,但是由于题目条件限制最高收益为 2000 元,由通解知 $x_3 = 2000$,故取 $k = 2000$,得 $x_1 = 1743$, $x_2 = 1928$, $x_3 = 2000$. 即他们三人的收益各自是 1743 元,1928 元,2000 元.

1.4.2　特征值与特征向量、矩阵的对角化

Matlab 中求解特征值和特征向量的函数为 eig,常用的调用方式有:

```
D = eig(A)              得到 A 的特征值
[Q,d] = eig(A)          其中 Q 代表 A 的特征向量,d 为一对角矩阵,其对角线元素代表
                        A 的特征值.也可以先求出方阵的特征多项式,然后根据特征
                        多项式确定特征值
```

例 1.27　求一个正交变换 $x = Py$ 将二次型

$$f = 2x_1x_2 + 2x_1x_3 - 2x_1x_4 - 2x_2x_3 + 2x_2x_4 + 2x_3x_4$$

化为标准型.

计算过程如下:
```
>> B = [0 1 1 -1;1 0 -1 1;1 -1 0 1;-1 1 1 0];
>> C = orth(B)
C =

    0.5000          0      0.8660     -0.0000
   -0.5000    -0.0000      0.2887      0.8165
   -0.5000     0.7071      0.2887     -0.4082
    0.5000     0.7071     -0.2887      0.4082
```

这里的 C 就是所求变换矩阵 P,可以检验:
```
>> C' * C
```

```
ans =
    1.0000            0   - 0.0000   - 0.0000
         0      1.0000         0   - 0.0000
  - 0.0000            0    1.0000   - 0.0000
  - 0.0000   - 0.0000   - 0.0000     1.0000
```

即 C 是正交矩阵,与二次型矩阵相似的对角形阵是

```
>> C' * B * C
ans =
  - 3.0000            0    0.0000     0.0000
         0      1.0000         0   - 0.0000
  - 0.0000            0    1.0000   - 0.0000
    0.0000   - 0.0000   - 0.0000     1.0000
```

```
>> [u,v] = eig(B)         % 求矩阵 B 的特征值与特征向量
u =
  - 0.5000     0.2887     0.7887     0.2113
    0.5000   - 0.2887     0.2113     0.7887
    0.5000   - 0.2887     0.5774   - 0.5774
  - 0.5000   - 0.8660          0          0
v =
  - 3.0000            0          0          0
         0      1.0000          0          0
         0            0     1.0000          0
         0            0          0     1.0000
```

所以,f 的标准型为 $f = -3y_1^2 + y_2^2 + y_3^2 + y_4^2$.

例 1.28 求三阶方阵 A 的特征值及特征多项式.

```
>> A = [1 - 2 2; - 2 - 2 4; 2 4 - 2];
>> d = eig(A)'            % 返回 A 的特征值
>> PA = poly(A)           % A 的特征多项式
>> PPA = poly2str(PA,'s') % 以数学表达式的方式显示多项式
```

运行结果:

```
d =
    - 7            2            2
PA =
      1            3         - 24           28
PPA =
  s^3 + 3 s^2 - 24 s + 28
```

例 1.29 某公司为了技术更新,计划对职工实行分批脱产轮训.已知该公司现有 2000 人正在脱产轮训,而不脱产职工有 10 000 人.若每年从不脱产职工中抽

调 30％的人脱产轮训,同时又有 60％脱产轮训职工结业回到生产岗位.设职工总数不变.试通过矩阵运算表示第 n 年职工状况,并据此计算第 n 年不脱产职工与脱产职工各多少人.

（1）问题分析与数学模型.

以 x_n 表示第 n 年不脱产职工人数,y_n 表示第 n 年脱产职工人数,故

$$x_{n+1} = 0.7x_n + 0.6y_n, \qquad y_{n+1} = 0.3x_n + 0.4y_n$$

记 $\boldsymbol{X}_n = \begin{pmatrix} x_n \\ y_n \end{pmatrix}$,则 $\boldsymbol{X}_0 = \begin{pmatrix} 10\,000 \\ 2\,000 \end{pmatrix}$. 找出 $\boldsymbol{X}_{n+1}$ 与 $\boldsymbol{X}_n$ 的关系,有

$$\begin{pmatrix} x_{n+1} \\ y_{n+1} \end{pmatrix} = \begin{pmatrix} 0.7 & 0.6 \\ 0.3 & 0.4 \end{pmatrix} \begin{pmatrix} x_n \\ y_n \end{pmatrix}$$

令 $\boldsymbol{A} = \begin{pmatrix} 0.7 & 0.6 \\ 0.3 & 0.4 \end{pmatrix}$,故 $\boldsymbol{X}_n = \boldsymbol{A}^n \boldsymbol{X}_0$.

（2）算法与数学模型求解.

为求 $\boldsymbol{A}^n$,可将 $\boldsymbol{A}$ 对角化,设相似变换矩阵为 $\boldsymbol{P}$,$\boldsymbol{P}^{-1}\boldsymbol{A}\boldsymbol{P} = \boldsymbol{\Lambda}$,其中 $\boldsymbol{\Lambda}$ 为对角矩阵.

求出 $\boldsymbol{A}$ 的特征多项式为

$$f_{\boldsymbol{A}}(\lambda) = \begin{vmatrix} \lambda - 0.7 & -0.6 \\ -0.3 & \lambda - 0.4 \end{vmatrix} = (1-\lambda)(0.1-\lambda)$$

对应 $\lambda_1 = 1$ 的特征向量为 $\boldsymbol{p}_1 = \begin{pmatrix} 2 \\ 1 \end{pmatrix}$,对应 $\lambda_2 = 0.1$ 的特征向量为 $\boldsymbol{p}_2 = \begin{pmatrix} 1 \\ -1 \end{pmatrix}$,故

$$\boldsymbol{A}^n = \boldsymbol{P}\boldsymbol{\Lambda}^n\boldsymbol{P}^{-1} = \begin{pmatrix} 2 & 1 \\ 1 & -1 \end{pmatrix} \begin{pmatrix} 1 & \\ & 0.1 \end{pmatrix}^n \begin{pmatrix} 2 & 1 \\ 1 & -1 \end{pmatrix}^{-1}$$

从而可求出 $\boldsymbol{X}_n$.

计算过程如下:

```
>> A = [0.7 0.6;0.3,0.4];
>> [v,d] = eig(A)                    %得到矩阵 A 的特征值和特征向量
>> syms n;                           %定义符号变量 n
>> X0 = [10000;2000]                 %初始值
>> X = v * d .^n * inv(v) * X0       %第 n 年的结果
```

运行结果:

```
    v =
        0.8944    - 0.7071
        0.4472      0.7071
    d =
        1.0000           0
             0      0.1000
    X0 =
```

$$
X = \begin{array}{c}
10000 \\
2000
\end{array}
$$

$$
X = \begin{array}{c}
8000 + 2000 * (1/10)^n \\
4000 - 2000 * (1/10)^n
\end{array}
$$

（3）问题解答.

已知 X 和 n 的关系后，将 n 用常数代替，可得到 X 的值，例如，

```
for i = 1:6
    subs(X,i)
end
```

输出结果：

```
ans =
        8200
        3800
ans =
        8020
        3980
ans =
        8002
        3998
ans =
    1.0e+003 *
        8.0002
        3.9998
ans =
    1.0e+003 *
        8.0000
        4.0000
ans =
    1.0e+003 *
        8.0000
        4.0000
```

可见在第 5 年达到平衡状态，此时不脱产工人为 8000 人，脱产工人为 4000 人.

上 机 练 习

1. 营养学家配制一种具有 1200cal(1cal＝4.1868 J)、30 g 蛋白质及 300 mg 维生素 C 的配餐. 有三种食物可供选用：果冻、鲜鱼和牛肉. 它们有下列每盎司(28.35 g)的营养含量表（表 1.14）：

表 1.14　三种食物每盎司营养含量表

	果　冻	鲜　鱼	牛　肉
热量/cal	20	100	200
蛋白质/g	1	3	2
维生素 C/mg	30	20	10

计算所需果冻、鲜鱼、牛肉的数量.

2. 一个木工,一个电工,一个油漆工,三人相互同意彼此装修他们自己的房子.在装修之前,他们达成了如下协议:① 每人总共工作十天(包括给自己家干活在内);② 每人的日工资根据一般的市价在 60～80 元之间;③ 每人的日工资数应使得每人的总收入与总支出相等.表 1.15 是他们协商后制定出的工作天数的分配方案:

表 1.15　工作天数分配方案表

	木　工	电　工	油漆工
在木工家的工作天数	2	1	6
在电工家的工作天数	4	5	1
在油漆工家的工作天数	4	4	3

试求三人各自的日工资.

3. (动物繁殖的规律问题)某农场饲养的某种动物所能达到的最大年龄为 15 岁,将其分为三个年龄组:第一组 0～5 岁;第二组 6～10 岁;第三组 11～15 岁.动物从第二个年龄组开始繁殖后代,第二个年龄组的动物在其年龄段平均繁殖 4 个后代,第三个年龄组的动物在其年龄段平均繁殖 3 个后代.第一年龄组和第二年龄组的动物能顺利进入下一个年龄组的存活率分别为 0.5 和 0.25.假设农场现有三个年龄段的动物各 1000 头,计算 5 年后、10 年后、15 年后各年龄段动物数量.20 年后农场三个年龄段的动物的情况会怎样? 根据有关生物学研究结果,对于足够大的时间值 k,有 $\boldsymbol{X}^{(k+1)} \approx \lambda_1 \boldsymbol{X}^{(k)}$($\lambda_1$ 是莱斯利矩阵 $\boldsymbol{L}$ 的唯一正特征值).请检验这一结果是否正确,如果正确,给出适当的 k 的值.如果每五年平均向市场供应动物数 $c = (s, s, s)^{\mathrm{T}}$,在 20 年后农场动物不至灭绝的前提下,$c$ 应取多少为好?

4. (商品的市场占有率问题)有两家公司 R 和 S 经营同类的产品,它们相互竞争.每年 R 公司保有 1/4 的顾客,而 3/4 转移向 S 公司;每年 S 公司保有 2/3 的顾客,而 1/3 转移向 R 公司.当产品开始制造时 R 公司占有 3/5 的市场份额,而 S 公司占有 2/5 的市场份额.问两年后,两家公司所占的市场份额变化怎样,五年以后会怎样? 十年以后如何? 是否有一组初始市场份额分配数据使以后每年的市场分配成为稳定不变?

1.5　微　积　分

Matlab 提供了几乎所有和微积分运算有关的函数,使用非常方便.为此,首先介绍 Matlab 的符号运算.

Matlab 符号运算的操作对象是非数值的符号对象,符号运算是通过集成在 Matlab 中的符号数学工具箱(Symbolic Math Toolbox)来实现的.它不是基于矩阵的数值计算,而是使用字符串来进行符号分析与运算,可以求解科学计算中数学问题的解析表达精确解.这在自然科学与工程计算的理论分析中有着极其重要的作用.

1.5.1　符号变量

符号变量可以看成是数学中含参数的表达式中的"参数".进行符号运算时,先定义基本的符号对象,然后利用这些基本的符号对象去构成新的表达式并进行计算.

定义符号对象的指令有 sym 和 syms.例如,

```
f = sym(s)        表示把数字、字符串或表达式 s 转换成符号变量 f
syms s t          把 s 和 t 都转换成符号变量
```

Matlab 的表达式可以进行化简,常用的化简函数见表 1.16.

表 1.16　Matlab 常见符号表达式化简函数

函　数	含　义
collect	合并同类项
expand	展开表达式
factor	因式分解
horner	将符号表达式转换为 Horner 嵌套形式
numden	得到表达式的分子和分母
simple	得到最简式
simplify	化简符号表达式
subs	将符号表达式的变量用其他符号或数字代替

例 1.30　将变量 x 和 y 转换成符号变量,并合并表达式.

```
>> syms x y;                          % 定义两个符号变量
>> f1 = collect((x + y) * (x − y),x)  % 对(x + y) * (x − y)中 x 和 y 的同幂项进行合并
f1 =
x^2 − y^2
```

即
$$(x + y)(x - y) = x^2 - y^2$$

例 1.31　对多项式 $x^4 - 5x^3 + 5x^2 + 5x - 6$ 进行因式分解.

```
>> syms x;
>> f2 = x^4 − 5 * x^3 + 5 * x^2 + 5 * x − 6;
>> factor(f2)
ans =
(x − 1) * (x − 2) * (x − 3) * (x + 1)
```

即 $x^4 - 5x^3 + 5x^2 + 5x - 6 = (x-1)(x-2)(x-3)(x+1)$

例 1.32 验证恒等式 $\sin x \cos y - \cos x \sin y = \sin(x-y)$.

```
>> syms x y;
>> f3 = simple(sin(x) * cos(y) - cos(x) * sin(y))    %将符号表达式化为最简形式
f3 =
sin(x - y)
```

1.5.2 极限、微积分问题

1. 极限

求极限的函数为 limit,用法见表 1.17.

表 1.17 符号表达式求极限指令

数学表达式	命令格式
$\lim\limits_{x \to 0} f(x)$	limit(f) 或 limit(f, x, 0)
$\lim\limits_{x \to a} f(x)$	limit(f, x, a) 或 limit(f, a)
$\lim\limits_{x \to a^-} f(x)$	limit(f, x, a, 'left') 或 limit(f, a, 'left')
$\lim\limits_{x \to a^+} f(x)$	limit(f, x, a, 'right') 或 limit(f, a, 'right')

例 1.33 求极限 $\lim\limits_{x \to 0}\left(\dfrac{a^x + b^x + c^x}{3}\right)^{\frac{1}{x}}$ (a, b, c 均大于 0),$\lim\limits_{x \to \infty}\left(1 + \dfrac{1}{x}\right)^{\frac{x}{2}}$.

```
>> syms x a b c;
>> F1 = ((a^x + b^x + c^x)/3)^(1/x);
>> F2 = (1 + 1/x)^(x/2);
>> L1 = limit(F1,x,0)
>> L2 = limit(F2,x,inf)
```

输出结果:

```
L1 = a^(1/3) * b^(1/3) * c^(1/3)
```

即
$$\lim_{x \to 0}\left(\frac{a^x + b^x + c^x}{3}\right)^{\frac{1}{x}} = \sqrt[3]{abc}$$

```
L2 = exp(1)^(1/2)
```

即
$$\lim_{x \to \infty}\left(1 + \frac{1}{x}\right)^{\frac{x}{2}} = e^{\frac{1}{2}}$$

2. 积分

求积分的命令是 int,表 1.18 列出的是不定积分(不含积分常数)和定积分的使用格式,其中的变量必须事先定义成为符号变量.

表 1.18 符号积分的指令调用格式

数学表达式	Matlab 命令格式
$\int x^n \, dx$	int(x^n)或 int(x^n,x)
$\int_0^\pi \sin x \, dx$	int(sin(x),0,pi)或 int(sin(x),x,0,pi)

例 1.34　计算积分 $\int \sec x (\sec x - \tan x) \, dx$，$\displaystyle\int_0^{\sqrt{2}a} \frac{x}{\sqrt{3a^2 - x^2}} \, dx \ (a > 0)$，

$\displaystyle\int_{\frac{1}{2}}^1 dx \int_{x^2}^x e^{\frac{y}{x}} \, dy$．

```
>> syms x y a;                        %定义符号变量 x
>> f1 = sec(x) * (sec(x) - tan(x));   %被积函数
>> int_f1 = int(f1,x)                 %对 x 的积分
int_f1 =
sin(x)/cos(x) - 1/cos(x)
```

即
$$\int \sec x (\sec x - \tan g) \, dx = \tan x - \sec x$$

```
>> f2 = x/sqrt(3 * a^2 - x^2);                  %被积函数
>> int_f2 = simple(int(f2,x,0,sqrt(2) * a));    %带上下限的积分,simple 化简结果
int_f2 =
- a + 3^(1/2) * a
```

即
$$\int_0^{\sqrt{2}a} \frac{x}{\sqrt{3a^2 - x^2}} \, dx = (\sqrt{3} - 1)a$$

```
>> f3 = exp(y/x);
>> int_f3 = int(int(f3,y,x^2,x),x,1/2,1);   %二重积分
int_f3 =
3/8 * exp(1) - 1/2 * exp(1/2)
```

即
$$\int_{\frac{1}{2}}^1 dx \int_{x^2}^x e^{\frac{y}{x}} \, dy = \frac{1}{8}(3e - 4\sqrt{e})$$

3. 微分

求微分的命令是 diff,具体使用格式为:

```
diff(f, b, n)
```

对符号表达式 f 中的变量 b 求 n 阶导数,当 n＝1 时 n 可以省略;若没有指定变量,系统遵从数学上的习惯,diff 自动对变量 x 求导,或者认定与字母 x 靠得近的字母为自变量,譬如 x,y,z,u,v 等.

请看下面的例子:

```
>> syms a x
>> f = sin(a * x);
```

```
>> diff(f)                    %缺省时对 x 求 1 阶导数
ans =
    cos(a * x) * a
```

即
$$\frac{\mathrm{d}f}{\mathrm{d}x} = a\cos ax$$

```
>> diff(f,a)                  %指定对变量 a 求 1 阶导数
ans =
    cos(a * x) * x
```

即
$$\frac{\mathrm{d}f}{\mathrm{d}a} = x\cos ax$$

```
>> diff(f,a,2)                %对变量 a 求 2 阶导数
ans =
    - sin(a * x) * x^2
```

即
$$\frac{\mathrm{d}^2 f}{\mathrm{d}a^2} = -x^2 \sin ax$$

1.5.3 级数问题

1. 级数求和

```
s = symsum(f, v, a, b)
```

求 f 在指定变量 v 取遍$[a, b]$内所有整数时的和.在例 1.15 中已涉及.例如,p -级数 $\sum\limits_{k=1}^{\infty}\frac{1}{k^2}$ 收敛于 $\frac{\pi^2}{6}$;当 $x\in(-1,1)$ 时,几何级数 $\sum\limits_{n=0}^{\infty}x^n = \frac{1}{1-x}$.

用 symsum 命令的计算过程为:

```
>> syms x k
>> s1 = symsum(1/k^2,1,inf)
s1 =
    1/6 * pi^2
>> s2 = symsum(x^k,k,0,inf)
s2 =
    - 1/(x - 1)
```

2. 函数的泰勒展开式

```
r = taylor(f,n,v,a)
```

求函数 f 在 v＝a 处的泰勒 n－1 阶展开式,其中 v 缺省为表达式中的参数,a 缺省为 0.

下面的命令分别给出了 sin(x)在 x＝0 处的 5 阶泰勒展开式和 sin(x)在 x＝1 处的 2 阶泰勒展开式.

```
>> syms x
>> f = sin(x);
```

44

```
>> ft = taylor(f,6)                    % 求 f 在 x = 0 处的 5 阶展开式
ft =
    x - 1/6 * x^3 + 1/120 * x^5
>> tf = taylor(f,3,1)                  % 求 f 在 x = 1 处的 2 阶展开式
tf =
    sin(1) + cos(1) * (x - 1) - 1/2 * sin(1) * (x - 1)^2
```

Matlab 提供了泰勒级数逼近分析界面工具 taylortool,读者在 Command Window 中运行 taylortool 指令,即可打开该工具进行使用.

1.5.4 方程(组)求解

1. 多项式求根

在 Matlab 里,多项式由一个行向量表示,它的系数按降序排列. 例如,输入多项式 $x^4 - 12x^3 + 25x + 116$,只需输入行向量 p＝[1 −12 0 25 116]即可.

输入行向量时,必须包括具有零系数的项. 因为除非特别地辨认,Matlab 无法知道哪一项为零. 给出这种形式的多项式系数向量后,用函数 roots 找出一个多项式的根.

```
>> r = roots(p)
r =
11.7473
2.7028
 − 1.2251 + 1.4672i
 − 1.2251 − 1.4672i
```

2. 代数方程(组)求解

solve 函数可以实现对代数方程及方程组的求解.具体调用格式为:

```
g = solve(eq)                   对方程 eq 的默认变量求解
g = solve(eq,var)               对方程 eq 的指定变量 var 求解
g = solve(eq1,eq2,...,eqn)      对方程组 eq1, eq2, …, eqn 的默认变量求解
```

例 1.35 求方程组 $\begin{cases} x + y = 1, \\ x - 11y = 5 \end{cases}$ 的解.

指令如下:
```
>> S = solve('x + y = 1','x − 11 * y = 5')
```
输出结果:
```
S =
    x: [1x1 sym]
    y: [1x1 sym]
```
输出结果为一个 Cell 结构,里面含两个变量 x 和 y,分别访问,得到结果如下:
```
>> S.x                          % 访问 x
ans =
```

4/3

```
>> S.y                         %访问 y
ans =
- 1/3
```

3. 单变量方程求根

函数 fzero 可以求单变量方程在指定点附近的根,具体使用格式如下:

```
x = fzero(fun,x0)
```

求函数 fun 在 x0 附近的根. 其中 fun 可以用函数定义,也可以直接写成表达式.

例 1.36 求方程 $x^3 - x^2 - 1 = 0$ 在 $x = 1.5$ 附近的实根.

代码如下:

```
>> f =   @(x)x^3 - x^2 - 1;
>> x = fzero(f,1.5)
```

可得根为:

```
x =
     1.4656
```

本例中,@符号的功能是得到函数 $x^3 - x^2 - 1$ 的句柄,并将该句柄赋给 f. @ 符号后面的(x)表示指定 x 作为变量. 所谓函数句柄就是一个数值,它是系统用来直接调用函数的工具.

上 机 练 习

1. 求符号矩阵 $\boldsymbol{A} = \begin{pmatrix} a_{11} & a_{12} & a_{13} \\ a_{21} & a_{22} & a_{23} \\ a_{31} & a_{32} & a_{33} \end{pmatrix}$ 的行列式、逆矩阵.

2. 对于 $x > 0$,求 $\sum_{k=0}^{\infty} \dfrac{2}{2k+1} \left(\dfrac{x-1}{x+1} \right)^{2k+1}$ (提示:使用符号计算函数 symsum).

3. 利用 Matlab 的极限函数,求下列函数的极限:

   (1) $\lim\limits_{x \to 0} \left[\dfrac{1}{\ln(1+x)} - \dfrac{1}{x} \right]$;   (2) $\lim\limits_{x \to \infty} \left(\dfrac{2}{\pi} \arctan x \right)^x$.

4. 利用 Matlab 编程,求参数方程 $\begin{cases} x = \ln(1+t^2), \\ y = t - \arctan t \end{cases}$ 所确定的三阶导数 $\dfrac{d^3 y}{d x^3}$.

5. 求积分 $f(x) = \displaystyle\int_{\cos t}^{e^{2t}} \dfrac{-2x^2 + 1}{(2x^2 - 3x + 1)^2} dx$.

6. 使用 Matlab 的方程求根命令,求解方程组 $\begin{cases} ax - by = 1, \\ ax + by = 5. \end{cases}$ a,b 为参数,x,y 为所求根.

1.6   概率论与数理统计

Matlab 提供了统计工具箱 Statistics Toolbox,支持范围广泛的统计计算任务,包括生成随机分布数据,进行数字特征计算、参数估计、假设检验及统计绘图等.详细的统计计算命令见本书附录.

1.6.1 随机数及概率

1. 随机数的产生

在 Matlab 中使用的常见随机数分布函数及使用方法如附录中 1,2 所示.

例 1.37 各种分布的随机数产生.

```
>> R = binornd(10,0.5,1,6)      %产生 6 个二项分布随机数,n = 10,p = 0.5
R =
      8    1    3    7    6    4
>> n2 = normrnd(0,2,[1 5])      %产生均值为 0,标准差为 2 的 1×5 随机数组
n2 =
    2.3818   2.3783   - 0.0753   0.6546   0.3493
>> n3 = poissrnd(2,1,5)         %产生参数为 λ = 2 的 5 个泊松分布随机数
n3 =
    2    3    2    3    5
```

2. 随机变量的概率

例 1.38 计算概率:

(1) 设随机变量 $X \sim b(10, 0.95)$,计算 $P\{X \geqslant 8\}$.

方法一 $P\{X \geqslant 8\} = P\{X = 8\} + P\{X = 9\} + P\{X = 10\}$

```
>> binopdf(8,10,0.95) + binopdf(9,10,0.95) + binopdf(10,10,0.95)
ans =
    0.9885
```

方法二 $P\{X \geqslant 8\} = 1 - P\{X \leqslant 7\}$

```
>> 1 - binocdf(7,10,0.95)
ans =
    0.9885
```

即 $$P\{X \geqslant 8\} = 0.9885$$

(2) 设随机变量 $X \sim N(4, 9)$,计算 $P\{-2 < X \leqslant 10\}$.

$$P\{-2 < X \leqslant 10\} = P\{X \leqslant 10\} - P\{X \leqslant -2\}$$

```
>> normcdf(10,4,3) - normcdf( -2,4,3)
ans =
    0.9545
```

即 $$P\{-2 < X \leqslant 10\} = 0.9545$$

3. 分位数

设随机变量 X 的分布函数为 $F(x)$,对于 $p \in (0, 1)$,若 x_p 满足 $F(x_p) =$

p，则称这样的 x_p 为该分布的下侧 p 分位数. 例如，正态分布 $N(10,4)$ 的 0.95 分位数：

```
>> norminv(0.95,10,2)
ans =
    13.2897
```

即
$$x_{0.95} \approx 13.29$$

1.6.2 统计作图

1. 经验累积分布函数图

函数：cdfplot. 格式：

cdfplot(data)　　　　　　　画样本 data 的累积分布函数图形

[h,stats] = cdfplot(data)　　h 为图形曲线的句柄，stats 表示样本的某些特征

实例：

```
>> a = [3 7 2 7 9 8 7 3];
>> [h1,h2] = cdfplot(a)
h1 =
        154.00
h2 =
        min: 2.00
        max: 9.00
       mean: 5.75
     median: 7.00
        std: 2.66
```

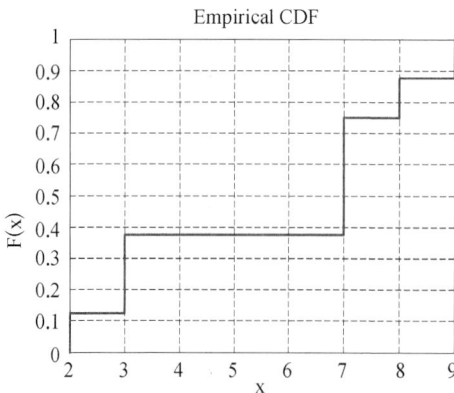

图 1.15　积累分布函数图

同时作出的积累分布函数图如图 1.15 所示.

2. 正态分布概率图

函数：normplot. 如果数据（向量）data 来自正态分布，则图形显示为直线，而其他分布可能在图中产生弯曲，用于检验数据是否来自正态总体. 格式：

normplot(data)

若 data 为矩阵，则显示每一列的正态分布概率图形. 样本数据在图中用"＋"显示.

3. 附有正态密度曲线的直方图

函数：histfit. 格式：

histfit(data)	返回直方图和正态曲线
histfit(data,nbins)	nbins 指定 bar 的个数,缺省时为 data 中数据个数的平方根

实例:

```
>> x = normrnd (10,1,100,1);
>> normplot(x)
>> figure;histfit(x)
```

结果如图 1.16 所示.

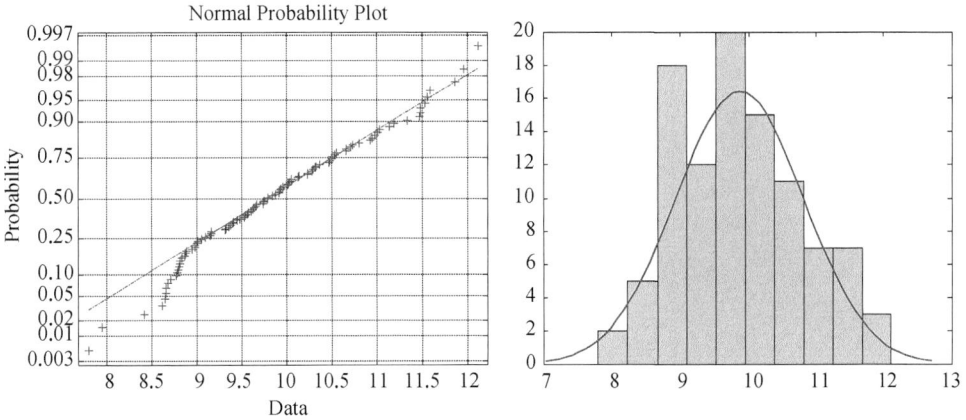

图 1.16   正态分布概率图及带正态分布的直方图

更多的统计作图命令见附录中 10.

1.6.3   常见分布的参数估计

1. 正态总体的参数估计和置信区间

函数:normfit.计算来自正态总体数据的参数估计值及其置信区间.格式:

$$[mu,sigma,muci,sigmaci] = normfit(x, alpha)$$

说明   mu,sigma 分别为正态分布的参数 μ 和 σ 的估计值,muci 和 sigmaci 分别为参数 μ 和 σ 的置信度为 $(1-\alpha)\times100\%$ 的置信区间,alpha 为置信水平 α,缺省时默认为 0.05,即置信度为 95%.

例 1.39   设有 9 个数据 49.7,50.6,51.8,52.4,48.8,51.1,51.2,51.0,51.5 来自正态总体,求参数的估计值和置信度为 95% 的置信区间.

对应的 Matlab 指令:

```
>> x=[49.7,50.6,51.8,52.4,48.8,51.1,51.2,51.0,51.5];
>> [mu,sigma,muci,sigmaci] = normfit(x)
```

输出结果及含义:

```
mu =                      % 均值的估计值
    50.9000
```

```
    sigma =                       % 标准差的估计值
        1.0897
    muci =                        % 均值的置信区间
        50.0624
        51.7376
    sigmaci =                     % 标准差的置信区间
        0.7361
        2.0877
```

2. 计算指定分布的有关参数的极大似然估计值

函数：mle. 格式：

```
    phat = mle('dist',x)              x 为样本数据,返回参数的极大似然估计值,dist
                                      为分布函数名
    [phat,pci] = mle('dist',x,alpha)  pci 返回置信度为 (1−α)×100% 的参数置信区
                                      间,缺省的 alpha 值为 0.05
    [phat,pci] = mle('dist',x,alpha,n)  n 为试验次数,仅用于二项分布
```

实例：

```
    >> data = unifrnd(2,6,1,40);     % 产生 40 个在 (2,6) 内均匀分布的随机数
    >> [ph,pc] = mle(data,'distribution','uniform')
    ph =                             % 区间端点 a, b 的极大似然估计值
        2.0470    5.9533
    pc =                             % 端点 a(第 1 列)和 b(第 2 列)的 95% 置信区间
      − 72.1729    5.9533
        2.0470    80.1733
```

mle 是计算参数极大似然估计值的通用函数. 此外,处理上述问题的专用函数为"unifit"：

```
    >> [ah,bh,ac,bc] = unifit(data)
    ah =                             % 端点 a, b 的极大似然估计值
        2.0470
    bh =
        5.9533


    ac =                             % 端点 a 和 b 的 95% 置信区间
      − 72.1729
        2.0470
    bc =
        5.9533
        80.1733
```

更多的参数估计命令见附录中 7,详情可以通过 help 查询.

1.6.4 假设检验

1. σ^2 已知,单个正态总体的均值 μ 的假设检验(u 检验法)

函数:ztest. 格式:

```
h = ztest(x,m,sigma,alpha)
```

对来自 x 为正态总体的样本,在标准差 sigma 已知的情况下,使用 u 检验法确定总体均值是否为 m,显著性水平为 alpha,缺省值为 0.05.

```
[h,p,ci,zval] = ztest(x,m,sigma,alpha,tail)
```

p 为检验的概率,当 p 小于显著性水平时则对原假设提出质疑,ci 为均值 μ 的 $1-\alpha$ 置信区间,zval 为检验统计量的值.

说明 原假设 $H_0:\mu=\mu_0=m$.

若 tail=0('both'),取对立假设 $H_1:\mu\neq\mu_0$(默认,双边检验);tail=1('right'),对立假设 $H_1:\mu>\mu_0$(右边检验);tail=-1('left'),对立假设 $H_1:\mu<\mu_0$(左边检验).

若 h=0,表示在显著性水平 α 下,不能拒绝原假设;若 h=1,表示在显著性水平 α 下,可以拒绝原假设.

2. σ^2 未知,单个正态总体的均值 μ 的假设检验(t 检验法)

函数:ttest. 格式:

```
h = ttest(x,m,alpha)
```

x 为正态总体的样本,检验总体均值是否为 m,alpha 为显著性水平,默认值为 0.05.

```
[h,p,ci,stats] = ttest(x,m,alpha,tail)
```

输出量 h,p,ci 的含意同命令 ztest,输出量 stats 由下面三部分构成:tstat——检验统计量的值;df——检验的自由度;sd——总体标准差的估计.

例 1.40 现规定某种食品平均每百克中维生素 C 的含量不得少于 21 mg,并设维生素 C 的含量服从正态分布 $N(\mu,\sigma^2)$,现从一批食品中随机抽取 17 个样本,测得每百克食品中维生素 C 的含量(单位:mg)为 16,22,21,20,23,21,19,15,13,23,17,20,29,18,22,16,25,试在显著性水平 $\alpha=0.025$ 下检验这批食品的维生素 C 含量是否合格.

本问题中方差 σ^2 未知,需在水平 $\alpha=0.025$ 下检验假设:$H_0:\mu\geqslant\mu_0=21$,$H_1:\mu<21$.

用 ttest 指令完成检验如下:

```
>> x=[16,22,21,20,23,21,19,15,13,23,17,20,29,18,22,16,25];
>> [h,p,ci,st]=ttest(x,21,0.025,'left')
```

计算结果:

```
h =
```

```
        0                    % 接受 H₀,即食品的维生素 C 含量合格
    p =
       0.1581                % 0.1581 > 0.025
    ci =
         -Inf   22.0486      % 置信区间为(-∞,22.0486)
    st =
       tstat: -1.0348        % 检验统计量的值
          df: 16             % 自由度为 16
          sd: 3.9843         % 总体标准差的估计
```

结果表明,h = 0(或 p=0.1581>0.025)表示在水平 $\alpha = 0.025$ 下应该接受原假设 H_0,即认为食品的维生素 C 含量合格,不少于 21 mg.

3. 正态分布的拟合优度测试

函数:lillietest. 格式:

    h = lillietest(x)   对输入数据 x 进行 Lilliefors 测试,显著性
                               水平为 0.05

    [h,p,lstat,cv] = lillietest(x,alpha)   h,p 的含意同前,lstat 为检验统计量的值,
                                           维生素 C 为是否拒绝原假设的临界值

例 1.41 文件 Etruscan.txt 中,列出了 84 个伊特拉斯坎(Etruscan)人男子头颅的最大宽度(单位:mm),试检验这些数据是否来自正态总体($\alpha = 0.01$).

141	148	132	138	154	142	150	146	155	158	150	140	147
148	144	150	149	145	149	158	143	141	144	144	126	140
144	142	141	140	145	135	147	146	141	136	140	146	142
137	148	154	137	139	143	140	131	143	141	149	148	135
148	152	143	144	141	143	147	146	150	132	142	142	143
153	149	146	149	138	142	149	142	137	134	144	146	147
140	142	140	137	152	142							

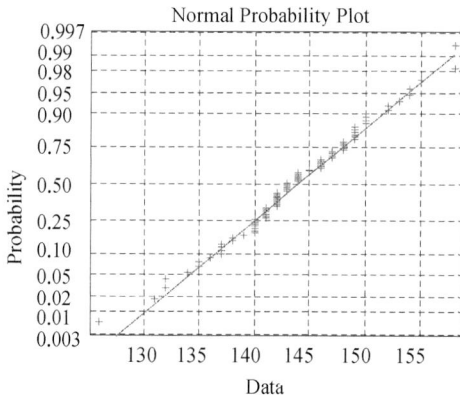

图 1.17　正态分布概率图

(1) 观察数据的正态分布概率图(图 1.17),数据点基本上在一条直线上,直观上表示这些数据是来自正态总体.

(2) 用 lillietest 指令完成检验:

```
>> x = load('Etruscan.txt');
                    % 将数据从 Etruscan.txt 中
                      读出
>> normplot(x)
>> [h,p] = lillietest(x,0.01)
   h =
```

                                                    % 接受正态分布的假设
    p =

        0.1090

计算结果表明,在水平 0.01 下,接受原假设,即认为该数据来自正态总体.
更多的假设检验命令请见附录中 8.

上 机 练 习

1. 若随机变量 X 的概率分布为

X	-2	-1	0	1	2
p_k	0.2	0.1	0.1	0.4	0.2

    试利用附表 5,求 $E(X)$ 和 $D(X)$.

2. 设某单位电话总机有 2000 个分机,每个分机有 5% 的时间使用外线通话,各分机使用外线是
   相互独立的,问总机至少要设置多少条外线,才能保证每个分机使用外线时不占线的概率大
   于 90%?

3. 随机地从一批钉子中抽取 16 枚,测得其长度(单位:cm)为 2.14, 2.10, 2.13, 2.15, 2.13,
   2.12, 2.13, 2.10, 2.15, 2.12, 2.14, 2.10, 2.13, 2.11, 2.14, 2.11,设钉长服从正态分布.
   (1) 已知 $\sigma = 0.01$ cm;(2) σ 未知.分别求均值 μ 的置信度为 90% 的置信区间.

4. 已知某物体用精确方法测得温度真值为 1277℃,现用某台仪器间接测量该物体,得五个数据
   (单位:℃):1250, 1265, 1245, 1260, 1275.试问这台仪器是否存在系统误差?($\alpha = 0.05$)

5. 由矿区的某钻孔抽取岩芯 200 块,测定某化学元素的含量,得分组统计表(表 1.19):

    表 1.19 某化学元素含量表

含量范围	5~15	15~25	25~35	35~45	45~55	55~65	65~75	75~85
频 数	5	18	32	51	45	30	14	4

    试检验该元素含量是否服从 $N(44, 15.4^2)$?($\alpha = 0.05$)

6. 请在 Matlab 中查找方差、相关系数、协方差等的计算函数及其用法.

1.7 Matlab 与 Office 软件的交互使用

Matlab 提供了与 Microsoft 公司的 Office 系列软件的交互使用和数据访问,
使得用户能在 Word、Excel 中自如地使用 Matlab 进行计算,为用户营造集文字处
理、科学计算和工程设计于一体的工作环境.

本节介绍在数学建模和数学实验中最常用的两个软件 Word 及 Excel 与
Matlab 的交互使用.

1.7.1 Word 中使用 Matlab

在 Word 中使用 Matlab 主要通过 Notebook 功能实现. Notebook 使得用户能够在 Word 环境中使用 Matlab,将文字处理与科学计算放在同一工作环境中. Matlab 制作的 m-book 文档不仅拥有 MS-Word 的全部功能,而且具备 Matlab 的数学计算能力.

1. Notebook 的安装

在 Command Window 中,执行命令 notebook 后,显示出如下内容:

```
Welcome to the utility for setting up the Matlab Notebook
for interfacing Matlab to Microsoft Word
Choose your version of Microsoft Word:
[1] Microsoft Word 97
[2] Microsoft Word 2000
[3] Microsoft Word 2002 (XP)
[4] Microsoft Word 2003 (XP)
[5] Exit, making no changes
```

选择本机上安装的 Word 版本,例如,安装的是 Microsoft Word 2003 (XP),则输入 4,运行后出现如下语句:

```
Microsoft Word Version: 4
Notebook setup is complete.
```

此后,Matlab 将在 C:\Documents and Settings\Administrator\Application Data\Microsoft\Templates\目录下,生成一个模板文件 m-book. dot,并同时打开一个空白 Word 文档,自动加载该模板,表示 Notebook 安装结束.

2. Notebook 的启动

(1) 从 Word 中启动 Notebook. 打开一个 Word 空白文档后,在文档的右边将会出现一个新建文档的选项,在模板选项下,选择"本机上的模板",此时对话框中将出现 m-book. dot 模板. 选择它之后,Word 窗口由原先的默认式样变成 m-book 式样. 若之前尚未运行 Matlab,则自动启动 Matlab.

(2) 从 Matlab 中启动 Notebook. 在 Command Window 中运行 notebook 指令,即可打开一个新的 m-book 文档. 或使用 notebook+文件路径及文件名,打开已存在的 m-book 文件.

Notebook 成功启动的标志是:在产生的 m-book 文档界面中,比普通的 Word 文档多出一个名为"notebook"的菜单选项.

3. Notebook 的使用

打开一个 m-book 文档后,在需要使用 Matlab 指令的地方,在英文状态下输入 Matlab 的指令后,用鼠标选定,然后点鼠标右键,选择"Evaluate Cells"菜单,也可在 notebook 菜单中选择"Evaluate Cells"菜单,即可运行选中的代码,完成计算或作图的指令,并输出运行结果. 代码的运行结果和变量存储在 Matlab 软件的 workspace 中.

这样,在 Word 中就可以边计算边写作,特别适合书写科技论文.

使用 m-book. dot 编辑后的文档,在下次打开时,会出现启用宏的对话框,只需点击启用即可. 或在 Word 中的"工具"菜单下,依次选择"宏"、"安全性",将安全性改为"中",即可每次打开时自动加载该宏.

普通的 Word 文档使用 Notebook 功能时,在"工具"菜单下,选择"模板和加载项",将模板由默认的"Normal. dot"切换为"m-book. dot".

退出 Notebook 时,用同样的方法,将模板由"m-book. dot"切换为"Normal. dot"即可.

1.7.2 Excel 与 Matlab 的数据访问与相互调用

在数学建模和数学实验中,题目的数据常常由 Excel 表格给出. Matlab 提供了 Excel 和 Matlab 数据的互相访问与操作.

1. Matlab 对 Excel 文档数据的写入与访问

Matlab 函数 xlswrite 实现了 Matlab 对 Excel 文档的数据写入. 主要调用格式为:

```
xlswrite('filename', M, sheet, 'range')
```

将矩阵 M 写入文件名为 filename 的 Excel 文件中的特定工作表中,工作表名字为 sheet,数据范围由 range 指定,其中,sheet 和 range 可以省略,此时缺省为第一张工作表的全部数据.

Matlab 对 Excel 文件数据的访问,有两种方法.

方法一 利用 Matlab 的菜单:file\import data,选中要导入的 Excel 文件后,导入到 Matlab 的 workspace 中,即可在 Matlab 中进行访问和处理.

方法二 使用 xlsread 函数直接读取.

```
[Data,Text] = xlsread('filename', sheet, 'range')
```

将文件名为 filename 的 Excel 文件中的数字存储到 Data 矩阵中,文本存储在 Text 中. 其中工作表名字为 sheet,数据范围为 range.

例 1.42 将 Matlab 中的矩阵存入 Excel 表格中.

```
>> A = [1 2 3 4;5 6 7 8;9 10 11 12];
>> xlswrite('d:\Matlab7\work\testdata.xls', A, 'Sheet1','A1:D3');
```

运行后,在指定的目录下生成一个 testdata. xls 文档,矩阵 A 的数据存储在名为 Sheet1 的工作表上.

例 1.43 已知 testdata. xls 中有两张工作表 Sheet1 和 Sheet2,数据如图 1.18 所示.

利用 xlsread 函数将 testdata. xls 中的数据读入 Excel 表格中. Matlab 代

	A	B	C	D
1	1	2	3	4
2	5	a	b	8
3	9	10	11	12
4	13	b	c	d
5				

	A	B	C	D
1	No.	height	weight	
2	1	167	50	
3	2	185	65	
4	3	175	60	
5	4	172	62	
6	5	170	58	
7				

图 1.18　Excel 表格中的数据

码为：

```
>> N1 = xlsread('d:\Matlab 7\work\testdata.xls', 'Sheet1','A1:D4')
```
% 将 Sheet1 中的数字读出来赋给变量 N1,遇到文本时,在 N1 的相应位置赋值 NaN
```
N1 =
     1     2     3     4
     5   NaN   NaN     8
     9    10    11    12
    13   NaN   NaN   NaN
>> [N2,T2] = xlsread('d:\Matlab 7\work\testdata.xls', 'Sheet1','A1:E5')
```
% 将 Sheet1 中的数字和文本分别赋给变量 N2 和 T2,T2 中,在数字的地方为空字符串
```
N2 =
     1     2     3     4
     5   NaN   NaN     8
     9    10    11    12
    13   NaN   NaN   NaN

T2 =
    ' '    'a'    'b'    ' '
    ' '    ' '    ' '    ' '
    ' '    'b'    'c'    'd'
>> B = xlsread('d:\Matlab 7\work\testdata.xls', 'Sheet2')
B =
     1   167    50
     2   185    65
     3   175    60
     4   172    62
     5   170    58
>> [C,T] = xlsread('d:\Matlab 7\work\testdata.xls', 'Sheet2')
C =
     1   167    50
     2   185    65
     3   175    60
     4   172    62
```

```
      5   170    58
   T =
   'No.'    'height'    'weight'
```

2. 在 Excel 中调用 Matlab

Matlab 提供了与 Excel 的链接工具 Excel Link,安装和配置成功后,即可实现二者的相互调用.通过连接 Excel 和 Matlab,用户可以在 Excel 工作表和宏编程工具中使用 Matlab 的数值计算,图形处理等功能,不需要脱离 Excel 环境.主要步骤为:打开 Excel 文档,选择工具\加载宏\,在弹出的对话框中,选择浏览,选择 Matlab 的安装目录下,toolbox\exlink 子目录下的 excllink. xla 文件.

此后,Excel 文档中将会新增一个菜单栏,如图 1.19 所示.其中,各菜单的功能为:"startMatlab"打开 Matlab 的 Command Window 窗口;"putmatrix"将 Excel 中的数据发送到 Matlab 的工作区间;"getmatrix"恢复 Matlab 的矩阵数据;"evalstring"执行 Matlab 的命令.

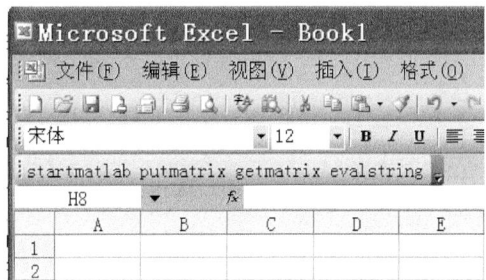

图 1.19　加载了 excllink. xla 文件的 Excel 表格菜单

Excel Link 提供了 13 个函数,分别为 4 个链接管理函数(Matlabinit,MLAutoStart,MLClose,MLOpen)和 9 个数据管理函数(Matlabfcn,Matlabsub,MLAppendMatrix, MLDeleteMatrix, MLEvalString, MLGetMatrix, MLGetVar,MLPutMatrix,MLPutVar).这些函数除了 Matlabinit 外,其他函数的调用方法与Excel 函数的使用方法相同,在 Excel 工作表的某一单元格内,键入"=function_name(variables)"即可,括号内的变量需加双引号.

由于在常见的应用中,多是将 Excel 表中的数据导入 Matlab,故本文不再细述在 Excel 中使用 Matlab 的方法.感兴趣的读者可以参考一些专门的书籍,或查阅Excel Link 帮助文档.

1.8　GUI 程序设计

GUI(Graphical User Interfaces)是图形用户界面的简称,是由窗口、光标、按键、菜单及按钮等对象构成的一个用户界面.用户通过一定的方法,选择、激活这些图形对象,使计算机响应这些动作或变化,以实现计算和绘制图形.GUI 程序是提供应用程序、进行技术演示等的方便工具.和 VC++、VB 等编程语言类似,Matlab提供了包括文本框、按钮、复选框、下拉菜单等多种控件供用户使用,并提供了设计、修改图形用户界面程序的专用工作台,称为 layout editor.

1.8.1 GUI 程序启动与界面简介

新建一个 GUI 程序,可以 Command Window 中输入 guide,或者在 Matlab 界面菜单上点击 🖉 图标.在弹出的对话框中,选择"Creat New GUI"的"Blank GUI (Default)"选项,选择 OK 后,即打开一个空白的 GUI 程序界面,如图 1.20 所示.

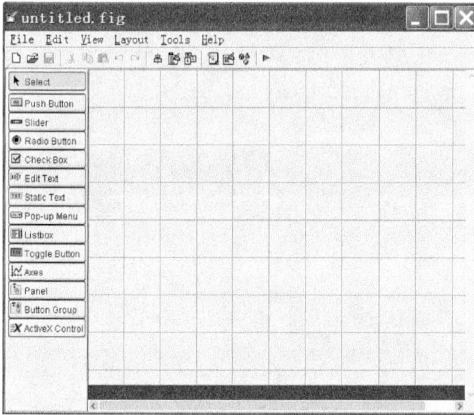

图 1.20 空白 GUI 程序的.fig 文件

GUI 程序由 *.fig 文件和 *.m 文件两部分组成,其中 *.fig 文件主要用于 GUI 程序的界面设计和布局,而 *.m 文件则为其对应的源文件.

界面右边的空白区域是要实现的程序界面设计区域,左边是 Matlab 提供的控件模板,可以直接拖到右边的空白区域.

工作条上的几个功能如下: 🖽 控件对齐工具,将控件以各种方式对齐; 📝菜单编辑工具,在 GUI 程序中加入菜单; 🔠控件顺序工具; 🔲 m 文件编辑工具,打开.fig 文件所对应的.m 文件; 📝控件属性编辑工具,此工具可以观察、修改各控件的属性; 🔧已建控件浏览工具; ▶ 激活与运行 GUI 程序工具.

1.8.2 Matlab 控件简介

Matlab 中的控件大致可分为两种,一种为动作控件,鼠标点击这些控件时会产生相应的响应;一种为静态控件,是一种不产生响应的控件,如静态文本框等.常见控件及功能如下:

(1) 按钮(Push Button):执行某种预定的功能或操作.

(2) 开关按钮(Toggle Button):产生一个动作并指示一个状态(开或关),当鼠标点击它时按钮将下陷,再次点击,按钮复原.

(3) 单选框(Radio Button):在"选中"和"未选中"两种状态之间切换.

(4) 复选框(Check Box):单个的复选框用来在两种状态之间切换,多个复选框组成一个复选框组时,可使用户在一组状态中作组合式的选择.

(5) 文本编辑器(Edit Text):接受键盘输入字符串的值,可以对编辑框中的内容进行编辑、删除和替换等操作.

(6) 静态文本框(Static Text):常用于显示说明文字,在程序运行时文字不可更改.

（7）滚动条（Slider）：可输入指定范围的数量值并用鼠标拖动选择当前值.

（8）边框（Frame）：在图形窗口画出一块区域,里面可放入其他控件.

（9）列表框（Listbox）：定义一系列可供选择的字符串.

（10）弹出式菜单（Pop-up Menu）：用户定义菜单,并选择一项作为参数输入.

（11）坐标轴（Axes）：用于显示图形和图像.

每种控件都有一些可以设置的属性,用于表现控件的外形、功能及效果.属性由属性名和属性值两部分组成,它们必须成对出现.用户可以在创建控件对象时,设定其属性值,未指定时将使用系统缺省值.

将控件拖到右边设计窗口后,可使用属性编辑器对该控件进行属性设置.选中控件后,打开属性编辑器（Opening Property Inspector）有三种方法：① 直接双击控件；② 从 View 菜单中选择 Property Inspector 菜单项；③ 在按鼠标右键弹出的 Property Inspector 菜单中选择菜单项.

控件的几个重要的属性有：

（1）"String"属性：显示在控件上的字符.

（2）"Fontsize"属性：设置字体大小.

（3）"Tag"属性：定义了每个控件的唯一标识,取值为字符串.在任何函数中都可以通过这个标识控制该控件对象.

（4）"Callback"属性：指单击控件时激活回调程序完成一定的功能.简单的"Callback"属性值可直接填写；如果语句较多,表达复杂,就应采用一个待写的函数名填写.本例中的回调属性都借助函数实现.

完成控件的布局之后,也就完成了整个图形界面的结构设计,接下来则是最为重要的功能设计,即编制控件的回调程序.编制控件的回调程序的方法是：用右键单击该控件,在弹出菜单中点击 View Callbacks,然后从子菜单中选择一种激活回调程序的方式,即可编制回调程序.例如,Callback 方式是指单击控件时激活回调程序完成一定的功能.根据需要可选择其他回调方式,如 CreatFcn、ButtonDownFcn 等.

在下面的例子中,读者可以了解 GUI 界面程序的编写过程、GUI 程序中数据的传递和访问与 Matlab 自定义对话框的使用,以及各种控件的回调函数编写.

例 1.44 设计一个 GUI 程序,该程序有如下功能：

（1）运行该程序时,在轴上绘制 peaks 函数表面着色图,方位角为$-37.5°$,俯视角为$30°$；这两个角度的范围均为$[-90,90]$.

（2）若在方位角或俯视角编辑框中输入新数据,则滚动条会自动滚动到对应的位置,且按新视角重新绘制 peaks 函数；若输入数据错误,则弹出出错对话框.

（3）拖动滚动条时,对应的方位角和俯视角均更新,并重新绘制图形.

(4) 按钮"mesh"和"surf"切换图形绘制方式.

(5) 关闭该 GUI 时,弹出对话框进行确认.

步骤一 窗口的控件布局与参数设置.

使用 guide 指令,打开一个新的 GUI 程序,分别将 Axes 控件、四个 Static Text 控件、两个 Edit Text 控件、两个 Slider 控件、两个 Push Button 控件拖到界面上. 双击每个控件可以打开"Property Inspector",并做如下设置:① 四个静态文本控件的 'String' 属性,分别设置为方位角(度)、调整方位角(度)、俯视角(度)、调整俯视角(度);② 两个 Edit Text 控件的"String"属性分别设置为初始值−37.5 和 30,"Tag"属性分别为 edit_az 和 edit_el,用以存储和显示方位角及俯视角;③ 两个 Slider 控件的"Tag"属性分别设置为 slider_az 和 slider_el;④ 两个 Push Button 控件的"Tag"属性分别设置为 push_mesh 和 push_surf,"String"属性分别设置为 "Mesh"和"Surf".

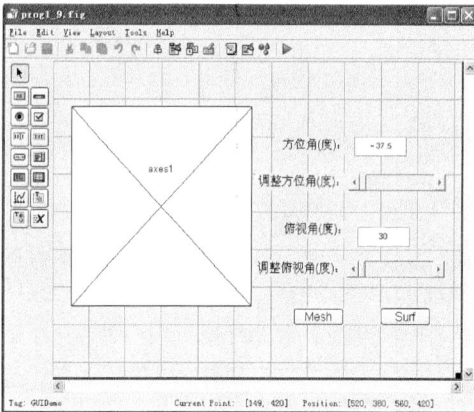

图 1.21 prog1_9.fig 界面及控件设置

设置完成后,将文件存为 prog1_9.fig,并运行,即可出现一个 figure 界面,如图 1.21 所示. 同时生成一个 prog1_9.m 文件. 但由于还没有设置每个控件的回调属性,当单击按钮或拖动滑动条时,程序没有任何响应.

步骤二 设置回调函数.

(1) 编写初始化图形界面函数.

打开 prog1_9.m,找到 function prog1_9_OpeningFcn(hObject, eventdata, handles, varargin),该函数由 Matlab 自动生成,在 prog1_9 图形界面出现之前开始执行. 在该函数中,可以进行参数的初始化操作.

键入如下代码:

```
handles.peaks = peaks(35);              % 在 handles 结构中定义一个 field,名字为 peaks
                                        % 此后在程序的其他地方均可访问 handle.peaks
                                        数据
surf(handles.peaks);                    % 绘制表面着色绘图
handles.az = - 37.5;
handles.el = 30;                        % 在 handles 结构定义 az 和 el 域并赋初始值,使
                                        得程序其他地方均可访问
view([handles.az,handles.el]);          % 设置初始视角
set(handles.edit_az,'Value',handles.az);    % 将 GUI 中的 edit_az 显示为当前值
set(handles.edit_el,'Value',handles.el);    % 将 GUI 中的 edit_el 显示为当前值
set(handles.slider_az,'Value',(handles.az + 90)/180);
```

```
    set(handles.slider_el,'Value',(handles.el + 90)/180);
                                        % 计算出视角在滑动条中所在的位置,并将滑动条
                                          移动到对应位置
    handles.output = hObject;           % Update handles structure
    guidata(hObject, handles);          % 使用 guidata 函数存储当前的 handles 结构,使
                                          其数据被重用
```

保存后运行,可发现此时已在轴上绘制出 peaks 的图形,且视角显示对应的数据,这表明此时已经自动运行了该函数.但拖动滚动条时程序没有反应,这是因为还没设置拖动滚动条时的回调函数.

(2) 为编辑框设置回调函数.

在界面 prog1_9.fig 上,选中 edit_az 编辑框,点右键,选中"view Callbacks",选中 Callback,即进行回调函数编写.

添加的源代码及解释如下:

```
    function edit_az_Callback(hObject, eventdata, handles)
    (解释代码省略)
    tt = get(handles.edit_az,'String');          % 得到当前输入的数值
    val = str2double(tt);                         % 将字符串转换成数值
    val1 = (val + 90)/180;                        % 得到当前方位角在滚动条中的实
                                                    际数值
    handles.az = val1;                            % 对 handles.az 重新赋值
    guidata(hObject,handles);                     % 存储 handles 结构
    if isnumeric(val) & val > = - 90 & val < = 90  % 判断若输入的数值在规定范围
        set(handles.slider_az,'Value',val1);       % 将滚动条位置与当前输入值对应
        view([handles.az,handles.el]);
    else
        errordlg('输入参数错误! 输入数值在[ - 90,90]之间! ');
        set(handles.edit_az,'String',' - 37.5');
    end
```

运行程序时,若在方位角编辑框中输入数据,并按回车键,则自动调用该回调函数.

edit_el 编辑框的回调函数添加方法同上,源代码如下:

```
    function edit_el_Callback(hObject, eventdata, handles)
    (解释代码省略)
    tt = get(handles.edit_el,'String');          % 得到当前输入的数值
    val = str2double(tt);                         % 将字符串转换成数值
    val1 = (val + 90)/180;                        % 得到当前滚动角
    handles.el = val1;                            % 对 handles.el 重新赋值
    guidata(hObject,handles);                     % 存储 handles 结构
```

```
if isnumeric(val) & val > = - 90 & val < = 90
set(handles.slider_el,'Value',val1);
    view([handles.az,handles.el]);
else
    errordlg('输入参数错误! 输入数值在[-90,90]之间! ');
    set(handles.edit_el,'String','30' );
end
```

上面两个回调函数中调用的 errordlg 函数,是一个 Matlab 自定义的弹出式出错对话框函数,该函数的输入参数为对话框上显示的字符串.当程序执行到此时,会弹出一个出错对话框,并显示出错信息:"输入参数错误! 输入数值在[-90,90]之间!"

(3) 为滑动条设置回调函数.

在界面 prog1_9.fig 上,选中 slider_az 滑动条,点右键,选中"view Callbacks",选中 Callback,添加回调函数.本段函数的目的是,当拖动滑块时,会在编辑框中显示当前方位角,并按新方位角绘制 peaks 函数.

添加的源代码及解释如下:

```
function slider_az_Callback(hObject, eventdata, handles)
(解释代码省略)
sd_az = get(handles.slider_az,'Value');      % 得到 tag 属性为 slider_az 的
                                               控件的当前值
handles.az = (sd_az - 0.5) * 180;            % 将其转换为对应的方位角度,
                                               并存储在 handles.az 中
set(handles.edit_az,'String',num2str(handles.az));  % 更新 edit_az 编辑框的字符串
view([handles.az,handles.el]);               % 对绘图设置新方位角
guidata(hObject,handles);                    % 存储 handles 结构的变化
```

同理,slider_el 滑动条的回调函数代码如下:

```
function slider_el_Callback(hObject, eventdata, handles)
(解释代码省略)
sd_el = get(handles.slider_el,'Value');
handles.el = (sd_el - 0.5) * 180;
set(handles.edit_el,'String',num2str(handles.el));
view([handles.az,handles.el]);
guidata(hObject,handles);
```

(4) 为按钮设置回调函数.

本段函数的功能是:按照当前输入的方位角和俯视角,在网格图和表面着色图之间切换.

在 prog1_9.fig 上,分别选中 push_mesh 按钮及 push_surf,点右键,选中"view Callbacks",选中 Callback,进行回调函数编写.

代码及注释如下：

```matlab
function push_mesh_Callback(hObject, eventdata, handles)
（解释代码省略）
mesh(handles.peaks)                          %绘图
view([handles.az,handles.el]);               %设置当前视角
function push_surf_Callback(hObject, eventdata, handles)
（解释代码省略）
surf(handles.peaks);                         %绘图
view([handles.az,handles.el]);               %设置当前视角
```

步骤三 设置关闭程序时的回调函数.

本函数在关闭该 GUI 程序时被调用.在界面 prog1_9.fig 上的空白处,按右键,选中 viewCallbacks 中的 CloseRequestFcn,自动生成 GUIDemo_CloseRequestFcn (hObject, eventdata, handles)函数,添加代码如下：

```matlab
function GUIDemo_CloseRequestFcn(hObject, eventdata, handles)
（解释代码省略）
selection = questdlg('确认退出吗? ','退出 ','OK','Cancel','Cancel');
switch selection,
    case 'OK',
        delete(gcf);                         %删除当前图形句柄
    case'Cancel'
        return
    end
```

在本函数中,调用 Matlab 的弹出式自定义对话框 questdlg,该函数中的参数分别为：对话框中显示的文字、对话框名称、选择按钮及文字、按钮缺省值.

至此,该 GUI 程序编写完毕.在界面 prog1_9.fig 或 prog1_9.m 中点击 run 菜单,均可运行.

在 push_mesh_Callback 和 push_surf_Callback 这两个函数中,需要得到当前的滑动条或编辑框中的数值.这涉及 GUI 程序中数据的传递和访问方法.一般而言,如果要在所有函数中访问某些变量,可以在 GUI 程序初始化函数中,在 handles 结构下添加这些变量并设置初值,再运行 guidata(hObject,handles)进行存储和更新,此后其他函数中均可进行访问和重新赋值.如本例中,在 function prog1_9_OpeningFcn(hObject, eventdata, handles, varargin)函数下,添加三个变量：handles.peaks、handles.az 及 handles.el 并初始化,在 edit_az_Callback 等函数中被重新赋值后,在 push_surf_Callback 和 push_mesh_Callback 函数中均能被访问.

第 2 章　数值计算问题

数学中的很多问题，都不必求出精确解，或者根本无法求出精确解，如求解方程 $e^x = x^2$，计算定积分 $\int_0^1 e^{-x^2}\,dx$ 等，只需要求出问题的近似解，这类问题称为数值计算问题.

复杂的计算必须要编制程序才能完成，Matlab 使编程变得更加简单，当然，初学者也要掌握一些基本的编程技巧. 本章中将会有大量的程序，为了方便阅读，把其中对初学者而言比较难以理解的几个常见的算法结构拿到前面来，大家可以动手试一试，理解这些基本结构对于阅读程序和自己动手编制程序是会有所裨益的.

（1）将计算结果装入某矩阵内：

```
ss = [];
for k = 1:6
    a = k^2;
    ss = [ss,a];
end
```

请读者试试，矩阵 ss 内装有什么？

（2）下面生成矩阵的方法在 Matlab 编程中也经常用到：

```
n = 5;
for i = 1:n
  for j = 1:n + 1 - i
    A(i,j) = n + 2 - i - j;
  end
end
```

读者从本章可以看到几个有趣的实际问题，它们是：求方程的近似实根、求地球公转轨道的周长、求圆周率的近似值、数据拟合以及导弹追击曲线问题. Matlab 的方便和有效使我们免去了许多繁复计算的负担，有更多的精力用自己的头脑来做最好的思考和理解.

2.1　求函数方程的近似实根

众多的科学和工程技术问题常常可以归结为求解关于连续函数 $f(x)$ 的方程
$$f(x) = 0 \tag{2.1}$$
满足该方程的 ξ 称为方程的根，或称为函数 $f(x)$ 的零点. 我们知道，许多这类方程的实数根都无法用一个解析式来表达,即使能表示成解析式,却因为比较复杂而不便使用. 因此,当根存在时,了解求根的数值方法,是我们要研究的内容,如不特别说明,我们讨论的是非线性方程.

求函数方程的近似实根,可分两步来做. 首先确定根的某个粗糙的近似值,即所谓初始近似根,然后再将初始近似根逐步加工成满足精度要求的结果. 为此需要有两个条件:① 初始近似根 x_0;② 由近似值 x_k 获得近似值 x_{k+1} 的方法.

2.1.1　二分法

1. 一个例子

考虑一个与存款利息有关的问题. 假设第一个月存款 x_0 元,年利率为 R,以后每月将上月的本利和再次存入,这样存了 n 次后,到第 n 月末,存款总额为

$$A = x_0 + x_0(1+r) + x_0(1+r)^2 + \cdots + x_0(1+r)^{n-1} \qquad (2.2)$$

其中,月利率 $r = R/12$. 利用几何级数的求和公式,化简(2.2)式得到应付年金公式:

$$A = \frac{x_0}{R/12}\left[\left(1 + \frac{R}{12}\right)^n - 1\right] \qquad (2.3)$$

如果某人每月存入 250 元,持续 20 年,希望在 20 年后本利和总值达到 250 000 元. 年利率 R 为多少时可满足要求?

如果 $n = 240$,$x_0 = 250$,则 A 只是 R 的函数,即 $A = A(R)$. 对于给定的 A 值,为求 R,可以从中解出 R,也可以采用一系列的试算来接近最终答案.

首先取 $R_0 = 0.12$ 和 $R_1 = 0.13$,如图 2.1 所示.将 $R_0 = 0.12$ 代入(2.3)式计算可得:$A = A(0.12) = 247\,314$ 元. 由于此结果比目标值小,接下来试算 $R_1 = 0.13$,结果如下:$A = A(0.13) = 282\,311$ 元. 结果又高于目标值,取中间值 $R_2 = 0.125$,试算结果如下:$A = A(0.125) = 264\,632$ 元. 结果仍然偏高,但可以知道期望的利率值在区间$[0.12, 0.125]$内. 下一个猜想值是区间中点 $R_3 = 0.1225$,试算结果如下:$A = A(0.1225) = 255\,803$ 元. 可见结果被压缩到更小的区间$[0.12, 0.1225]$内. 再取区间中点值 $R_4 = 0.121\,25$ 进行计算,得到结果:$A = A(0.121\,25) = 251\,518$ 元. 如果需要更精确的结果,可以作进一步的重复计算.

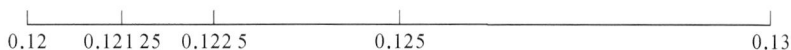

图 2.1　寻求适当的 R 值

这一例子的目的是对特定的常数 A_0,求 R,使 $A(R) = A_0$ 成立,即求方程 $A(R) - A_0 = 0$ 的近似实数根.

2. 二分法

求方程(2.1)的根,首先应该知道根所在的近似位置或大致范围,就是说,要确

定一个区间(a,b),使方程(2.1)在这个区间内只有一个根,称区间(a,b)为有根区间. 有根区间 (a,b)内的任何一个值都可以作为方程根的初始近似值.

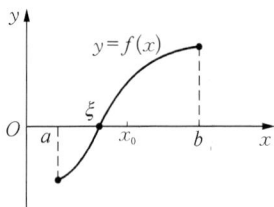

图 2.2 方程的实数根

确定方程(2.1)的有根区间的方法,主要根据连续函数的一个性质:设 $f(x)$ 在$[a,b]$上连续,$f(a)f(b)<0$,则方程(2.1)在(a,b)内至少有一个实根,即(a,b)是方程(2.1)的一个有根区间,如图 2.2 所示.

用二分法求实根 ξ 的思路,就是反复将含有 ξ 的区间一分为二,通过判断函数在各小区间端点处的符号,逐步对折缩小有根区间,直到区间缩小到容许误差范围之内,然后取最终小区间的中点作为实根 ξ 的近似值. 其具体做法如下:

取$[a,b]$的中点 $x_0=(a+b)/2$,计算函数值,根据 $f(x_0)$ 的值,有以下三种可能性.

(1) 若 $f(x_0)=0$,则 x_0 就是所求的实根,计算停止;

(2) 若 $f(a)f(x_0)<0$,记 $a_1=a$,$b_1=x_0$,新的有根区间为$[a_1,b_1]$($[a,b]$ 的左半部);

(3) 若 $f(x_0)f(b)<0$,记 $a_1=x_0$,$b_1=b$,新的有根区间为$[a,b]$的右半部.

经过一次这样对原区间的二分对折处理,得到了一个新有根区间$[a_1,b_1]$,且
$$[a,b]\supset[a_1,b_1],\qquad b_1-a_1=(b-a)/2$$

将上述做法重复 n 次,得到 n 个小的有根区间,且
$$[a,b]\supset[a_1,b_1]\supset\cdots\supset[a_n,b_n],\qquad b_n-a_n=(b-a)/2^n\qquad(2.4)$$

每次二分对折后,若取有根区间$[a_k,b_k]$的中点 $x_k=(a_k+b_k)/2$ 作为方程(2.1)根的近似值,则在二分对折过程中获得了一个近似根序列$\{x_n\}$,由极限理论可以证明,它必收敛,即 $\lim\limits_{n\to\infty}x_n=\xi$,且 ξ 为方程(2.1)的根,由于
$$|\xi-x_n|\leqslant\frac{1}{2}(b_n-a_n)=b_{n+1}-a_{n+1}\qquad(2.5)$$

故在实际计算中不必做无限次重复过程,对于预先给定的精度 δ,若有 $|b_{n+1}-a_{n+1}|\leqslant\delta$,则可认为 x_n 就是满足要求的近似根.

从(2.4)、(2.5)两式可得误差估计式:
$$|\xi-x_n|\leqslant\frac{1}{2^{n+1}}(b-a)\qquad(2.6)$$

可以推出,为达到指定的计算精度,需要计算次数应该是
$$N=\left[\frac{\ln(b-a)-\ln\delta}{\ln2}\right]\qquad(2.7)$$

其中,$[x]$表示不超过 x 的最大整数.

例 2.1 求方程 $x^3+1.1x^2+0.9x-1.4=0$ 实根的近似值,使误差不超过 10^{-3}.

记 $f(x) = x^3 + 1.1x^2 + 0.9x - 1.4$，程序 2.1 在区间 $[-1, 2]$ 上作函数 $f(x)$ 的图像，可以确定上述方程的有根区间.

程序 2.1 确定方程的有根区间

```
x = -1:0.01:2;
plot(x,fun(x),'r')
hold on
plot(x,zeros(size(x)))
% 画横坐标轴
hold off
grid
```

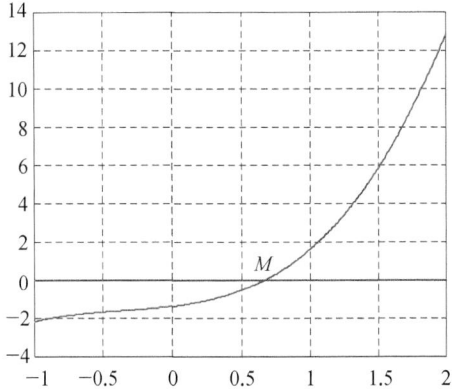

图 2.3　确定方程的有根区间

从图 2.3 中观察得知，上述方程在区间 $(0, 1)$ 内有一个实根，按要求误差不超过 0.001，据此由 (2.7) 式得知计算次数不会超过 10 次.

注　程序 2.1 中的 $fun(x)$ 是由上述方程左端函数做成的一个名为 fun. m 的 M 文件，存放在程序 2.1 所在的目录内.

```
function y = fun(x)
y = x.^3 + 1.1 * x.^2 + 0.9 * x - 1.4;
```

程序 2.2　二分法求根

```
function [c,k,yc] = bisect(f,a,b,delta)
ya = feval(f,a);
yb = feval(f,b);
N = 1 + round((log(b-a) - log(delta))/log(2));
for k = 1:N
  c = (a+b)/2;
  ab = b - a;
  yc = feval(f,c);
  if yc == 0,break
  elseif ya * yc < 0
    b = c;
    yb = yc;
  else
    a = c;
    ya = yc;
  end
    dd = min(abs(ab),abs(yc));
    if dd < delta,break,end
  end
```

```
c = (a + b)/2;
```
其中,输入变量为 f,a,b 和 delta;输出变量为 c,k,yc,命令 feval(f,x)表示计算函数 f 在 x 处的值,f 是以字符串方式表示的函数名,或用@+函数名.f 是函数名;a,b 分别是方程有根区间的左、右端点;delta 是容许误差;c 是方程的近似实根(函数的近似零点);k 是计算次数;yc 是函数在 c 点的值.

在命令窗口键入命令:

$$[c,k,y] = bisect('fun',0,1,0.001)$$

或　$$[c,k,y] = bisect(@fun,0,1,0.001)$$

计算结果:

$$c = 0.6704 \qquad k = 10 \qquad y = 8.9833e-004$$

注　程序 2.2 是存储名为 bisect.m 的 M 文件,存放在程序 2.1 所在的目录内.

二分法的优点是方法简单,编程容易. 二分法只能用于求方程的实数根,不能用于求复根,且收敛速度慢.

3. 二分法的改进

设 $f(a)$ 与 $f(b)$ 有相异的符号,二分法的实质就是使用区间 $[a,b]$ 的中点 c 作为下一次计算的出发点. 加快序列 $\{x_n\}$ 的收敛速度的一个较好的方法是使用 $(a, f(a))$ 与 $(b, f(b))$ 的连线与 x 轴交点 $(c, 0)$ 的横坐标 c 作为计算的出发点,如图 2.4 所示. 以下推导 c 的计算式.

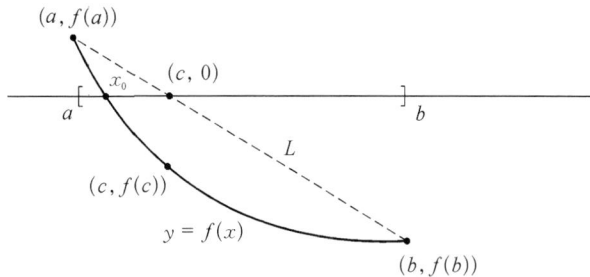

图 2.4　$f(a)$ 与 $f(c)$ 异号,有根区间被压缩到左侧

以 $(a, f(a))$ 与 $(b, f(b))$ 为连线的端点,其斜率为 $m = \dfrac{f(b)-f(a)}{b-a}$,再以 $(c, 0)$ 与 $(b, f(b))$ 作为连线的端点,其斜率为 $m = \dfrac{0-f(b)}{c-b}$. 应有

$$\frac{f(b)-f(a)}{b-a} = \frac{0-f(b)}{c-b}$$

故而

$$c = b - \frac{f(b)(b-a)}{f(b)-f(a)}$$

根据 $f(c)$ 的值,有三种同前述类似的可能性:

(1) 若 $f(c) = 0$，则 c 就是所求的实根，计算停止；

(2) 若 $f(a)f(c) < 0$，新的有根区间为 $[a, c]$（图 2.4）；

(3) 若 $f(c)f(b) < 0$，新的有根区间为 $[c, b]$（图 2.5）.

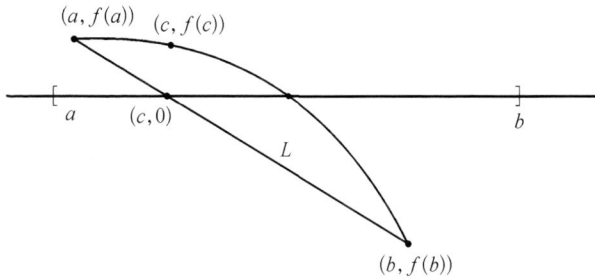

图 2.5　$f(c)$ 与 $f(b)$ 异号,有根区间被压缩到右侧

续前例,用改进的二分法求方程 $x^3 + 1.1x^2 + 0.9x - 1.4 = 0$ 位于区间 $[0, 1]$ 内的近似实根.

从 $a_0 = 0$, $b_0 = 1$ 开始,有 $f(a_0) = -1.4000$, $f(b_0) = 1.6000$,计算得 $c_0 = 0.4667$, $f(c_0) = -0.6388$,可知有根区间为 $[c_0, b_0] = [0.4667, 1.0000]$,令 $a_1 = c_0$, $b_1 = b_0$.

再次计算得到 $c_1 = 0.6188$, $f(c_1) = -0.1848$,函数改变符号的区间为 $[c_1, b_1] = [0.6188, 1.0000]$,再令 $a_2 = c_1$, $b_2 = b_1$,方程新的有根区间为 $[a_2, b_2]$. 全部计算过程见表 2.1.

表 2.1

k	a_k	c_k	b_k	$f(c_k)$
0	0.0000	0.4667	1.0000	-0.6388
1	0.4667	0.6188	1.0000	-0.1848
2	0.6188	0.6583	1.0000	-0.0455
3	0.6583	0.6678	1.0000	-0.0108
4	0.6678	0.6700	1.0000	-0.0025
5	0.6700	0.6705	1.0000	-5.8798×10^{-4}
6	0.6705	0.6705	1.0000	-5.8798×10^{-4}

程序 2.3　改进的二分法求根

```
function [c,k,yc] = regula(f,a,b,delta)
ya = feval(f,a);
yb = feval(f,b);
N = 1 + round((log(b - a) - log(delta))/log(2));
for k = 1:N
```

```
        dx = yb * (b - a)/(yb - ya);
        c = b - dx;
        ab = b - a;
        yc = feval(f,c);
        if yc = = 0,break;
        elseif ya * yc < 0
          b = c;
          yb = yc;
        else
          a = c;
          ya = yc;
        end
        dd = min(abs(ab),abs(yc));
        if dd < delta,break,end
    end
```

其中,变量的作用与程序 2.2 相同.

　　键入命令:

　　　　[c,k,y] = regula(@fun,0,1,0.001)

　　输出结果:

　　　　c = 0.6705　　　　　k = 6　　　y = − 5.8798e − 004

　　使用新的方法,明显地提高了收敛速度和计算精度.

2.1.2　不动点迭代法

　　什么是迭代法? 拿起身边的计算器,我们就可以做函数的迭代运算实验. 例如,先键入 $\sqrt{2}$,然后反复地按下"$\sqrt{}$"键,就获得迭代序列:

$$\sqrt{2}, \sqrt{\sqrt{2}}, \sqrt{\sqrt{\sqrt{2}}}, \cdots$$

也就是　　　　　　　　　　1.4142,1.1892,1.0905,$\cdots$

将前一次计算输出的结果作为下一次计算的输入,每一项都是对前一项作相同运算,这就是迭代法的一个生动实例,实际上,该序列的极限等于 1.

　　迭代法就是用收敛于所给问题精确解的序列来逐步逼近这个解的极限过程,利用这个收敛序列,人们只需用有限个步骤就可算出所需求解的近似值. 迭代法就是逐步逼近的算法,前述的二分法也是一种解方程的迭代法,它以有根区间的中点作为下次的迭代值.

　　将方程(2.1)改化为与其等价的方程

$$x = \varphi(x) \tag{2.8}$$

选取适当的初始值 x_0,按上述做法得到一个迭代序列:

$$x_0, \ x_1 = \varphi(x_0), \ x_2 = \varphi(x_1), \cdots, \ x_{k+1} = \varphi(x_k), \cdots \tag{2.9}$$

若序列 $\{x_n\}$ 收敛到 ξ，即 ξ 满足 $\xi = \varphi(\xi)$，也就是说，ξ 在映射 φ 下保持不变，故称 ξ 为映射 φ 的不动点. 这样，ξ 就是方程(2.8)的一个根，x_0 称为初始值，x_n 称为 n 次近似，$\varphi(x)$ 称为迭代函数. 求方程(2.1)的解就是求 $\varphi(x)$ 的迭代不动点.

例 2.2 用不动点迭代法求方程 $x^2 + x - 14 = 0$ 在 $x = 3$ 附近的一个实根，要求误差不超过 10^{-3}.

我们可以构造不同的迭代函数 $\varphi(x)$，以 $x_0 = 3$ 为初始值，用迭代法求解.

$\varphi_1(x) = 14 - x^2$，迭代公式：$x_{k+1} = 14 - x_k^2$；$\varphi_2(x) = \dfrac{14}{x+1}$，迭代公式：$x_{k+1} = \dfrac{14}{x_k+1}$；$\varphi_3(x) = x - \dfrac{x^2 + x - 14}{2x+1}$，迭代公式：$x_{k+1} = x_k - \dfrac{x_k^2 + x_k - 14}{2x_k + 1}$.

将 3 个迭代公式前 5 步的计算结果列在表 2.2，以便比较.

表 2.2　3 个迭代式的计算结果

	x_0	x_1	x_2	x_3	x_4	x_5
φ_1	3	5	−11	−107	−114 35	−130 759 211
φ_2	3.000 0	3.500 0	3.111 1	3.405 4	3.177 9	3.351 0
φ_3	3.000 0	3.285 7	3.274 9			

从表 2.2 可以看出 3 个迭代函数的收敛形态：φ_1 是发散的；φ_2 需做 24 次迭代才能达到符合要求的解；φ_3 只需 2 次迭代就得到近似根 $x^* = 3.2749$，收敛速度非常快.

程序 2.4　不动点迭代

```
function [t,k] = iter(f,x0,max,derta)
t = [x0];x = feval(f,x0);
k = 0;
while abs(x − x0) > = derta
    t = [t,x];x0 = x;
    x = feval(f,x0);
    k = k + 1;
    if k > max
        disp('Maximum number of iterations exceeded')
        break
    end
end
```

其中，输入变量 f 为迭代函数，x0 为初始值，max 和 derta 分别是指定的最大迭代次数和容许误差；输出变量 t 和 k 分别是迭代序列值和迭代次数.

请读者用程序 2.4 自行验证例 2.2 的计算结果.

为研究不动点迭代序列 $\{x_n\}$ 收敛或发散的情况，我们可以从几何图形观察这个序列的运动形态.

从几何上来看,方程(2.8)的实根就是曲线 $y = \varphi(x)$ 与直线 $y = x$ 的交点 P^* 的坐标 (ξ, ξ). 按迭代序列(2.9),由 x_n 求 x_{n+1} 的几何作图方法是:过 x_n 作 x 轴的垂线与曲线 $y = \varphi(x)$ 交于点 $P_n(x_n, \varphi(x_n))$,其纵坐标 $\varphi(x_n) = x_{n+1}$,再过 P_n 作 y 轴的垂线,与直线 $y = x$ 交于点 $Q_{n+1}(x_{n+1}, x_{n+1})$,如此重复地做下去,在曲线 $y = \varphi(x)$ 上得到点列 $P_1, P_2, \cdots$,其横坐标就是依(2.9)式所示的迭代序列 x_1, $x_2, \cdots$. 如果迭代收敛,则点列 $P_1, P_2, \cdots$ 就逼近于点 P^*,序列 $x_1, x_2, \cdots$ 就收敛于方程的根 ξ.

从图 2.6 可见,曲线 $y = \varphi(x)$ 在点 ξ 附近较平缓,而图 2.7 中的曲线 $y = \varphi(x)$ 较陡峭.一般地,关于迭代序列的收敛性有下面的结论:设迭代函数 $\varphi(x)$ 在含不动点 ξ 的某邻域内一阶导数连续,且 $|\varphi'(\xi)| < 1$,则存在一个邻域 Δ: $|\xi - x| < \delta$,对任何的 $x_0 \in \Delta$,其迭代序列(2.9)必收敛于 ξ.

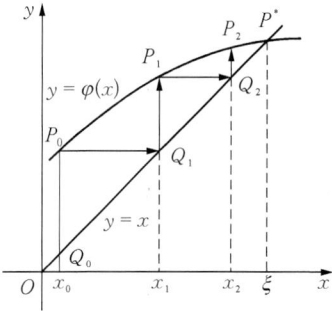

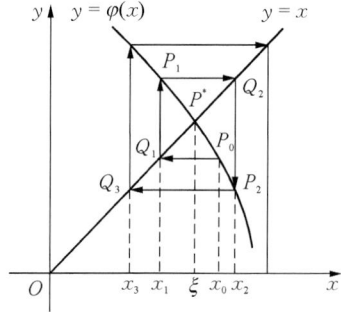

图 2.6 $\{x_n\}$ 收敛   图 2.7 $\{x_n\}$ 不收敛

对迭代法或迭代函数性质优劣的判断标准有两个,一是它的敛散性;二是其收敛的速度.选取不同的迭代法所得到的迭代序列即使都收敛,也有收敛速度快慢之分,只有收敛速度快的迭代法才是好的迭代法.人们常利用收敛阶的概念来度量迭代序列的收敛速度,以阶的高低作为衡量迭代法性质优劣的标志.

设序列 $\{x_k\}$ 收敛于方程(2.8)的根 ξ,记 $e_k = x_k - \xi (k = 0, 1, 2, \cdots)$,如果存在常数 $p > 0$ 和 $c \neq 0$,使得

$$\lim_{k \to \infty} \frac{e_{k+1}}{e_k^p} = c \tag{2.10}$$

则称序列 $\{x_k\}$ 是 p 阶收敛的. 当 $p = 1$ 时称 $\{x_k\}$ 线性收敛;当 $p = 2$ 时为平方收敛. 当然,p 越大收敛速度越快.

设迭代函数 $\varphi(x)$ 在不动点 ξ 的邻域内 p 阶导数连续,对 $\varphi(x_k)$ 在点 ξ 处作泰勒展开:

$$\varphi(x_k) = \varphi(\xi) + \varphi'(\xi)(x_k - \xi) + \frac{\varphi''(\xi)}{2!}(x_k - \xi)^2 + \cdots$$

$$+ \frac{\varphi^{(p)}(\xi)}{p!}(x_k - \xi)^p + o[(x_k - \xi)^p]$$

注意到 $x_{k+1} = \varphi(x_k)$，$\xi = \varphi(\xi)$，$e_k = x_k - \xi$，上式可改写成

$$e_{k+1} = \varphi'(\xi)e_k + \frac{\varphi''(\xi)}{2!}e_k^2 + \cdots + \frac{\varphi^{(p)}(\xi)}{p!}e_k^p + o(e_k^p)$$

若 $\varphi'(\xi) \neq 0$，则 (2.10) 式成为 $\lim\limits_{k \to \infty} \dfrac{e_{k+1}}{e_k} = \varphi'(\xi)$. 这样，迭代序列 $\{x_k\}$ 是线性收敛的.

若 $\varphi'(\xi) = 0$，$\varphi''(\xi) \neq 0$，则有 $\lim\limits_{k \to \infty} \dfrac{e_{k+1}}{e_k^2} = \dfrac{\varphi''(\xi)}{2!}$，迭代序列 $\{x_k\}$ 是平方收敛的.

一般地，若 $\varphi'(\xi) = \varphi''(\xi) = \cdots = \varphi^{(p-1)}(\xi) = 0$，而 $\varphi^{(p)}(\xi) \neq 0$，则 $\lim\limits_{k \to \infty} \dfrac{e_{k+1}}{e_k^p} = \dfrac{\varphi^{(p)}(\xi)}{p!}$，序列 $\{x_k\}$ 就是 p 阶收敛的.

在例 2.2 中，对于 $\varphi_2(x) = \dfrac{14}{x+1}$，$\varphi_2'(x) = -\dfrac{14}{(x+1)^2} < 0$，所以，迭代是线性收敛的；而对迭代函数 $\varphi_3(x) = x - \dfrac{x^2 + x - 14}{2x+1}$，计算可得 $\varphi'(\xi) = 0$，而 $\varphi''(\xi) \neq 0$，因此，这个迭代序列是平方收敛的，这就是 φ_3 收敛较 φ_2 快的原因.

2.1.3 牛顿法及其近似形式

1. 牛顿法

牛顿法是求解方程 (2.1) 的一种重要的迭代法，其实质是将原方程线性化后获得一个迭代函数的方法.

记 $[a, b]$ 为方程 $f(x) = 0$ 的根的存在区间，取 $x_0 \in [a, b]$，对 $f(x)$ 用微分中值定理，近似地，有 $f(x) \approx f(x_0) + f'(x_0)(x - x_0)$. 令 $f(x_0) + f'(x_0)(x - x_0) = 0$，显然这是一个线性方程，解此方程，并设 $f'(x) \neq 0$，得到 $f(x) = 0$ 的近似根 $x_0 - \dfrac{f(x_0)}{f'(x_0)}$，记为 x_1，即 x_1 为方程 (2.1) 的一个近似根 $x_1 = x_0 - \dfrac{f(x_0)}{f'(x_0)}$ 为改善根的精确程度，反复实施这一过程，得到牛顿迭代公式：

$$x_{k+1} = x_k - \frac{f(x_k)}{f'(x_k)} \quad (k = 0, 1, 2, \cdots) \tag{2.11}$$

这就相当于选择迭代函数 $\varphi(x) = x - \dfrac{f(x)}{f'(x)}$.

按前述，(2.11) 式中的 x_{k+1} 就是线性方程

$$f(x_k) + f'(x_k)(x - x_k) = 0 \tag{2.12}$$

的根,而(2.12)式的根 x_{k+1} 是以点$(x_k, f(x_k))$为切点,曲线 $y = f(x)$ 的切线

$$y = f(x_k) + f'(x_k)(x - x_k)$$

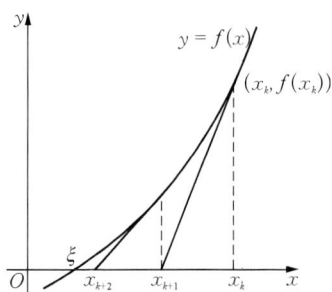

图 2.8 牛顿切线法

与 x 轴($y = 0$)交点的横坐标,以 x_{k+1} 作为 ξ 的近似值,继续在曲线 $y = f(x)$ 上取点$(x_{k+1}, f(x_{k+1}))$并作切线与 x 轴相交,又可得 x_{k+2},……由图 2.8 可知,从接近 ξ 的附近任选一初始值 x_0,将这一过程反复进行下去,就会得到收敛于 ξ 的迭代序列$\{x_k\}$,所以牛顿迭代法也称为切线法.

考察牛顿法的收敛速度,由于 $\varphi'(x) = \dfrac{f(x)f''(x)}{[f'(x)]^2}$,如果 ξ 是方程(2.1)的单根,即 $f(\xi) = 0$,而 $f'(\xi) \neq 0$,则 $\varphi'(\xi) = 0$,可见牛顿迭代法至少是 2 阶收敛的,这种方法的收敛速度还算比较快的. 例 2.2 中收敛很快的迭代公式 $x_{k+1} = x_k - \dfrac{x_k^2 + x_k - 14}{2x_k + 1}$ 正是用的牛顿法.

以下讨论选择初始值 x_0 应该注意的两个问题.

挑选初始值 x_0 应该尽可能使其靠近 ξ,还应该保证用牛顿法算出的下一个值 x_1 比 x_0 更接近于所求的解 ξ,所以,如果 $f'(x_0) = 0$ 或 $f'(x_0)$ 的绝对值很小,x_0 就

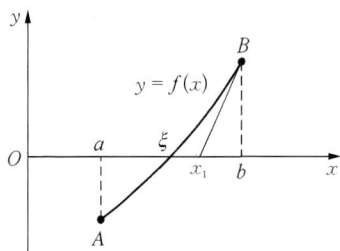

(a) $f(a)<0, f(b)>0$
  $f'(x)>0, f''(x)>0$

(b) $f(a)>0, f(b)<0$
  $f'(x)<0, f''(x)>0$

(c) $f(a)<0, f(b)>0$
  $f'(x)>0, f''(x)<0$

(d) $f(a)>0, f(b)<0$
  $f'(x)<0, f''(x)<0$

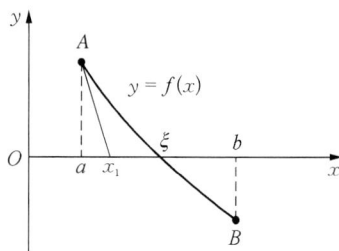

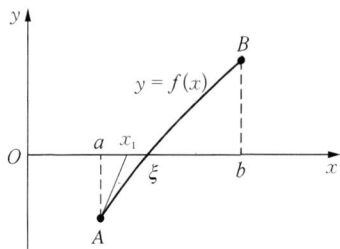

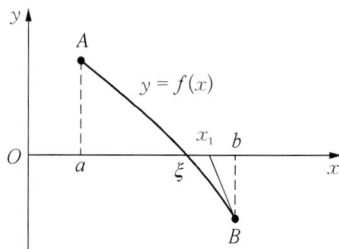

图 2.9 初始值 x_0 的挑选(一)

不适宜当作初始值.

若 $f(x)$ 在 $[a, b]$ 上二阶可导，$f(a)f(b) < 0$，且 $f'(x)$ 及 $f''(x)$ 保持定号，于是，(a, b) 是方程(2.1)的一个有根区间. 此时，函数 $y = f(x)$ 在 $[a, b]$ 上的图像（曲线 $\widehat{AB}$）有如图 2.9 所示的四种不同情形. 从图 2.9 中可以看出，如果在纵坐标与 $f''(x)$ 同号的那个端点（记为 $(x_0, f(x_0))$）作切线，这切线与 x 轴的交点的横坐标 x_0 更接近方程的根 ξ. 以图 2.9(c)为例，如果把切线作在纵坐标与 $f''(x)$ 异号的端点 b，过点 $B(b, f(b))$ 所作的切线与 x 轴的交点的横坐标 x_1 比原来的近似值 a 或 b 更远离解 ξ（图 2.10），所以，x_0 的选取还应满足条件 $f(x_0)f''(x_0) > 0$.

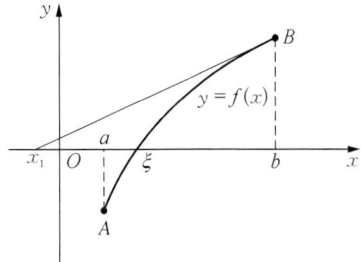

图 2.10　初始值 x_0 的挑选（二）

2. 牛顿法的近似形式

为避免复杂函数计算导数 $f'(x)$ 的困难，常用差分形式 $\dfrac{f(x_k) - f(x_{k-1})}{x_k - x_{k-1}}$ 代替导数 $f'(x_k)$，这样，迭代公式(2.11)的形式成为

$$x_{k+1} = x_k - \frac{x_k - x_{k-1}}{f(x_k) - f(x_{k-1})} f(x_k) \tag{2.13}$$

用公式(2.13)进行迭代运算的几何意义如图 2.11 所示.

曲线 $y = f(x)$ 上横坐标为 x_{k-1} 和 x_k 的点分别记为 P_{k-1} 和 P_k，则差商 $\dfrac{f(x_k) - f(x_{k-1})}{x_k - x_{k-1}}$ 表示弦 $\overline{P_{k-1}P_k}$ 的斜率，该弦的方程为

图 2.11　弦截法

$$y = f(x_k) + \frac{f(x_k) - f(x_{k-1})}{x_k - x_{k-1}}(x - x_k)$$

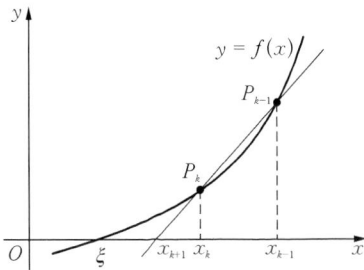

易见，按公式(2.13)求得的 x_{k+1} 实际上是弦 $P_{k-1}P_k$ 与 x 轴的交点，因此，公式(2.13)的迭代法称为弦截法.

可以证明，弦截法的收敛阶为 1.618，其收敛速度略低于牛顿迭代法的收敛速度. 弦截法需要两个初始值 x_0 和 x_1.

用弦截法迭代求根的计算步骤如下：

（1）选定初始值 x_0 和 x_1，并计算相应的函数值 $f(x_0)$ 和 $f(x_1)$；

（2）用公式(2.13)迭代计算下一个 x_k 和 $f(x_k)$；

（3）对于预先给定的精度 $\varepsilon > 0$，当 $|x_{k+1} - x_k| < \varepsilon$ 时，停止迭代过程，并取 x_{k+1} 或 x_k 为方程根的近似值；否则，转回步骤②继续计算，若迭代次数超过预先指

定的次数仍达不到精度要求,则输出迭代失败标志.

请读者按(2.13)式自编弦截迭代法的求根程序,以下是按(2.11)式编写的牛顿法求根程序.

程序 2.5 牛顿法迭代

```
function [xk,k] = newtoneq(x0,n,derta)
k = 1;
xk(1) = x0;
t = x0 - fun(x0)./dfun(x0);
while abs(t - x0) > = derta
    x0 = t;k = k + 1;
    xk(k) = t;
    t = x0 - fun(x0)./dfun(x0);
    if (k - 1) > n error('n is full'),end
end
```

其中的输入变量为初始值 x0,允许迭代次数 n 及误差限 derta,输出迭代次数 k 和迭代值数组 xk(最后一个值为近似根),若超过了允许迭代次数 n 则输出出错信息 'n is full',程序中调用的命令 fun 和 dfun 分别是函数 $f(x)$ 及其导函数 $f'(x)$.

例如,可用 fun 表示函数 $x - e^{2-x^2}$,用 dfun 表示其导函数 $1 + 2x e^{2-x^2}$,取初始值 $x_0 = 1.5$,误差限自定,读者输入以上数据后就可得到函数 $x - e^{2-x^2}$ 的近似零点,当然,读者也可以算出函数在迭代值 x_k 处的值.

2.1.4 Matlab 的求函数值命令小结

例 2.3 计算函数 $f(x,y) = x^2 + y^2$ 在点(1,-4)和(2,3)处的函数值,假设为该函数创建的函数文件名为 fun0.

方法一 直接调用 M 文件.

```
>> fun0(1,- 4)
ans =
        17
>> fun0(2,3)
ans =
        13
```

或者一次计算完成.

```
>> fun0([1,2],[- 4,3])
ans =
        17    13
```

方法二 用 feval 命令.

```
>> feval(@fun0,1,- 4)
```

```
ans =

    17
>> feval(@fun0,[1,2],[-4,3])
ans =
    17      13
```

方法三 用 eval 命令.
```
>> eval('fun0(1,-4)')
ans =

    17
```

请读者用 help 的帮助查询两命令 feval 和 eval 使用区别.

方法四 使用内联函数.

内联函数(inline function)是 Matlab 提供的一个对象(object),它的表现与函数文件一样. 建立内联函数的主要格式如下:

```
inline('expr')                  将字符串表达式 'expr' 转化成函数(称内联函数),
                                expr 为不包含赋值号"="的表达式
inline('expr','x1','x2',…)   将字符串表达式 'expr' 转化成为以字符串变量
                                'x1','x2',… 为输入变量的内联函数
```

例 2.4 建立内联函数 x^2,计算函数在 $x = 1.5$ 和 -0.9 处的函数值.
```
>> g1 = inline('x^2')
g1 =

    Inline function:
    g1(x) = x^2
>> g1(1.5)
ans =

    2.2500
>> g1(-0.9)
ans =

    0.8100
```

用命令 vectorize 使内联函数适用于数组运算规则.
```
>> ff = vectorize(f)
ff =

    Inline function:
    ff(x) = x.^2
>> xx = [1.5,-0.9];
>> ff(xx)
ans =

    2.2500    0.8100
```

内联函数可以被 feval 指令调用.

```
>> a = feval(ff,xx)
a =
    2.2500    0.8100
```

例 2.5 建立内联函数 $x^2 + y^2$, 计算其在点 $(2, -3)$ 处的函数值.

```
>> g = inline('x^2 + y^2','x','y')
g =
    Inline function:
    g(x,y) = x^2 + y^2
>> g(2, -3)
ans =
    13
```

例 2.6 计算函数 $f(x) = x - e^{2-x^2}$ 的导函数在指定点 $x = 1.5$ 和 -0.4 处的值.

方法一 将导函数做成 M 文件, 再用上述方法求值.

方法二 使用符号变量.

```
>> syms x                       %指定 x 为符号变量
>> f = x - exp(2 - x^2);        %定义符号表达式 f
>> df = diff(f,x)               %对 x 求导
df =
1 + 2 * x * exp(2 - x^2)        %导函数
>> y = subs(df,x,1.5)           %求导函数在指定点的值
y =
    3.3364
>> y = subs(df,[1.5, -0.4])     %求导函数的多个值
y =
    3.3364    -4.0372
```

注 符号置换命令 subs.

subs(f,old,new)   用 new 置换符号表达式 f 中的 old
subs(f,new)   用 new 置换符号表达式 f 中的缺省变量

上 机 练 习

1. 用二分法和牛顿迭代法(包括弦截法)编程求方程 $\sin x - \dfrac{x^2}{2} = 0$ 的实根, 要求误差不超过 10^{-4}. 输出迭代次数, 初始值和根的近似值; 再构造不同的迭代函数, 用迭代法求解, 并进行比较.

2. 用迭代公式 $x_k = f(x_k)$ 计算迭代序列 $\{x_k\}$, 其中 $f(x) = ax(1-x)$, a 分别取值 1.3, 2.7, 3.8, 初值 $x_0 \in (0, 1)$.

3. 用 Matlab 的作图命令画出例 2.2 中 3 个不同迭代函数 $y = \varphi(x)$ 的不动点, 以及迭代序列的

运动轨迹.

4. 下面给出了一个迭代模型：

$$\begin{cases} x_{k+1} = 1 + y_k - 1.4x_k^2 \\ y_{k+1} = 0.3x_k \end{cases}$$

取初值 $x_0 = 0$，$y_0 = 0$，进行 30 000 次迭代求出一组值 (x_k, y_k)，然后在每个点 (x_k, y_k) 处标示一个点（各点间不要连线），最后绘出需要的图形.

5. 在 Matlab 中，常用的方程求根命令为 roots 和 fzero，通过 help 命令研究它们以及相关命令 poly，用计算实例说明它们的用法；若已知一个一元多项式函数的零点为 $\{2, -3, 1+2i, 1-2i, 0, -6\}$，用 Matlab 的命令求这个多项式的系数（按 x 的次数从高到低排列），并且计算该多项式在点 $x = 0.8, -1.2$ 的值.

2.2 地球绕日一周的行程——数值积分

2.2.1 实际问题——地球公转轨道的周长

天文学的知识告诉我们，月球绕着地球旋转，地球绕着太阳旋转，太阳又绕着银河系的中心旋转，这些旋转都称为公转. 其中，地球绕太阳公转一周大约要花上一年，在这一年的时间里，地球究竟绕太阳走了多少路程呢?

如图 2.12 所示，地球公转轨道的形状是一个椭圆. 地球公转轨道的半长轴为 $a = 14\,960 \times 10^4$ km，半短轴为 $b = 14\,958 \times 10^4$ km. 其偏心率为 $e = 0.0167\%$，说明地球公转轨道非常接近于圆形. 太阳就位于地球椭圆轨道的一个焦点上. 每年一月初，地球在公转轨道

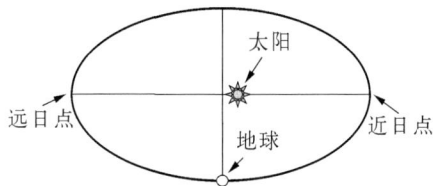

图 2.12

最上位于靠近太阳的一点，称为近日点. 每年七月初，地球在公转轨道上位于离太阳最远的一点，称为远日点.

由椭圆参数方程 $x = a\cos t$，$y = b\sin t$，知椭圆周长为

$$L = 4\int_0^{\frac{\pi}{2}} \sqrt{a^2\sin^2 t + b^2\cos^2 t}\,\mathrm{d}t = 4a\int_0^{\frac{\pi}{2}} \sqrt{1 - e^2\cos^2 t}\,\mathrm{d}t \tag{2.14}$$

其中 $e = \dfrac{\sqrt{a^2 - b^2}}{a}$. 称 (2.14) 式中的积分为椭圆积分，该积分由于被积函数的原函数无法用初等函数表示，所以高等数学中常用的牛顿-莱布尼茨公式在这里就失效了.

实际应用中还有很多积分问题都面临着这样的困难：

（1）有很多被积函数的原函数 $F(x)$ 无法用初等函数表示，如 $\int_0^1 \dfrac{\sin x}{x}\mathrm{d}x$，$\int_0^\pi \mathrm{e}^{\cos\theta}\mathrm{d}\theta$，$\int_0^1 \mathrm{e}^{-x^2}\mathrm{d}x$ 等.

（2）有的积分即使能找到用初等函数表示的原函数 $F(x)$，但解析式非常复杂，用牛顿-莱布尼茨公式计算也很困难，如

$$\int \frac{1}{1+x^4}\mathrm{d}x = \frac{1}{4\sqrt{2}}\ln\frac{x^2+\sqrt{2}x+1}{x^2-\sqrt{2}x+1} + \frac{1}{2\sqrt{2}}\left[\arctan(\sqrt{2}x+1)+\arctan(\sqrt{2}x-1)\right]+C$$

（3）有的被积函数 $f(x)$ 是由测量或数值计算给出的数据表，是列表函数，也无法用牛顿-莱布尼茨公式计算.

对于上述这些情况，都要求建立定积分的近似计算方法——数值积分法.

2.2.2　常用数值积分方法

1. 复化梯形公式

将积分区间 $[a,b]$ 等分成 n 份，在每一份上用梯形面积作为这一段上积分的近似值，得到的公式成为复化梯形公式

（1）复化梯形公式.

$$\begin{aligned}
T_n &= \sum_{i=0}^{n-1}\frac{h}{2}\left[f(x_i)+f(x_{i+1})\right] \\
&= \frac{h}{2}\left[f(a)+2\sum_{i=1}^{n-1}f(x_i)+f(b)\right]
\end{aligned} \tag{2.15}$$

其中，$h = \dfrac{b-a}{n}$.

（2）误差. 设 $f(x)\in C^2[a,b]$，则

$$\begin{aligned}
I-T_n &= \int_a^b f(x)\mathrm{d}x - \sum_{i=0}^{n-1}T^{(i)} = \sum_{i=0}^{n-1}\int_{x_i}^{x_{i+1}}f(x)\mathrm{d}x - \sum_{i=0}^{n-1}T^{(i)} \\
&= \sum_{i=0}^{n-1}\left[\int_{x_i}^{x_{i+1}}f(x)\mathrm{d}x - T^{(i)}\right] \\
&= \sum_{i=0}^{n-1}\left[-\frac{h^3}{12}f''(\eta_i)\right] \quad (\eta_i\in[x_i,x_{i+1}]) \\
&= -\frac{h^2}{12}\sum_{i=0}^{n-1}\left[f''(\eta_i)h\right] \approx -\frac{h^2}{12}\int_a^b f''(x)\mathrm{d}x \\
&= -\frac{h^2}{12}f'(x)\Big|_a^b = -\frac{h^2}{12}\left[f'(b)-f'(a)\right]
\end{aligned} \tag{2.16}$$

2. 复化 Simpson 公式

将积分区间 $[a,b]$ 等分成 n 份，在每份上，选取曲线两个端点和区间中点对应

的曲线上的点,作出一条抛物线经过这三个点,用抛物线与 x 轴围成的图形面积作为这一段上积分的近似值,得到的公式称为复化 Simpson 公式.

（1）复化 Simpson 公式.

$$S_n = \sum_{i=0}^{n-1} \frac{h}{6} \left[f(x_i) + 4f(x_{i+\frac{1}{2}}) + f(x_{i+1}) \right]$$

$$= \frac{h}{6} \left[f(a) + 4\sum_{i=0}^{n-1} f(x_{i+\frac{1}{2}}) + 2\sum_{i=1}^{n-1} f(x_i) + f(b) \right] \qquad (2.17)$$

其中,$x_{i+\frac{1}{2}} = \frac{1}{2}(x_i + x_{i+1})$ $(i = 0, 1, \cdots, n-1)$.

（2）误差. 设 $f(x) \in C^4[a, b]$,则

$$R(f, S_n) = I - S_n = -\frac{n}{90} \left(\frac{h}{2} \right)^5 f^{(4)}(\eta)$$

$$\approx -\frac{1}{180} \left(\frac{h}{2} \right)^4 [f'''(b) - f'''(a)] \quad (\eta \in (a, b)) \qquad (2.18)$$

3. Romberg 求积法

设 $I = \int_a^b f(x)\mathrm{d}x$,则由复化梯形公式的误差得

$$I - T_n = -\frac{n}{12} h_n^3 f''(\xi_n) \quad (\xi_n \in (a, b)) \qquad (2.19)$$

$$I - T_{2n} = -\frac{(2n)}{12} h_{2n}^3 f''(\xi_{2n}) \quad (\xi_{2n} \in (a, b)) \qquad (2.20)$$

当 $f''(x)$ 在 $[a, b]$ 上连续,当 n 充分大时,$f''(\xi_n) \approx f''(\xi_{2n})$,由(2.20)式得

$$I - T_{2n} \approx -\frac{(2n)}{12} \times \frac{1}{8} h_n^3 f''(\xi_n) = \frac{1}{4} \left[-\frac{n}{12} h_n^3 f''(\xi_n) \right] = \frac{1}{4}(I - T_n)$$

$$(2.21)$$

于是,有

$$\frac{I - T_n}{I - T_{2n}} \approx 4 \qquad (2.22)$$

解得

$$I - T_{2n} \approx \frac{1}{3}(T_{2n} - T_n) \qquad (2.23)$$

于是 $I \approx \frac{1}{3}(4T_{2n} - T_n)$,用 $\frac{4}{3}T_{2n} - \frac{1}{3}T_n$ 作为 I 的近似值更加精确,其实,$\frac{4}{3}T_{2n} - \frac{1}{3}T_n$ 就是上面提到的复化 Simpson 公式 S_n. 证明如下:

因为 $T_n = \sum_{i=0}^{n-1} \frac{h_n}{2}[f(x_i) + f(x_{i+1})]$,$T_{2n} = \frac{1}{2}T_n + \frac{h_n}{2}\sum_{i=0}^{n-1} f(x_{i+\frac{1}{2}})$,$h_n = \frac{b-a}{n}$,所以

$$\frac{4}{3}T_{2n} - \frac{1}{3}T_n = \frac{2}{3}T_n + \frac{4h_n}{6}\sum_{i=0}^{n-1}f(x_{i+\frac{1}{2}}) - \frac{1}{3}T_n = \frac{1}{3}T_n + \sum_{i=0}^{n-1}\frac{4h_n}{6}f(x_{i+\frac{1}{2}})$$

$$= \frac{1}{3}\sum_{i=0}^{n-1}\frac{h_n}{2}\big[f(x_i)+f(x_{i+1})\big] + \sum_{i=0}^{n-1}\frac{4h_n}{6}f(x_{i+\frac{1}{2}})$$

$$= \sum_{i=0}^{n-1}\frac{h_n}{6}\big[f(x_i)+4f(x_{i+\frac{1}{2}})+f(x_{i+1})\big] = S_n$$

由 S_n 的误差分析可以得到更加精确的公式 $C_n = \dfrac{16}{15}S_{2n} - \dfrac{1}{15}S_n$，这个公式称为复化 Cotes 公式. 以此类推,可以得到 Romberg 算法表:

$$
\begin{array}{cccc}
T_{2^0} & S_{2^0} & C_{2^0} & R_{2^0} \\
T_{2^1} & S_{2^1} & C_{2^1} & R_{2^1} \\
T_{2^2} & S_{2^2} & C_{2^2} & \vdots \\
T_{2^3} & S_{2^3} & \vdots & \\
T_{2^4} & \vdots & & \\
\vdots & & &
\end{array}
$$

其中
$$\begin{cases} S_n = \dfrac{4}{3}T_{2n} - \dfrac{1}{3}T_n & (2.24) \\[2mm] C_n = \dfrac{16}{15}S_{2n} - \dfrac{1}{15}S_n & (2.25) \\[2mm] R_n = \dfrac{64}{63}C_{2n} - \dfrac{1}{63}C_n & (2.26) \end{cases}$$

并称(2.26)为 Romberg 公式.

程序 2.6 简明 Romberg 积分算法

```
function [s,n,t] = rombint(fun,a,b,tol)
% fun 为被积函数,a,b 为积分上下限,tol 为误差限
format long
s = 10000;
s0 = 0;
k = 2;
t(1,1) = (b - a) * (fun(a) + fun(b))/2;     % 梯形公式的初始数据
while(abs(s - s0) > tol)
    h = (b - a)/2^(k - 1);
    w = 0;
    % 以下是计算 Romberg 算法表中第一列的数据(梯形公式)
    if(h~ = 0)
        for i = 1:(2^(k - 1) - 1)
            w = w + fun(a + i * h);
```

```
        end
      t(k,1) = h * (fun(a)/2 + w + fun(b)/2);
      % 以下依次计算 Romberg 算法表中第 2 列、第 3 列、……
      for l = 2:k
        for i = 1:(k - l + 1)
          t(i,l) = (4^(l - 1) * t(i + 1,l - 1) - t(i,l - 1))/(4^(l - 1) - 1);
        end
      end
      % 准备误差判断数据 s 和 s0,这两个数据可以决定何时终止循环
      s = t(1,k);
      s0 = t(1,k - 1);
      k = k + 1;
      n = k - 1;
    else s = s0;
      n = - k;
    end
  end
```

说明 fun 表示被积函数,a,b 分别为积分上下限,tol 为误差上限;本程序把所有计算结果装入一个矩阵(程序中用的是 t), t 的第 1 列中装入的是梯形公式的结果:

$$t(1,\ 1) = T_1,\ t(2,\ 1) = T_2,\ t(3,\ 1) = T_4,\ t(4,\ 1) = T_8,\ \cdots$$

t 的第 2 列中装入的是 Simpson 公式的结果:

$$t(1,\ 2) = S_1,\ t(2,\ 2) = S_2,\ t(3,\ 2) = S_4,\ \cdots$$

t 的第 3 列中装入的是 Cotes 公式的结果:

$$t(1,\ 3) = C_1,\ t(2,\ 3) = C_2,\ \cdots$$

t 的第 4 列中装入的是 Romberg 公式的结果:

$$t(1,\ 4) = R_1,\ \cdots$$

矩阵 t 从第 2 列开始,按照下面的公式生成:

$$t(i,\ l) = \frac{4^{l-1} t(i + 1,\ l - 1) - t(i,\ l - 1)}{4^{l-1} - 1} \quad (l \geqslant 2)$$

例 2.7 求 $I = \int_0^1 \mathrm{e}^{-x^2} \mathrm{d}x$,精确到小数点后面 5 位.

```
>> fun = inline('exp( - x. * x)', 'x');
>> [s,n,t] = rombint(fun,0,1,1e - 5)
  s =
      0.74682401848228
  n =
      4
```

```
t =

    0.68394        0.74718        0.74683        0.74682

    0.73137        0.74686        0.74682        0

    0.74298        0.74683        0              0

    0.74587        0              0              0
```

说明 进行 3 次对半分割（积分区间 8 等分，应用 9 个节点），得到近似值 0.746 82（有 5 位有效数字），输出参数 t 的结果为：第 1 列——复化梯形法的结果，第 2 列——复化 Simpson 法的结果，第 3 列——复化 Cotes 公式的结果，第 4 列——Romberg 公式的结果. 即

$$I = \int_0^1 e^{-x^2} dx \approx 0.746\ 82$$

2.2.3 Matlab 中的数值积分命令

1. 一元函数的数值积分

函数：quad,quadl. 功能：数值定积分，自适应 Simpson 积分法. 格式：

```
q = quad(fun,a,b,tol)
q = quadl(fun,a,b,tol)
```

说明 ① fun 是被积函数，a,b 是积分上下限；② tol 是误差限，缺省值是 10^{-6}；③ 输出参数若为[q, n]，则同时返回计算的次数 n.

例 2.8 求数值积分 $\int_0^2 \dfrac{3x^2}{x^3 - 2x^2 + 3} dx$.

```
>> fun = inline('3 * x.^2./(x.^3 - 2 * x.^2 + 3)');
>> Q1 = quad(fun,0,2)
>> Q2 = quadl(fun,0,2)
```

计算结果：

```
Q1 =
    3.7224
Q2 =
    3.7224
```

即
$$\int_0^2 \frac{3x^2}{x^3 - 2x^2 + 3} dx = 3.7224$$

2. 二元函数重积分的数值计算

函数：dblquad. 功能：矩形区域上的二重积分的数值计算. 格式：

```
q = dblquad(fun,xmin,xmax,ymin,ymax,tol,method)
```

说明 用指定的算法 method 对被积函数 fun 在区域[xmin，xmax]×[ymin，ymax]上计算数值二重积分，缺省算法为 quad,tol 为误差限，同 quad.

例 2.9 计算二次积分 $\int_1^3 dx \int_5^7 \left(\dfrac{y}{\sin x} + x e^y \right) dy$ 的近似值.

```
>> fun = inline('y./sin(x) + x. * exp(y)');
>> Q = dblquad(fun,1,3,5,7)
```
计算结果:
```
Q =
    3.8319e + 003
```
即
$$\int_1^3 \mathrm{d}x \int_5^7 \left(\frac{y}{\sin x} + x\,\mathrm{e}^y \right) \mathrm{d}y \approx 3.8319 \times 10^3$$

例 2.10 计算三次积分(积分限为变量)$\int_0^a \mathrm{d}x \int_{-\sqrt{a-x}}^{\sqrt{a-x}} \mathrm{d}y \int_0^{a-x} xy^2 z\,\mathrm{d}z$.

```
>> syms x y z a;
>> QS1 = int('x * y^2 * z','z',0,a - x);
>> QS = int(int(QS1,'y', - sqrt(a - x),sqrt(a - x)),'x',0,a)
QS =
    4/297 * a^(11/2)
```
即
$$\int_0^a \mathrm{d}x \int_{-\sqrt{a-x}}^{\sqrt{a-x}} \mathrm{d}y \int_0^{a-x} xy^2 z\,\mathrm{d}z = \frac{4}{297} a^5 \sqrt{a}$$

2.2.4 地球公转轨道周长问题

地球公转轨道的周长为
$$L = 4a \int_0^{\frac{\pi}{2}} \sqrt{1 - e^2 \cos^2 t}\,\mathrm{d}t$$

其中,$a = 14\,960 \times 10^4$ km,$e = 0.000\,167$,可以应用自编程序计算:
```
>> a = 14960;
>> fun = inline('sqrt(1 - 0.000167^2 * cos(t).^2)','t');
>> l = 4 * a * rombint(fun,0,pi/2,1e - 6)
l =
    9.399645154003987e + 004
```
或者采用 Matlab 的数值积分命令 quadl 计算:
```
>> l = 4 * a * quadl(fun,0,pi/2)
l =
9.399645154003985e + 004
```
即
$$L = 4a \int_0^{\frac{\pi}{2}} \sqrt{1 - e^2 \cos^2 t}\,\mathrm{d}t \approx 9.4 \times 10^4$$

这表明地球公转轨道周长约为 9.4×10^8 km,也就是说,地球围绕太阳以平均每秒将近 300 km 的速率旋转.

上 机 练 习

1. 已知标准正态分布的分布函数为 $\Phi(x) = \int_{-\infty}^x \frac{1}{\sqrt{2\pi}} \mathrm{e}^{-\frac{t^2}{2}}\,\mathrm{d}t = \frac{1}{2} + \int_0^x \frac{1}{\sqrt{2\pi}} \mathrm{e}^{-\frac{t^2}{2}}\,\mathrm{d}t$,试计算

当 x 取 $0\sim3$ 之间的数值时的 $\Phi(x)$ 值,要求每隔 0.01 计算一次,计算结果列表表示(精确到 10^{-6}).

2. 已知椭圆的周长可以表示成 $s = a\int_0^{2\pi} \sqrt{1+\rho^2\cos^2\theta}\,\mathrm{d}\theta$ $(0<\rho<1)$,取 $a=1$,针对 ρ 从 0.1 到 0.9(步长 $h=0.1$)分别求出周长 s.(用 Romberg 积分方法)

3. 计算数值积分 $\int_1^2 \dfrac{\sin x}{x}\,\mathrm{d}x$.

2.3 圆周率 π 的计算

谈起数字,人们常常为文人以数字入诗词的才华叫绝. 初唐的骆宾王就被人称为"算博士",骆诗《帝京篇》有"秦塞重关一百二,汉家离宫三十六",写得颇有气势. 苏东坡与辽邦使臣的掌故众人皆知,苏东坡以"四诗风雅颂"回应"三光日月星"终让辽使称臣,传下一则数字对的佳话.

圆周率 π 是一个人人皆知的数学常数,它是圆周长与其直径之比,也等于圆面积与圆半径平方之比,它是精确计算圆周长、圆面积和球体积这些几何量的关键值.

π,或者其近似值 3.14,从小学的算术课本中,我们就认识了这个数. 而在 4000 年前,也就是在公元前 2000 年左右的巴比伦王国这个数字就已经被发现. 对这样一个古老的数字,人们已经是再熟悉不过了. 现在,在计算机的帮助下,截止到 1995 年,人们已经将这个古老的常数精确地计算到了六十亿位以上. 例如,利用 Matlab 的命令,我们可以十分容易得到 π 的小数点后 200 位的值如下:

```
vpa (pi, 201)
ans =
```

3.1415926535 8979323846 2643383279 5028841971 6939937510 5820974944 5923078164
0628620899 8628034825 3421170679 8214808651 3282306647 0938446095 5058223172
5359408128 4811174502 8410270193 8521105559 6446229489 5493038196

人类各个文化传统,不管进入文明社会的时间或迟或早,早先都使用"周三径一",即取 $\pi=3$,几乎无一例外. 这个值非常简约,一直到今天,木工还在使用它. 而对于追求严格、崇尚精确的数学家来说,它显然太过粗疏. 人们力图改进圆周率值 π,古往今来的许多人为此付出了艰苦的努力. 在计算机技术发展到今天的情况下,我们来了解一点 π 的计算方法,并自己动手试着计算 π 的值,是一件很有意思的事情.

2.3.1 古典方法

1. 阿基米德方法

通过使正多边形外切或内接于圆,将其边数逐步增多来计算圆周长度的方法,很早就用于圆周率的计算了.显然,若取圆的直径 $D = 1$,则圆周长度就是圆周率 π.

希腊数学家阿基米德就用这种方法从计算圆内接正 6 边形的周长开始,最后算到圆内接正 96 边形,发现圆周率大于 $3\dfrac{10}{71}$.进而他又继续计算圆外切正 96 边形的周长,发现圆周率小于 $3\dfrac{1}{7}$,就是说,$3\dfrac{10}{71} < \pi < 3\dfrac{1}{7}$;用近似小数表示就是 $3.140\,845\cdots < \pi < 3.142\,857\cdots$.

以后,许多学者就用过这种方法计算圆周率. 阿基米德的这种方法只能正确地计算到小数点后第二位,久而久之圆周率就成了 3.14.

通过计算圆内接或圆外切正多边形,历史上有些学者计算了圆周率 π 的近似值,有关资料提供了他们的计算结果(表 2.3).

表 2.3　由正多边形计算 π 的近似值

计算人	多边形的边数	正确值
阿基米德	6×2^4	3.14
皮沙诺	6×2^4	3.141
比埃塔	6×2^{16}	小数点后 10 位
罗马奴斯	5×2^{24}	小数点后 15 位
鲁道夫	2^{62}	小数点后 35 位

2. 刘徽割圆术

刘徽是我国古代著名的数学家,他的最大功绩是为《九章算术》作注. 他的割圆术就是等分圆周,依次连接等分点组成圆的内接正多边形. 显然,圆的内接正多边形的边数越多,其面积与圆面积之差的绝对值越小. 当增加的边数趋于无穷时,则该正多边形的面积就与圆的面积没有差别了.

刘徽割圆术的具体作法如图 2.13 所示. 记圆的面积为 S,其内接正 n 边形的面积为 S_n,图 2.13 中 AB 为正 n 边形的一边,当分点加倍后,面积为 S_{2n}. 将图中两个四边形 $AOBE$ 和 $ABCD$ 的面积分别记为 S_{AOBE} 和 S_{ABCD},有

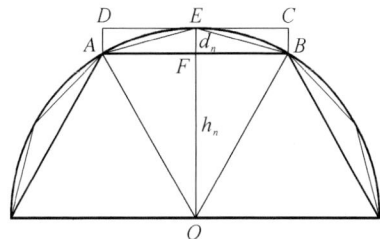

图 2.13　刘徽割圆术示意图

$$S > n \times S_{AOBE} = S_{2n}$$

$$S < n \times \left(S_{AOBE} + \frac{1}{2}S_{ABCD}\right) = S_{2n} + (S_{2n} - S_n)$$

从而 $$S_{2n} < S < 2S_{2n} - S_n \qquad (2.27)$$

(2.27)式就是刘徽用于计算 π 的圆面积不等式.

下面我们用刘徽割圆术讨论计算 π 的具体过程. 为简单计, 取圆半径等于 1, 这时圆面积 $S = \pi$, 这样(2.27)式中 S 的上、下界就是 π 的上、下界. 记 $a_n = |AB|$, 有

$$h_n = |OF| = \sqrt{1 - \left(\frac{a_n}{2}\right)^2}$$

$$d_n = |EF| = 1 - h_n = 1 - \sqrt{1 - \left(\frac{a_n}{2}\right)^2} \qquad (2.28)$$

从图 2.13 可见, 多边形由 n 边变为 $2n$ 之后, 其面积在原来的基础上增加了 $n/2$ 个矩形 $ABCD$ 的面积, 有

$$S_{2n} = S_n + \frac{n}{2}a_n d_n \qquad (2.29)$$

新的正 $2n$ 边形的边长为

$$a_{2n} = \sqrt{\left(\frac{a_n}{2}\right)^2 + d_n^2} = \sqrt{2d_n} \qquad (2.30)$$

上述的(2.27)~(2.30)式就是我们计算 π 的数学模型. 从某个圆内接正多边形开始计算, 就可以逐步逼近 π 的精确值. 例如, 从正 6 边形开始计算是很方便的, 这时的边长和面积为 $a_6 = 1$, $S_6 = \frac{3}{2}\sqrt{3}$. 依次使用(2.27)~(2.30)式便可得到正 12 边形的面积 S_{12} 和边长 a_{12}: $h_6 = \sqrt{1 - \left(\frac{a_6}{2}\right)^2}$, $d_6 = 1 - h_6$, $S_{12} = S_6 + \frac{6}{2}a_6 d_6$, $a_{12} = \sqrt{2d_6}$. 得到 a_{12} 后, 再次使用(2.27)~(2.30)式便可得到正 24 边形的面积和边长, 这一迭代过程反复进行, 便可以得到边数为 $48, 96, 192, \cdots$ 的内接正多边形的面积, 它们不断地逼近 π 值, 所求的 π 值上界和下界一定满足不等式(2.27).

程序 2.7 计算 π 值上、下界

```
n = 6;a = 1;
s1 = 1.5 * sqrt(3);
ss = [];
for k = 1:26
    d = 1 − sqrt(1 − a * a/4);
    s2 = s1 + n * a * d/2;
    n = n + n;
    s3 = 2 * s2 − s1;
```

```
        ss = [ss;k,n,s2,s3];
        a = sqrt(2 * d);
        s1 = s2;
    end
    ss
```

表 2.4 是上述程序计算 π 值上、下界的迭代过程记录,数据显示格式选择"long g".

表 2.4 刘徽割圆术估计 π 值的迭代过程

次　数	边　数	下　界	上　界
01	12	3. 000 000 000 000 00	3. 401 923 788 646 68
02	24	3. 105 828 541 230 25	3. 211 657 082 460 50
03	48	3. 132 628 613 281 24	3. 159 428 685 332 23
04	96	3. 139 350 203 046 87	3. 146 071 792 812 50
05	192	3. 141 031 950 890 51	3. 142 713 698 734 15
06	384	3. 141 452 472 285 46	3. 141 872 993 680 41
07	768	3. 141 557 607 911 86	3. 141 662 743 538 25
08	1 536	3. 141 583 892 148 32	3. 141 610 176 384 78
09	3 072	3. 141 590 463 228 05	3. 141 597 034 307 78
10	6 144	3. 141 592 105 999 27	3. 141 593 748 770 49
11	12 288	3. 141 592 516 692 16	3. 141 592 927 385 04
12	24 576	3. 141 592 619 365 38	3. 141 592 722 038 61
13	49 152	3. 141 592 645 033 69	3. 141 592 670 702 00
14	98 304	3. 141 592 651 450 77	3. 141 592 657 867 84
15	196 608	3. 141 592 653 055 04	3. 141 592 654 659 31
16	393 216	3. 141 592 653 456 10	3. 141 592 653 857 17
⋮	⋮	⋮	⋮
23	50 331 648	3. 141 592 653 589 79	3. 141 592 653 589 81
24	100 663 296	3. 141 592 653 589 79	3. 141 592 653 589 80
25	201 326 592	3. 141 592 653 589 79	3. 141 592 653 589 80
26	402 653 184	3. 141 592 653 589 79	3. 141 592 653 589 80

可以看到,随着迭代次数的增加,π 的有效位数也在增加,大约每三步增加两位,增加的速度很慢. 据介绍,没有人能用几何方法手算出 40 位有效数字以上的 π 值,这是可能的原因. 荷兰人鲁道夫为计算 35 位 π 值,几乎将精力拖垮.

我们在此介绍了计算 π 的早期几何方法,特别详细介绍了如何用刘徽的割圆术来估计 π 的上、下限,显然读者也可以根据"圆面积介于同边数的圆内接与外切正多边形面积之间"的几何思路来确定 π 值的上、下限.

2.3.2 数值积分法

大家知道,$\displaystyle\int_0^1 \frac{\mathrm{d}x}{1+x^2} = \frac{\pi}{4}$,还有,$\displaystyle\int_0^1 \sqrt{1-x^2}\,\mathrm{d}x = \frac{\pi}{4}$,所以

$$\pi = \int_0^1 \frac{4}{1+x^2}\,\mathrm{d}x \quad \text{或} \quad \pi = 4\int_0^1 \sqrt{1-x^2}\,\mathrm{d}x$$

于是,我们可以通过计算上述定积分的近似值来得到 π 的近似值.上一节中介绍了数值积分的方法,应用上一节中的知识就可以求出 π 的近似值了.

例 2.11 $\displaystyle\pi = \int_0^1 \frac{4}{1+x^2}\,\mathrm{d}x$,应用数值积分的方法,求出 π 的近似值.

方法一 应用自编程序 rombint. m 计算.

```
>> fun = inline('4./(1 + x. * x)');
>> [s,n] = rombint(fun,0,1,1e - 10)
s =
    3.14159265358972
n =
    7
```

$n = 7$ 说明要使用 7 次 Romberg 过程即可使误差小于 10^{-10},需要将区间 $[0,1]$ 等分成 $2^6 = 64$ 份,其实观察最终结果,误差要远小于 10^{-10}.

方法二 应用 Matlab 数值积分命令计算.

```
>> fun = inline('4./(1 + x. * x)');
>> format long
>> pi1 = quad(fun,0,1,1e - 10)
pi1 =
    3.14159265358960
>> pi2 = quadl(fun,0,1,1e - 10)
pi2 =
    3.14159265358981
```

2.3.3 无穷级数法

已经知道,当 $x \in [-1, 1]$ 时

$$\arctan x = x - \frac{x^3}{3} + \frac{x^5}{5} - \frac{x^7}{7} + \cdots + (-1)^{n-1}\frac{x^{2n-1}}{2n-1} + \cdots \quad (2.31)$$

取 $x = 1$,有

$$\frac{\pi}{4} = 1 - \frac{1}{3} + \frac{1}{5} - \frac{1}{7} + \cdots + \frac{(-1)^{n-1}}{2n-1} + \cdots \quad (2.32)$$

它是一个与 π 有关的无穷级数,实际计算时,只能使用有限项.如果取级数前 n 项之和作为 π 的近似值,其误差上限为 $|r_n| \leqslant \dfrac{4}{2n+1}$. 若要求保证误差不超过 10^{-4},就要取级数(2.32)的前 20 000 项进行计算. 实际计算时,误差会小于理论上限,但是,计算量仍然很大.

程序 2.8 用级数计算 π

```
s = 0;
n = 0;
while abs(s - pi) > = 1e - 4
    s = 4 * ( - 1)^n/(2 * n + 1) + s;
    n = n + 1;
end
s,n
```

输出 π 的近似值 s=3.141 492 653 590 03,与 π 的精确值 3.141 592 653 589 79 的误差不超过 10^{-4},实际取用级数的项数 n=10 000.

现在看来,计算 π 的级数(2.32)有明显的缺点:级数收敛太慢,计算量过大,其原因是 $|x|$ 偏大.

现 $x = \dfrac{1}{2}$,令 $\alpha = \arctan \dfrac{1}{2}$,显见 $0 < \alpha < \dfrac{\pi}{4}$,记 $\beta = \dfrac{\pi}{4} - \alpha$,而 $\tan \beta = \tan\left(\dfrac{\pi}{4} - \alpha\right) = \dfrac{1}{3}$,所以 $\beta = \arctan \dfrac{1}{3}$,就是

$$\frac{\pi}{4} = \arctan \frac{1}{2} + \arctan \frac{1}{3} \tag{2.33}$$

这就是著名的欧拉公式,由欧拉在 1737 年提出.

又,可取 $x = \dfrac{1}{5}$,令 $\alpha = \arctan \dfrac{1}{5}$,则 $\tan 2\alpha = \dfrac{5}{12}$,$\tan 4\alpha = \dfrac{120}{119} \approx 1$,故 $4\alpha \approx \dfrac{\pi}{4}$,再令 $\beta = 4\alpha - \dfrac{\pi}{4}$,即 $\dfrac{\pi}{4} = 4\alpha - \beta$,而 $\tan \beta = \dfrac{1}{239}$,就有

$$\frac{\pi}{4} = 4\arctan \frac{1}{5} - \arctan \frac{1}{239} \tag{2.34}$$

这个公式由马庭(J. Machin)于 1706 年发现,故称为马庭公式.

将欧拉公式和马庭公式与 $\arctan x$ 的泰勒级数(2.20)相结合,会加快该级数的收敛速度,具有很强的实用性. 据资料记载 1873 年英国人 W. Shanks 用马庭公式与级数(2.31)结合将 π 算到小数点以后 707 位,在很长时间内人们认为这是最高纪录. 二战以后,人们用计算机验算,发现直到小数点以后第 527 都是正确的. 用笔将 π 算到这个程度真是非常不容易,想必他一定付出了极大的努力.

下面的计算 π 值公式具有更快的优点. 一个是 1962 年算出 10 万位 π 值的

Shanks 等人所使用的公式:

$$\frac{\pi}{4} = 6\arctan\frac{1}{8} + 2\arctan\frac{1}{57} + \arctan\frac{1}{239} \tag{2.35}$$

类似的公式还有

$$\frac{\pi}{4} = 12\arctan\frac{1}{18} + 8\arctan\frac{1}{57} - 5\arctan\frac{1}{239} \tag{2.36}$$

$$\frac{\pi}{4} = 5\arctan\frac{1}{7} - 2\arctan\frac{3}{79} \tag{2.37}$$

前者来自数学家高斯(1863)的著作,后者曾被 18 世纪著名数学家欧拉用来算 π,据说他只用了一个小时便手算出 20 位 π 值.

2.3.4 更快的计算 π 值公式

如果要计算的 π 值位数不很多,那么沿用前面给出的级数方法一般不会有什么问题.但当要求计算的位数很多时(如几十万位以上),仅仅只靠计算机硬件的进步,也难在合理的时间内完成作业,因此,我们需要收敛速度更快的计算公式.在历史的长河中,人们用于计算 π 值公式几乎都是线性收敛的,下面我们要介绍当今所获得的 2 阶及 4 阶计算 π 值的新公式.

1. 算术几何均值(AGM)公式

设 a_0, b_0 是两个正数,今定义算术均值数列 $\{a_k\}$、几何均值数列 $\{b_k\}$:

$$a_k = \frac{1}{2}(a_{k-1} + b_{k-1}), \qquad b_k = \sqrt{a_{k-1}b_{k-1}} \tag{2.38}$$

再定义数列 $\{c_k\}$:

$$c_k^2 = a_k^2 - b_k^2 \tag{2.39}$$

若 $\{a_k\}$ 和 $\{b_k\}$ 当 $k \to \infty$ 时极限存在并相等,称该极限为 (a_0, b_0) 的算术几何均值,记为 $\text{AGM}(a_0, b_0)$.

理论推导可知,对于初值

$$a_0 = 1, \qquad b_0 = 1/\sqrt{2} \tag{2.40}$$

有 π 的计算式

$$\pi = \frac{4[\text{AGM}(a_0, b_0)]^2}{1 - 2^2 c_1^2 - 2^3 c_2^2 - 2^4 c_3^2 - \cdots} \tag{2.41}$$

且(2.41)式是 2 阶收敛的.

在实际计算中,可用 S_k 表示(2.41)式分母的前 k 项之和,并用 a_k 和 b_k 分别作为 $\text{AGM}(a_0, b_0)$ 的估计值就可以算出 π 的上、下限 π_a 和 π_b(显然有 $\pi_a \geqslant \pi_b$). 建议读者自行编程计算 π 值上、下限,并输出计算过程,观察需用几步可以达到理想的效果.作者试算的结果是:只用 3 步,直到小数点后的第 9 位的结果与真值相同,到第 4 步,小数点后与真值相同的位数上升到 12 位.

2. 波尔文高阶公式

在 π 值的高阶算法研究中,最好的结果来自两个都叫波尔文的数学家. 他们在 1984 年发表了一个 2 阶收敛公式:

$$a_0 = \sqrt{2}, \qquad b_0 = 0, \qquad p_0 = 2 + \sqrt{2} \qquad (2.42)$$

$$\begin{cases} a_{k+1} = \dfrac{(\sqrt{a_k} + 1/\sqrt{a_k})}{2} \\[2mm] b_{k+1} = \dfrac{\sqrt{a_k}(1 + b_k)}{a_k + b_k} \\[2mm] p_{k+1} = \dfrac{p_k b_{k+1}(1 + a_{k+1})}{1 + b_{k+1}} \end{cases} \qquad (2.43)$$

其中,$p_k \to \pi$.

1986 年,他们又发现了 $1/\pi$ 的 4 阶收敛公式:

$$a_0 = 6 - 4\sqrt{2}, \qquad b_0 = \sqrt{2} - 1 \qquad (2.44)$$

$$\begin{cases} b_k = \dfrac{1 - (1 - b_{k-1}^4)^{1/4}}{1 + (1 - b_{k-1}^4)^{1/4}} \\[2mm] a_k = a_{k-1}(1 + b_k)^4 - 2^{2k+1} b_k(1 + b_k + b_k^2) \end{cases} \qquad (2.45)$$

其中,$a_k \to 1/\pi$.

程序 2.9 波尔文公式计算 π 值

```
a = 6 - 4 * sqrt(2);
b = sqrt(2) - 1;
ppi = [];
for k = 1:2
    b4 = (1 - b^4)^(0.25);
    b = (1 - b4)/(1 + b4);
    a = a * (1 + b)^4 - 2^(2 * k + 1) * b * (1 + b + b^2);
    ppi = [ppi;k 1/a];
end
ppi
```

程序中的矩阵变量 ppi 中的元素为计算的中间过程,输出结果为

```
1        3.14159264621355
2        3.14159265358979
```

从显示的情况可见,第 2 步的结果已精确到小数点后 14 位,收敛速度确是很快.

上 机 练 习

试着用两种或两种以上方法编程计算 π 值.

2.4　导弹追踪问题——
微分方程数值解法

2.4.1　导弹追踪问题

我方导弹基地位于坐标原点$(0,0)$,发现敌舰时,敌舰位于(a,b),并沿与x轴正向成θ角方向行驶.此刻,我方立即发射导弹,该导弹能在发射后的任何时刻都对准目标.假设导弹速度为$u=450$,敌舰速度为$v=90$,取$a=50,b=0$,试问导弹在何时、何地击中敌舰? 并用动画演示导弹追击敌舰的过程.

问题分析:设任意时刻t,敌舰的位置为$(X(t),Y(t))$,导弹坐标为$(x(t),y(t))$.导弹速度恒为u,从原点射出,且速度是横向和纵向距离的一阶导数的矢量和,则有$\left(\dfrac{\mathrm{d}x}{\mathrm{d}t}\right)^2+\left(\dfrac{\mathrm{d}y}{\mathrm{d}t}\right)^2=v^2$,由于导弹头始终对准敌舰,导弹头的速度向量平行于敌舰与导弹头位置的差向量,即

$$\begin{cases}\dfrac{\mathrm{d}x}{\mathrm{d}t}=\lambda(X-x)\\[2mm]\dfrac{\mathrm{d}y}{\mathrm{d}t}=\lambda(Y-y)\end{cases}\quad(\lambda>0)$$

为简便起见,可以提出如下假设:① 导弹射出后的任意时刻,导弹头始终对准敌舰;② 敌舰作匀速直线运动.

在此基础上,针对第一个问题,可得到$X(t)=50,Y(t)=vt$.由上面式子得$\lambda=\dfrac{u}{\sqrt{(50-x)^2+(vt-y)^2}}$,所以

$$\begin{cases}\dfrac{\mathrm{d}x}{\mathrm{d}t}=\dfrac{u}{\sqrt{(50-x)^2+(vt-y)^2}}(50-x)\\[3mm]\dfrac{\mathrm{d}y}{\mathrm{d}t}=\dfrac{u}{\sqrt{(50-x)^2+(vt-y)^2}}(vt-y)\end{cases}\tag{2.46}$$

由$x(0)=0,y(0)=0$.将$u=450,v=90$代入得

$$\begin{cases}\dfrac{\mathrm{d}x}{\mathrm{d}t}=\dfrac{450}{\sqrt{(50-x)^2+(90t-y)^2}}(50-x)\\[3mm]\dfrac{\mathrm{d}y}{\mathrm{d}t}=\dfrac{450}{\sqrt{(50-x)^2+(90t-y)^2}}(90t-y)\end{cases}\tag{2.47}$$

这是一个微分方程组的问题.在本节中,将讨论微分方程及微分方程组的解法.

2.4.2　微分方程及微分方程组的解析解法

Matlab 中使用函数 dsolve 求常微分方程解析解.调用格式为:

dsolve('方程 1','方程 2',…,'初始条件 1','初始条件 2',…,'自变量')

方程用字符串表示,导数用 D 表示,即 d/dt,D2 就是 d^2/dt^2,t 是默认自变量.例如,微分方程 $\dfrac{\mathrm{d}^2 y}{\mathrm{d}x^2} = 0$ 应表达为:D2y = 0.

例 2.12　求 $\dfrac{\mathrm{d}y}{\mathrm{d}x} = 1 + y^2$ 的通解.

输入命令:

```
>> dsolve('Dy = 1 + y^2','x')
```

输出结果:

```
y = tan(x - c)
```

即所求通解为 $y = \tan(x - c)$.

例 2.13　求微分方程的特解:

$$\begin{cases} \dfrac{\mathrm{d}^2 y}{\mathrm{d}x^2} - 4\,\dfrac{\mathrm{d}y}{\mathrm{d}x} + 5y = 0 \\ y\mid_{x=0} = 0,\ y'\mid_{x=0} = 2 \end{cases}$$

输入命令:

```
>> y = dsolve('D2y - 4 * Dy + 5 * y = 0','y(0) = 0,Dy(0) = 2','x')
```

输出结果:

```
y = 2 * exp(2 * x) * sin(x)
```

即所求特解为 $y = 2\mathrm{e}^{2x}\sin x$.

例 2.14　求微分方程组的通解:

$$\begin{cases} \dfrac{\mathrm{d}x}{\mathrm{d}t} = 2x - 3y + 3z \\[2mm] \dfrac{\mathrm{d}y}{\mathrm{d}t} = 4x - 5y + 3z \\[2mm] \dfrac{\mathrm{d}z}{\mathrm{d}t} = 4x - 4y + 2z \end{cases}$$

输入命令:

```
>> [x,y,z] = dsolve('Dx = 2 * x - 3 * y + 3 * z','Dy = 4 * x - 5 * y + 3 * z','Dz = 4 *
   x - 4 * y + 2 * z','t');
>> x = simple(x)                  % 化简变量 x
>> y = simple(y)
>> z = simple(z)
```

输出结果:

```
x =
C2/exp(t) + C3 * exp(t)^2
y =
C2 * exp( - t) + C3 * exp(2 * t) + exp( - 2 * t) * C1
z =
C3 * exp(2 * t) + exp( - 2 * t) * C1
```
即方程组的解为

$$\begin{cases} x(t) = \qquad\qquad C_2 e^{-t} + C_3 e^{2t} \\ y(t) = C_1 e^{-2t} + C_2 e^{-t} + C_3 e^{2t} \\ z(t) = C_1 e^{-2t} \qquad\qquad + C_3 e^{2t} \end{cases}$$

2.4.3 微分方程的数值解

1. 常微分方程数值解的定义

实际问题中所处理的微分方程往往很复杂且大多得不出解析解. 在计算初值问题时,一般是要求得到解在若干个节点上满足规定精确度的近似值,或者得到一个满足精确度要求的便于计算的表达式.因此,研究常微分方程的数值解法是十分必要的.

对常微分方程: $\begin{cases} y' = f(x, y), \\ y(x_0) = y_0, \end{cases}$ 其数值解是指由初始点 x_0 开始的若干离散的 x 值处,即对 $x_0 < x_1 < x_2 < \cdots < x_n$,求出准确值 $y(x_1)$, $y(x_2)$, $\cdots$, $y(x_n)$ 的相应近似值 y_1, y_2, $\cdots$, y_n.

2. 建立数值解法的一些途径

设 $x_{i+1} - x_i = h$ $(i = 0, 1, 2, \cdots, n-1)$,可用以下离散化的方法求解微分方程:

$$\begin{cases} y' = f(x, y) \\ y(x_0) = y_0 \end{cases}$$

1)用差商代替导数

若步长 h 较小,则有 $y'(x) \approx \dfrac{y(x+h) - y(x)}{h}$,故有公式:

$$\begin{cases} y_{i+1} = y_i + h f(x_i, y_i) \\ y_0 = y(x_0) \end{cases} \qquad (i = 0, 1, 2, \cdots, n-1)$$

此即欧拉法.

2)使用数值积分

对方程 $y' = f(x, y)$,两边由 x_i 到 x_{i+1} 积分,并利用梯形公式,有

$$y(x_{i+1}) - y(x_i) = \int_{x_i}^{x_{i+1}} f[t, y(t)] \mathrm{d}t$$

$$\approx \frac{x_{i+1} - x_i}{2} \{ f[x_i, y(x_i)] + f[x_{i+1}, y(x_{i+1})] \} \qquad (2.48)$$

故有公式：

$$\begin{cases} y_{i+1} = y_i + \dfrac{h}{2} [f(x_i, y_i) + f(x_{i+1}, y_{i+1})] \\ y_0 = y(x_0) \end{cases} \qquad (2.49)$$

因为在等式左右两边都有未知数 y_{i+1}，需要用迭代法求解方程，所以在实际应用时，与欧拉公式结合使用：

$$\begin{cases} y_{i+1}^{(0)} = y_i + h f(x_i, y_i) \\ y_{i+1}^{(k+1)} = y_i + \dfrac{h}{2} [f(x_i, y_i) + f(x_{i+1}, y_{i+1}^{(k)})] \quad (k = 0, 1, 2, \cdots) \end{cases}$$

$$(2.50)$$

对于已给的精确度 ε，当满足 $| y_{i+1}^{(k+1)} - y_{i+1}^{(k)} | < \varepsilon$ 时，取 $y_{i+1} = y_{i+1}^{(k+1)}$，然后继续下一步 y_{i+2} 的计算，此即改进的欧拉法.

3）数值公式的精度

当一个数值公式的截断误差可表示为 $O(h^{k+1})$ 时（k 为正整数，h 为步长），称它是一个 k 阶公式，k 越大，则数值公式的精度越高.

欧拉法是一阶公式，改进的欧拉法是二阶公式. 龙格-库塔法有二阶公式和四阶公式.

3. 用 Matlab 软件求常微分方程的数值解

1）ODE 文件的编写

Matlab 中求解常微分方程的数值解是通过将其变形为一阶向量微分方程来实现的. 用 Matlab 的 ODE 解算指令解常微分方程，要编写表示一阶向量微分方程的函数 M 文件，其基本格式为：

```
function  DY = Fun(t, Y)
```

其中输入变量 t 为时间变量，输入变量 Y 为列向量，输出变量 DY 是 Y 的一阶导数.

2）solver 解算指令

solver 解算指令说明：常微分方程化成一阶向量微分方程时，某些向量微分方程的向量解的各个分量的量级差别较大，这对数值求解算法来说是很大的困难，这种问题称为刚性（stiff）问题. Matlab 提供了很多常微分方程的解算函数，这些函数有些适用于刚性方程，有些适用于非刚性方程，并且其使用的数值算法和解算精度也各有不同，这些函数通称为 solver 解算指令. 表 2.5 中列出了各个解算指令的名称、精度和适用范围.

表 2.5   solver 解算指令

solver 指令	解题类型	精　　度	适 用 场 合
ode45	非刚性	一步法,4、5 阶龙格-库塔法,中等精度	大多数场合的首选算法
ode23	非刚性	一步法,2、3 阶龙格-库塔法,精度低	较低精度场合,缺省 e
ode113	非刚性	多步法,Adams 算法,高低精度均可	ode45 计算时间长时的替代
ode23t	适度刚性	梯形法则算法,精度低	适度刚性
ode15s	刚性	多步法,中低精度	ode45 失败时候适用
ode23s	刚性	一步法,2 阶 Rosenbrock 算式,精度低	低精度时,比 ode15s 有效
ode23tb	刚性	梯形法则-反向数值微分两阶段法,精度低	低精度时,比 ode15s 有效

3）solver 解算指令的调用格式

[t, Y] = solver('ODE_FUN ', tspan, Y0, options)

说明　（1）输入变量 ODE_FUN 是 ODE 函数的文件名.

（2）输入变量 tspan 为求数值解的时间范围. 当 tspan＝[t0, tf]时,表示求解 t0 到 tf 区间的数值解；当 tspan＝[t0, t1,..., tf]时,表示求解 tspan 指定时间序列上的数值解.

（3）输入变量 Y0 是微分方程组的初始条件列向量.

（4）输入变量 options 是可选择的算法参数,详见 Matlab 的帮助文件.

（5）输出变量 t 是数值解的自变量数据列向量.

（6）输出变量 Y 是数值解. Y 是一个矩阵,每一列代表向量解的一个分量在自变量 t 上的数值解.

（7）solver 解算指令指的是表中的任意函数. solver 不仅可以用于求解常微分方程,还可以用于求解常微分方程组.

例 2.15　解微分方程组：

$$\begin{cases} y_1' = y_2 y_3 \\ y_2' = -y_1 y_3 \\ y_3' = -0.51 y_1 y_2 \\ y_1(0) = 0,\ y_2(0) = 1,\ y_3(0) = 1 \end{cases}$$

（1）建立 M 文件如下：

程序 2.10　存储微分方程组

```
function dy = rigid(t,y)
dy = zeros(3,1);
dy(1) = y(2) * y(3);
dy(2) = - y(1) * y(3);
dy(3) = - 0.51 * y(1) * y(2);
```

（2）取 t0＝0,tf＝12,在命令窗口输入命令：

[T,Y] = ode45('rigid',[0 12],[0 1 1]);

```
plot(T,Y(:,1),'-',T,Y(:,2),'*',T,Y(:,3),'+')
```

（3）结果如图 2.14 所示.图中，y_1 的图形为实线，y_2 的图形为"*"线，y_3 的图形为"+"线.

例 2.16　（刚性方程组求解）求下面刚性微分方程组的解：

$$\begin{cases} y_1' = -0.01y_1 - 99.99y_2 \\ y_2' = -100y_2 \\ y_1(0) = 2,\ y_2(0) = 1 \end{cases}$$

使用 dsolve 可知解析解为：

$$\begin{cases} y_1 = \exp\{-0.01t\} + \exp\{-100t\} \\ y_2 = \exp\{-100t\} \end{cases}$$

图 2.14　微分方程组数值解

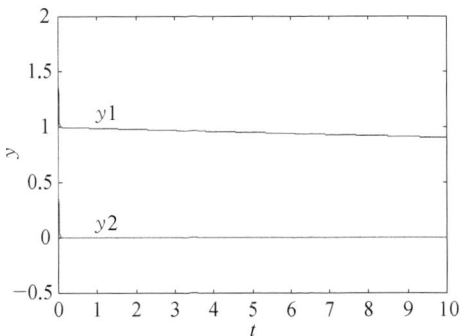

下面求数值解.建立存储微分方程的 M 文件如下：

程序 2.11　存储微分方程组

```
function f = fun1(t,y)
f = [-0.01 * y(1) - 99.99 * y(2), -100 * y(2)]';
```

程序 2.12　用 ode45 求解刚性微分方程组及绘图

```
clear;
  [t,y] = ode45('fun1',[0,10],[2,1]);
plot(t,y); text(1,1.1,'y1'); text(1,0.1,'y2');
xlabel('t'),ylabel('y')
```

结果如图 2.15 所示.

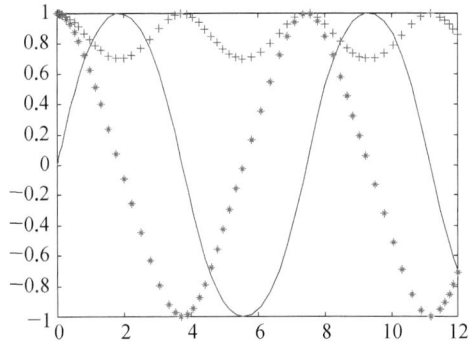

图 2.15　用 ode45 求解刚性方程组

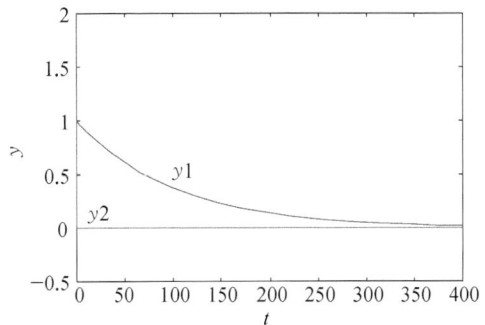

图 2.16　用 ode15s 求解刚性微分方程组

图 2.15 给人的感觉似乎是 y_1 始终大于 0.5.但由 y_1，y_2 的解析解可知，当 $t \to \infty$ 时，两个分量 y_1，y_2 均趋于 0. y_2 下降极快，$y_2(0.1) < 0.0001$；而 y_1 下降很慢，$y_2(400) \approx 0.0183$（图 2.16）.

程序 2.13　刚性方程求解分析

```
clear;
   [t,y] = ode45('fun1',[0,400],[2,1]);
tstep = length(t)              % 求计算总步数
minh = min(diff(t))            % 最小步长
maxh = max(diff(t))            % 最大步长
```
结果如下：
```
tstep = 48261
minh = 5.0238e - 004
maxh = 0.0102
```
可见计算太慢，t 需要 48 261 步才能到达 400. 一方面，由于 y2 下降太快，为了保证数值稳定性，步长 h 须足够小；另一方面，由于 y1 下降太慢，为了反映解的完整性，时间区间须足够长，这就造成计算量太大，这类方程称为刚性方程或病态方程. ode45 不适用于病态方程，下面我们用 ode15s 求解.

程序 2.14　用 ode15s 求解刚性微分方程组及绘图
```
clear;
   [t,y] = ode15s('fun1',[0,400],[2,1]);
plot(t,y); text(100,0.5,'y1'); text(1,0.1,'y2');
xlabel('t'),ylabel('y')
tstep = length(t)
minh = min(diff(t))
maxh = max(diff(t))
```
结果如下：
```
tstep = 92
minh = 3.5777e - 004
maxh = 32.1282
```
可见只需 92 步，最大步长为 32，速度快了约 500 倍. 函数图形如图 2.16 所示.

例 2.17　求解 $\mu = 1000$ 时的 Van Del Pol 方程组：
$$\begin{cases} \dfrac{\mathrm{d}^2 x}{\mathrm{d} t^2} - 1000(1 - x^2)\dfrac{\mathrm{d} x}{\mathrm{d} t} - x = 0 \\ x(0) = 2,\ x'(0) = 0 \end{cases}$$

令 $y_1 = x$，$y_2 = y_1'$，则微分方程变为一阶微分方程组：
$$\begin{cases} y_1' = y_2 \\ y_2' = 1000(1 - y_1^2)y_2 - y_1 \\ y_1(0) = 2,\ y_2(0) = 0 \end{cases}$$

（1）建立 M 文件如下：

程序 2.15　*存储微分方程组*
```
function dy = vdp1000(t,y)s
```

```
dy = zeros(2,1);
dy(1) = y(2);
 dy(2) = 1000 * (1 - y(1)^2)
    * y(2) - y(1);
```

（2）取 t0＝0, tf＝3000, 在命令窗口输入命令：

```
[T,Y] = ode15s('vdp1000',
 [0 3000],[2 0]);
plot(T,Y(:,1),'-')
```

注 本例若用 ode45 求解将得不到近似解.

（3）结果如图 2.17 所示.

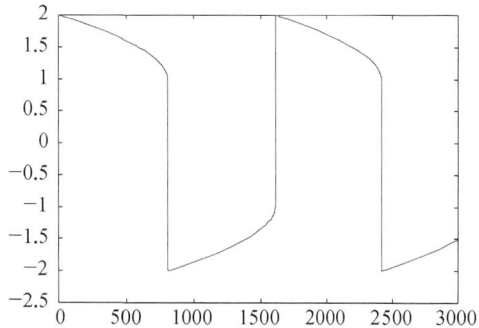

图 2.17 用 ode15s 求解 Van Del Pol 方程组

2.4.4 导弹追踪问题

方法一 （解析解）如图 2.18 所示, 有

$$\begin{cases} \dfrac{\mathrm{d}x}{\mathrm{d}t} = \dfrac{450}{\sqrt{(50-x)^2+(90t-y)^2}}(50-x) \\[3mm] \dfrac{\mathrm{d}y}{\mathrm{d}t} = \dfrac{450}{\sqrt{(50-x)^2+(90t-y)^2}}(90t-y) \end{cases}$$

有 $\dfrac{\mathrm{d}y}{\mathrm{d}x} = \dfrac{90t-y}{50-x}$, 即

$$90t = (50-x)y' + y \qquad (2.51)$$

又根据题意, 弧 OP 的长度为 $|AQ|$ 的 5 倍, 即

$$\int_0^x \sqrt{1+y'^2}\,\mathrm{d}x = 450t \qquad (2.52)$$

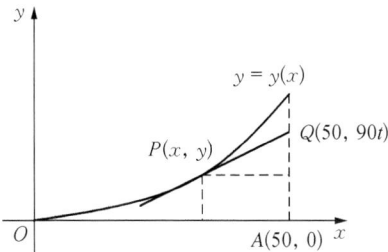

图 2.18 导弹追踪问题示意图

由（2.51）和（2.52）式消去 t, 整理得模型：

$$\begin{cases} (50-x)y'' = \dfrac{1}{5}\sqrt{1+y'^2} \\[3mm] y\,|_{x=0} = 0,\ y'\,|_{x=0} = 0 \end{cases} \qquad (2.53)$$

解得导弹的运行轨迹：

$$y = -\frac{5}{8} \cdot 50^{\frac{1}{5}}(50-x)^{\frac{4}{5}} + \frac{5}{12} \cdot 50^{-\frac{1}{5}}(50-x)^{\frac{6}{5}} + \frac{125}{12}$$

运行轨迹如图 2.19 所示.

当 $x=50$ 时,$y=\dfrac{125}{12}$,即当乙舰航行到点$(50,10.4167)$处时被导弹击中. 若 $v_0=90$,则被击中时间为 $t=\dfrac{y}{v_0}=\dfrac{25}{216}$,即在 $t=0.116$ 时被击中.

程序 2.16　轨迹图程序

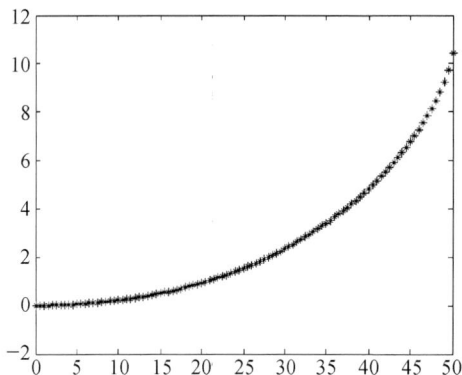

图 2.19　轨迹图(一)

```
clear
x = 0:0.5:50;
y = -5 * 50^(1/5) * (50 - x).^(4/
5)/8 + 5 * 50^(-1/5) * (50 -
x).^(6/5)/12 + 125/12;
plot(x,y,'*')
```

方法二　(数值解)令 $y_1=y$,$y_2=y_1'$,将方程(2.53)化为一阶微分方程组:

$$\begin{cases} y_1'=y_2 \\ y_2'=\dfrac{1}{5}\sqrt{1+y_2^2}/(50-x) \end{cases}$$

(1) 建立 M 文件 eq1.m.

程序 2.17　存储微分方程组

```
function dy = eq1(x,y)
dy = zeros(2,1);
dy(1) = y(2);
dy(2) = 1/5 * sqrt(1 + y(2)^2)/(50 - x);
```

(2) 取 x0 = 0,xf = 49.9999,建立主程序如下:

程序 2.18　求解导弹追踪问题及绘图

```
x0 = 0,xf = 49.9

[x,y] = ode45('eq1',[x0 xf],[0 0]);
plot(x,y(:,1),'b.')
hold on
y = 0:0.1:12;
plot(50,y,'b*')
```

轨迹图如图 2.20 所示.

结论　导弹大致在$(50,10.42)$处击中乙舰.

方法三　(建立参数方程求数值解)设时刻 t 乙舰的坐标为 $(X(t),Y(t))$,导弹的坐标为 $(x(t),y(t))$.

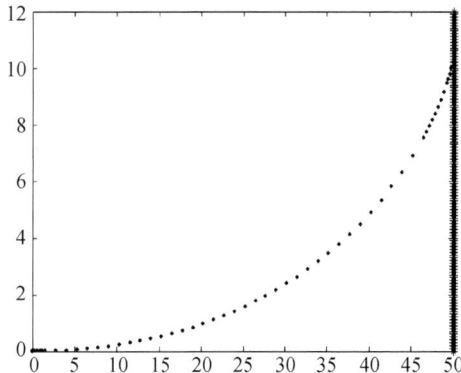

图 2.20　轨迹图(二)

(1) 设导弹速度恒为 w，则

$$\left(\frac{\mathrm{d}x}{\mathrm{d}t}\right)^2 + \left(\frac{\mathrm{d}y}{\mathrm{d}t}\right)^2 = w^2$$

(2) 由于弹头始终对准乙舰，故导弹的速度平行于乙舰与导弹头位置的差向量，即

$$\begin{pmatrix} \dfrac{\mathrm{d}x}{\mathrm{d}t} \\ \dfrac{\mathrm{d}y}{\mathrm{d}t} \end{pmatrix} = \lambda \begin{pmatrix} X - x \\ Y - y \end{pmatrix} \quad (\lambda > 0)$$

消去 λ 得

$$\begin{cases} \dfrac{\mathrm{d}x}{\mathrm{d}t} = \dfrac{w}{\sqrt{(X-x)^2 + (Y-y)^2}}(X - x) \\ \dfrac{\mathrm{d}y}{\mathrm{d}t} = \dfrac{w}{\sqrt{(X-x)^2 + (Y-y)^2}}(Y - y) \end{cases}$$

(3) 因乙舰以速度 $v_0 = 90$ 沿直线 $x = 50$ 运动，设 $v_0 = 90$，则 $w = 450$，$X = 50$，$Y = 90t$．因此导弹运动轨迹的参数方程为

$$\begin{cases} \dfrac{\mathrm{d}x}{\mathrm{d}t} = \dfrac{450}{\sqrt{(50-x)^2 + (90t-y)^2}}(50 - x) \\ \dfrac{\mathrm{d}y}{\mathrm{d}t} = \dfrac{450}{\sqrt{(50-x)^2 + (90t-y)^2}}(90t - y) \\ x(0) = 0, \ y(0) = 0 \end{cases}$$

程序 2.19　建立微分方程组

```
function dy = eq2(t,y)
    dy = zeros(2,1);
    dy(1) = 450 * (50 - y(1))/sqrt((50 - y(1))^2 + (90 * t - y(2))^2);
    dy(2) = 450 * (90 * t - y(2))/sqrt((50 - y(1))^2 + (90 * t - y(2))^2);
```

取 t0＝0,tf＝0.15,建立主程序如下：

程序 2.20　求解微分方程组

```
[t,y] = ode45('eq2',[0 0.15],[0 0]);
Y = 0:0.1:12;
plot(50,Y,'- '), hold on
plot(y(:,1),y(:,2),'* ')
```

(4) 结果如图 2.21 所示．即导弹大致在 (50, 10.42) 处击中乙舰，与前面的结论一致．

在程序 2.20 中，按二分法逐步修改 ode45 中的参数 tf，即分别取 tf＝0.1, 0.15, 0.125,…,直到 tf＝0.116 时，可作图 2.22.

结论　时刻 $t = 0.116$ 时，导弹在 (50, 10.42) 处击中乙舰．

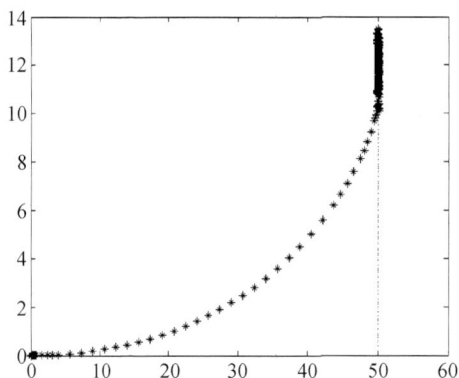

图 2.21

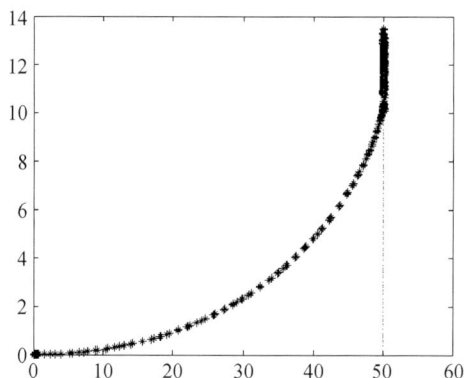

图 2.22

上 机 练 习

1. 慢跑者与狗：一个慢跑者在平面上沿椭圆以恒定的速率 $v=1$ 跑步,设椭圆方程为 $x=10+20\cos t$, $y=20+5\sin t$. 突然有一只狗攻击他. 这只狗从原点出发,以恒定速率 w 跑向慢跑者,狗的运动方向始终指向慢跑者. 分别求出 $w=20$, $w=5$ 时狗的运动轨迹.

2. (地中海鲨鱼问题)意大利生物学家 Ancona 曾致力于鱼类种群相互制约关系的研究,他从第一次世界大战期间,地中海各港口捕获的几种鱼类捕获量百分比的资料中,发现鲨鱼等的比例有明显增加(表 2.6),而供其捕食的食用鱼的百分比却明显下降. 显然战争使捕鱼量下降,食用鱼增加,鲨鱼等也随之增加,但为何鲨鱼的比例大幅增加呢?

表 2.6　1914～1923 年地中海鲨鱼比例

年　份	1914	1915	1916	1917	1918
百分比/%	11.9	21.4	22.1	21.2	36.4
年　份	1919	1920	1921	1922	1923
百分比/%	27.3	16.0	15.9	14.8	19.7

试建立一个食饵-捕食系统的数学模型,定量地回答这个问题.

3. 我方导弹基地位于坐标原点 $(0,0)$,发现敌舰时,敌舰位于 (a,b),并沿与 x 轴正向成 θ 角方向行驶. 此刻,我方立即发射导弹,该导弹能在发射后的任何时刻都对准目标. 假设导弹速度为 $u=300$,敌舰速度为 $v=90$,取 $a=40$, $b=-10$, $\theta=\pi/3$,试问导弹在何时、何地击中敌舰,并用动画演示导弹追击敌舰的过程.

2.5　曲 线 拟 合

　　世界上很多事物之间是相互关联的,如成年人的身高与体重. 根据常识,个子高的人,体重也会稍重,个子矮的人,体重也会稍轻. 从中发现,人体的身高与体重之间具有某种关系.如何用数学式表现出这种关系呢?

例如,通过测量 10 个成年男性的身高与体重,得到如下数据(表 2.7):

表 2.7 10 个成年男性身高与体重

身高 x/m	1.65	1.70	1.72	1.75	1.78	1.80	1.82	1.79	1.68	1.76
体重 y/kg	61	70	72	74	76	79	80	77	66	73

以身高为横轴,体重为纵轴,将上述数据对 $(x_i, y_i)(i = 1, 2, \cdots, 10)$ 在直角坐标系中描出相应的点,这种图称为散点图.身高与体重的散点图如下:

人们希望能够找到这样的近似函数,它既能反映所给数据的一般趋势,又不至于出现较大偏差.这种逼近方式,需要构造的函数 $g(x)$ 与被逼近函数 $f(x)$ 在区间 $[a, b]$ 上的偏差满足某种要求.这就是所谓的"曲线拟合"的思想.

从上面例子中的散点图可见,数据点大致分布在一条直线附近,可以认为,身高与体重间具有某种线性关系.

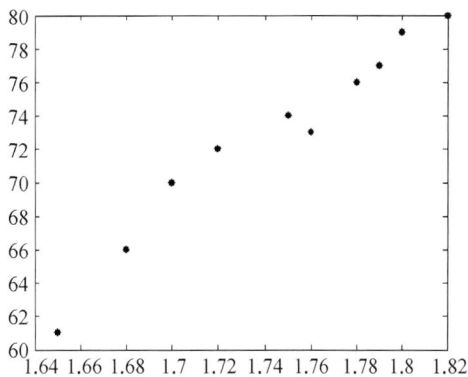

图 2.23

2.5.1 直线拟合

假设所给的数据点 $(x_i, y_i)(i = 1, 2, \cdots, n)$ 的分布大致呈直线状态,这时可用直线来拟合这些数据点的曲线.这种方法称为直线拟合.

虽然这里并未要求拟合直线严格地经过所有的数据点,但希望它尽可能地从所有数据点附近经过.这样必然会有误差,为控制误差,人们常用的是"最小二乘法".

问题 对于给定的数据点 $(x_i, y_i)(i = 1, 2, \cdots, n)$ 求作一次式 $y = a + bx$,使偏差平方和最小.即求 a 和 b,使 $Q(a, b) = \sum_{i=1}^{n} [y_i - (a + bx_i)]^2$ 达到最小值.

由微积分的知识知道:只需 $\dfrac{\partial Q}{\partial a} = \dfrac{\partial Q}{\partial b} = 0$,即

$$\begin{cases} \sum_{i=1}^{n} [y_i - (a + bx_i)] = 0 \\ \sum_{i=1}^{n} [y_i - (a + bx_i)]x_i = 0 \end{cases} \tag{2.54}$$

整理可以得到方程组:

$$\begin{cases} na + b\sum_{i=1}^{n} x_i = \sum_{i=1}^{n} y_i \\ a\sum_{i=1}^{n} x_i + b\sum_{i=1}^{n} x_i^2 = \sum_{i=1}^{n} x_i y_i \end{cases} \tag{2.55}$$

方程组(2.55)称为直线拟合的正规方程组. 解此方程组, 即可求得

$$b = \frac{\sum_{i=1}^{n}(x_i - \bar{x})(y_i - \bar{y})}{\sum_{i=1}^{n}(x_i - \bar{x})^2}, \qquad a = \bar{y} - b\bar{x} \tag{2.56}$$

其中, $\bar{x} = \dfrac{1}{n}\sum_{i=1}^{n} x_i$, $\bar{y} = \dfrac{1}{n}\sum_{i=1}^{n} y_i$.

这种根据偏差平方和最小的原理来选择常数 a,b 的方法称为"最小二乘法".

用于求最小二乘解的命令为 polyfit($x,y,1$), 对于上述身高与体重的关系问题, 求解的计算程序如下:

程序 2.21　线性拟合

```
x = [1.65 1.70 1.72 1.75 1.78 1.80 1.82 1.79 1.68 1.76];
y = [61 70 72 74 76 79 80 77 66 73];
p = polyfit(x, y, 1)
```

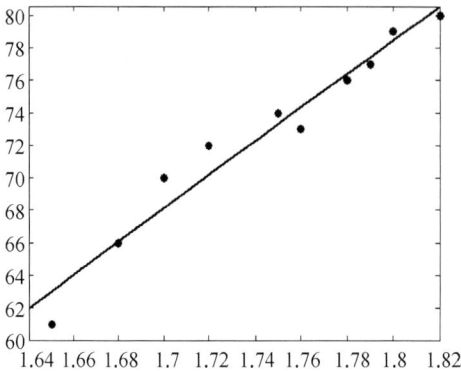

图 2.24

输出结果:

```
p =
    103.3868    - 107.6100
```

即用最小二乘法求得的拟合直线方程为 $y = -107.6100x + 103.3868$. 拟合直线如图 2.24 所示, 可以看到, 所有的数据点都分布在拟合直线的附近.

本例中计算最小二乘解与绘图的程序如下:

程序 2.22　绘拟合直线图

```
clear
x = [1.65 1.70 1.72 1.75 1.78 1.80 1.82 1.79 1.68 1.76];
y = [61 70 72 74 76 79 80 77 66 73];
P = polyfit(x, y, 1)                    %输出拟合直线系数
plot(x,y,'r.','Markersize',22)          %绘制散点图
h = lsline;                             %绘制拟合直线并输出直线句柄
set(h,'Color','b','LineWidth',2)
```

其中, 绘制数据的最小二乘拟合直线命令为:

lsline　为散点图绘出其最小二乘拟合直线,h = lsline 返回线条的句柄

上述程序中的最后一行命令就是利用线条的句柄设置线条的颜色与宽度.

2.5.2 多项式拟合

有时所给数据点的分布并不一定近似地呈一条直线,若仍用直线拟合显然是不合适的,这时,可以考虑用多项式拟合.

问题　对于给定的数据点 (x_i, y_i) $(i = 1, 2, \cdots, n)$,求作 $m(m \ll n)$ 次多项式:

$$f(x) = a_0 + a_1 x + a_2 x^2 + \cdots + a_m x^m \tag{2.57}$$

使偏差平方和 Q 最小.即求 a_0, a_1, a_2, $\cdots$, a_m 使

$$Q = \sum_{i=1}^{n} \left[y_i - (a_0 + a_1 x_i + a_2 x_i^2 + \cdots + a_m x_i^m) \right]^2 \tag{2.58}$$

达到其最小值.

由微积分的知识知道,只需

$$\frac{\partial Q}{\partial a_k} = \sum_{i=1}^{n} \left[y_i - (a_0 + a_1 x_i + a_2 x_i^2 + \cdots + a_m x_i^m) \right] (-2 x_i^k) = 0$$

即 $a_0 \sum_{i=1}^{n} x_i^k + a_1 \sum_{i=1}^{n} x_i^{k+1} + \cdots + a_m \sum_{i=1}^{n} x_i^{k+m} = \sum_{i=1}^{n} x_i^k y_i$　$(k = 0, 1, 2, \cdots, m)$

$$\tag{2.59}$$

可以得到正规方程组

$$\begin{pmatrix} n & \sum_{i=1}^{n} x_i & \cdots & \sum_{i=1}^{n} x_i^m \\ \sum_{i=1}^{n} x_i & \sum_{i=1}^{n} x_i^2 & \cdots & \sum_{i=1}^{n} x_i^{m+1} \\ \vdots & \vdots & & \vdots \\ \sum_{i=1}^{n} x_i^m & \sum_{i=1}^{n} x_i^{m+1} & \cdots & \sum_{i=1}^{n} x_i^{2m} \end{pmatrix} \begin{pmatrix} a_0 \\ a_1 \\ \vdots \\ a_m \end{pmatrix} = \begin{pmatrix} \sum_{i=1}^{n} y_i \\ \sum_{i=1}^{n} x_i y_i \\ \vdots \\ \sum_{i=1}^{n} x_i^m y_i \end{pmatrix} \tag{2.60}$$

解此方程组,即可求得所有系数 a_0, a_1, a_2, $\cdots$, a_m 的值.这样求得的多项式函数 $f(x) = a_0 + a_1 x + a_2 x^2 + \cdots + a_m x^m$ 就是符合最小二乘法原理的拟合多项式.

例 2.18　设有数据如表 2.8 所列,试求其拟合多项式.

表 2.8　拟合数据表

X	0	0.1	0.2	0.3	0.4	0.5	0.6	0.7	0.8	0.9	1
Y	−0.447	1.978	3.280	6.160	7.080	7.340	7.660	9.560	9.480	9.300	11.200

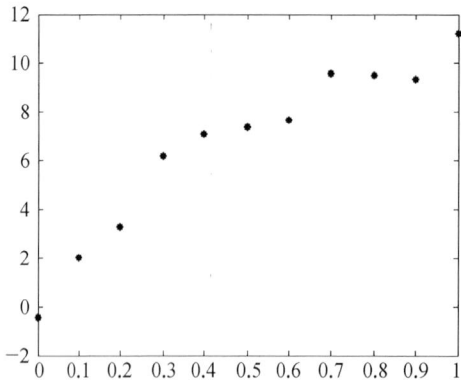

图 2.25　散点图

数据点的散点图如图 2.25 所示,变量 x 与 y 的线性关系不太明显,可考虑使用高次多项式来拟合上述数据.

对多项式系数的计算采用数据的多项式拟合命令:

$$a = \text{polyfit}(x, y, m)$$

其中,输入 x 和 y 是被拟合数据向量,m 是多项式次数,输出向量 a 是拟合多项式系数的最小二乘估计.

对上例选择用一个 2 次多项式来拟合.

```
P = polyfit(x,y,2)
p =
   - 9.8108   20.1293   - 0.0317
```

由此可知,所求的拟合多项式为 $y = -9.8108x^2 + 20.1293x - 0.0317$.

拟合多项式曲线及散点图如图 2.26 所示,绘图程序命令如下:

程序 2.23 多项式拟合

```
clear
x = [0 0.1 0.2 0.3 0.4 0.5 0.6 0.7 0.8 0.9 1];
y = [- .447 1.978 3.28 6.16 7.08 7.34 7.66 9.56 9.48 9.30 11.2];
P = polyfit(x,y,2)
xi = linspace(0,1,100);        %建立拟合多项式曲线的横坐标数列
z = polyval(P,xi);             %计算拟合多项式在 xi 点的值
hold on
plot(x,y,'r.','MarkerSize',20)
plot(xi,z,'b','LineWidth',2),
   hold off
```

拟合多项式的次数可以在一定范围内选择,根据代数学的理论,一般地,$n+1$ 个数据点能确定一个次数不高于 n 次的多项式.上例有 11 个数据点,就可选择一个不高于 10 次的拟合多项式.下面是 3～6 次拟合多项式的图像,可以通过观察,看哪一个多项式更能反映这些数据点的特性(图 2.27).

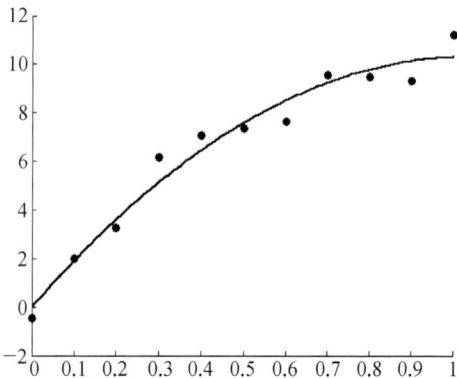

图 2.26　拟合曲线图

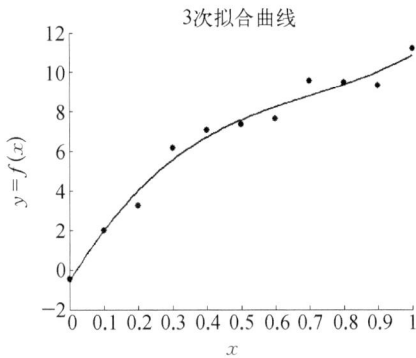

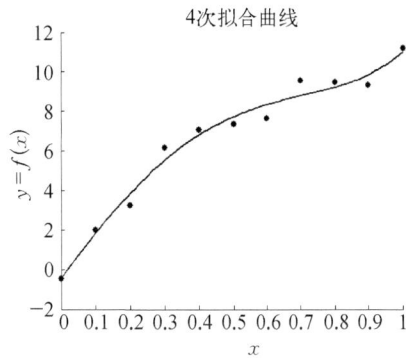

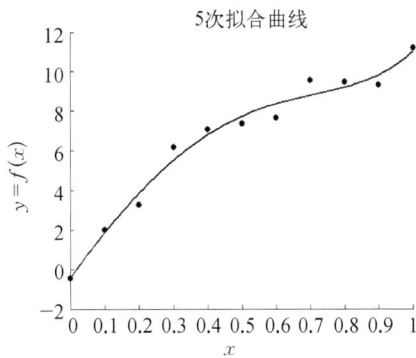

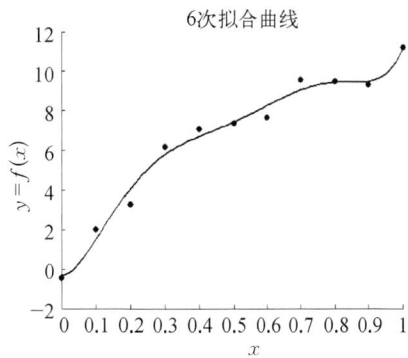

图 2.27 3~6 次多项式拟合曲线图形

当然,也可以作以上数据点的 10 次多项式拟合(图 2.28),这个 10 次拟合曲线通过所有 11 个数据点.然而,这一曲线在区间 $(0, 0.1)$ 和 $(0.9, 1)$ 上出现了巨幅振荡的情况,这与人们的实际经验是不相吻合的.由于高次多项式会出现比较大的振荡,偏离了数据点所反映问题的基本特征,人们应根据经验选择适当次数的拟合多项式.

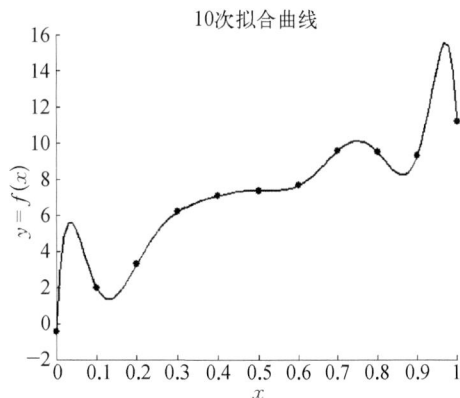

图 2.28 10 次拟合曲线

2.5.3 一般形式的拟合

最小二乘法并不只限于多项式,也可以用于任何具体给出的函数形式.

问题 对于给定的数据点 (x_i, y_i) $(i = 1, 2, \cdots, n)$,求作一个函数

$$f(x) = a_1 \varphi_1(x) + a_2 \varphi_2(x) + \cdots + a_m \varphi_m(x) \quad (m \ll n) \qquad (2.61)$$

使偏差平方和

$$Q = \sum_{i=1}^{n} \{y_i - [a_1\varphi_1(x_i) + a_2\varphi_2(x_i) + \cdots + a_m\varphi_m(x_i)]\}^2 \tag{2.62}$$

最小, 其中, $\varphi_i(x)$ 为已知函数, $i = 1, 2, \cdots, m$. 只需

$$\frac{\partial Q}{\partial a_k} = \sum_{i=1}^{n} \{y_i - [a_1\varphi_1(x_i) + a_2\varphi_2(x_i) + \cdots + a_m\varphi_m(x_i)]\}[-2\varphi_k(x_i)] = 0$$

即 $a_1 \sum_{i=1}^{n} \varphi_1(x_i)\varphi_k(x_i) + a_2 \sum_{i=1}^{n} \varphi_2(x_i)\varphi_k(x_i) + \cdots + a_m \sum_{i=1}^{n} \varphi_m(x_i)\varphi_k(x_i) = 0$

$$(k = 1, 2, \cdots, m) \tag{2.63}$$

得到正规方程组:

$$\begin{pmatrix} \sum_{i=1}^{n}\varphi_1^2(x_i) & \sum_{i=1}^{n}\varphi_1(x_i)\varphi_2(x_i) & \cdots & \sum_{i=1}^{n}\varphi_1(x_i)\varphi_m(x_i) \\ \sum_{i=1}^{n}\varphi_2(x_i)\varphi_1(x_i) & \sum_{i=1}^{n}\varphi_2^2(x_i) & \cdots & \sum_{i=1}^{n}\varphi_2(x_i)\varphi_m(x_i) \\ \vdots & \vdots & & \vdots \\ \sum_{i=1}^{n}\varphi_m(x_i)\varphi_1(x_i) & \sum_{i=1}^{n}\varphi_m(x_i)\varphi_2(x_i) & \cdots & \sum_{i=1}^{n}\varphi_m^2(x_i) \end{pmatrix} \begin{pmatrix} a_1 \\ a_2 \\ \vdots \\ a_m \end{pmatrix} = \begin{pmatrix} \sum_{i=1}^{n}\varphi_1(x_i)y_i \\ \sum_{i=1}^{n}\varphi_2(x_i)y_i \\ \vdots \\ \sum_{i=1}^{n}\varphi_m(x_i)y_i \end{pmatrix}$$

$$\tag{2.64}$$

解此方程组, 即可求得所有系数 $a_1, a_2, \cdots, a_m$ 的值. 这样求得的函数 $f(x) = a_1\varphi_1(x) + a_2\varphi_2(x) + \cdots + a_m\varphi_m(x)$ $(m \ll n)$ 就可以使偏差平方和最小.

鉴于此方程组形式的特殊性, 可引进一个矩阵, 称为函数值矩阵:

$$F = \begin{pmatrix} \varphi_1(x_1) & \varphi_1(x_2) & \cdots & \varphi_1(x_n) \\ \varphi_2(x_1) & \varphi_2(x_2) & \cdots & \varphi_2(x_n) \\ \vdots & \vdots & & \vdots \\ \varphi_m(x_1) & \varphi_m(x_2) & \cdots & \varphi_m(x_n) \end{pmatrix} \tag{2.65}$$

于是正规方程组可以表示成矩阵的形式:

$$\boldsymbol{FF}^{\mathrm{T}}\boldsymbol{A} = \boldsymbol{FY} \tag{2.66}$$

其中, $A = (a_1, a_2, \cdots, a_m)^{\mathrm{T}}$, $Y = (y_1, y_2, \cdots, y_n)^{\mathrm{T}}$.

解此线性方程组, 即可求得拟合问题的解. 对于一般形式的拟合问题, 可以自编程序如下:

程序 2.24 一般拟合问题通用程序

```
function C = mypoly(X,Y,F)
A = F * F';B = F * Y';
C = A\B;
```

其中,输入变量:X,Y 分别是给定数据点的横坐标与纵坐标向量($1\times n$);F 是函数值矩阵,可另建立以 M 文件方式的函数文件.输出变量:C 是拟合函数的系数列表.

例 2.19 设有数据如表 2.9 所列,要求用形如 $a\ln x+b\cos x+ce^x$ 的函数对上述数据做最小二乘拟合.

表 2.9 拟合数据表

x	0.24	0.65	0.95	1.24	1.73	2.01	2.23	2.52	2.77	2.99
y	0.23	-0.26	-1.10	-0.45	0.27	0.10	-0.29	0.24	0.56	1.00

计算函数值矩阵 **F** 的 M 文件如下:

程序 2.25 数据表 2.9 的最小二乘拟合

```
function F = polyfun(x)
F(1,:) = log(x);
F(2,:) = cos(x);
F(3,:) = exp(x);
```

调用 polyfun 和 mypoly 计算系数 a, b, c 的主程序为:

程序 2.26 用 polyfun 求解

```
x = [0.24  0.65  0.95  1.24  1.73  2.01  2.23  2.52  2.77  2.99];
y = [0.23 -0.26  -1.10  -0.45  0.27  0.10  -0.29  0.24  0.56  1.00];
F = polyfun(x);
A = mypoly(x,y,F)
```

计算结果:

```
A =
    -1.0410
    -1.2613
     0.0307
```

即所求的拟合函数为 $f(x) = -1.0410\ln x - 1.2613\cos x + 0.0307e^x$.

图 2.29 描绘的是数据点与拟合函数曲线,绘图程序如下:

程序 2.27 数据点与拟合函数曲线

```
z = -1.0410 * log(x) - 1.2613 * cos
    (x) + 0.0307 * exp(x);
plot(x,y,'r.','Markersize',22),
    hold on
plot(x,z,'LineWidth',2),hold off
```

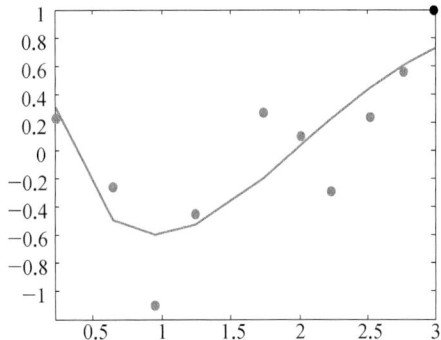

图 2.29 拟合曲线图

axis([0.23,3,-1.2,1])

以上程序也可用于求解直线拟合与多项式拟合问题.

2.5.4 经验曲线

一般地,由于数据点的分布有时会呈现出某种规律性,人们给出了常用的拟合曲线形式,称为经验曲线,当数据点的散点图的走势与某种经验曲线大致相同时,就可以用这种经验曲线来作曲线拟合了.图 2.30 中列举了常见的一些经验曲线的图形.

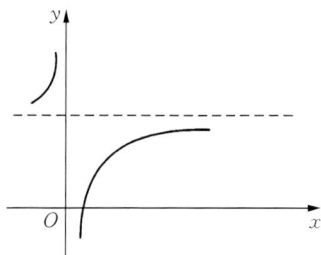

$$y = \frac{A}{x} + B,\ A = -3,\ B = 4$$

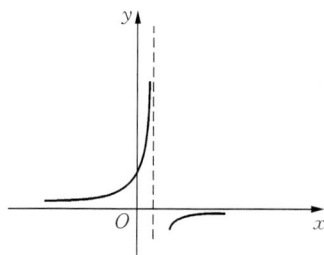

$$y = \frac{D}{x+C},\ D = -1,\ C = \frac{-1}{4}$$

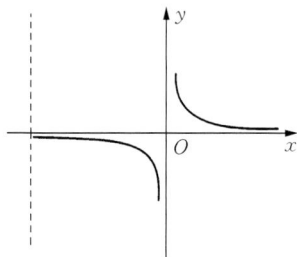

$$y = \frac{1}{Ax+B},\ A = 2,\ B = -3$$

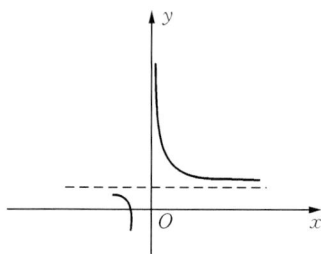

$$y = \frac{x}{Ax+B},\ A = \frac{-1}{2},\ B = 1$$

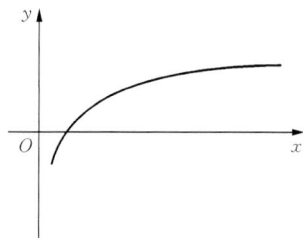

$$y = A\ln x + B,\ A = 2,\ B = \frac{3}{2}$$

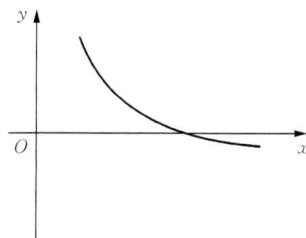

$$y = A\ln x + B,\ A = -2,\ B = 2$$

图 2.30 常见经验曲线

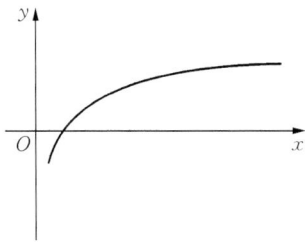

$$y = Ce^{Ax}, A = \frac{1}{2}, C = \frac{2}{5}$$

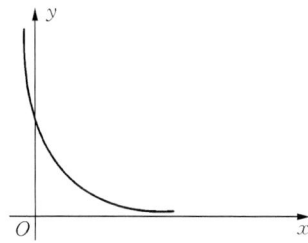

$$y = Ce^{Ax}, A = -1, C = 3$$

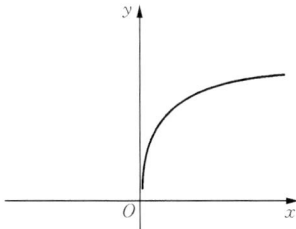

$$y = Cx^A, A = -1, C = 3$$

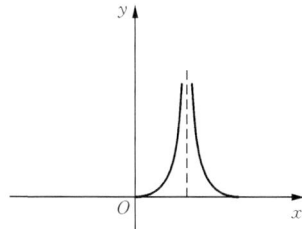

$$y = (Ax + B)^{-2}, A = 4, B = -3$$

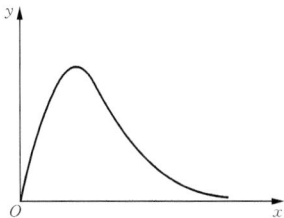

$$y = Cxe^{-Dx}, C = 12, D = 1$$

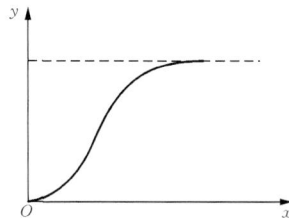

$$y = \frac{L}{1 + Ce^{Ax}}, L = 5, C = 20, A = -2$$

图 2.30　常见经验曲线(续)

在图中列举的经验曲线中,绝大多数都是带有两个参数的形式,对于含有两个参数的曲线拟合问题,Matlab 提供了一个非线性最小二乘拟合命令 nlinfit,调用方式如下:

```
nlinfit(x, y, @funname, b0)
```

其中,x,y 分别是给定数据点的横坐标与纵坐标向量,funname 为含有两个参数的被拟合曲线的函数名,b0 为参数的初始近似值. 此命令返回的结果依次是两个参数的值.

注　(1)命令 nlinfit 的调用方式还可以是:

```
nlinfit(x, y, 'mfunname', b0)
```

（2）非线性是指因变量 y 对被拟合系数 $a_1,a_2,\cdots,a_m$（而不是自变量）是非线性的.

例 2.20 用曲线 $y=C\mathrm{e}^{Ax}$ 拟合五个数据点 $(0,1.5),(1,2.5),(2,3.5)$，$(3,5.0),(4,7.5)$.

先建立一个名为 mfun.m 的 M 文件如下：

程序 2.28 经验曲线应用

```
function ff = mfun(beta,x)
b1 = beta(1);
b2 = beta(2);
ff = b1 * exp(b2. * x);
```

在命令窗口中键入如下命令：

程序 2.29 用 nlinfit 命令求解

```
x = [0 1 2 3 4];
y = [1.5 2.5 3.5 5 7.5];
C = nlinfit(x,y,@mfun,[0 0])
```

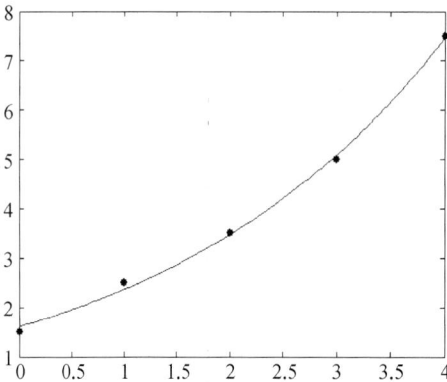

图 2.31 拟合曲线

输出结果：

```
C =
      1.6109
      0.3836
```

也就是拟合曲线为 $y=1.6109\mathrm{e}^{0.3836x}$，散点图与拟合曲线图如图 2.31 所示.

实际上，许多含有两个参数的非线性拟合问题可以转化为直线拟合问题，这样就可以借用直线拟合的最小二乘法解决此类问题.

如表 2.10 所示，表中第一栏为常见的拟合函数，最后一栏为常见的变换方法.

表 2.10 线性化方法

函数 $y=f(x)$	类似直线拟合形式 $Y=Ax+B$	变 换 方 法
$y=\dfrac{A}{x}+B$	$y=A\dfrac{1}{x}+B$	$X=\dfrac{1}{x},Y=y$
$y=\dfrac{D}{x+C}$	$y=\dfrac{-1}{C}(xy)+\dfrac{D}{C}$	$X=xy,Y=y$ $C=\dfrac{-1}{A},D=\dfrac{-B}{A}$
$y=\dfrac{1}{Ax+B}$	$\dfrac{1}{y}=Ax+B$	$X=x,Y=\dfrac{1}{y}$
$y=\dfrac{x}{Ax+B}$	$\dfrac{1}{y}=A+B\dfrac{1}{x}$	$X=\dfrac{1}{x},Y=\dfrac{1}{y}$

函数 $y = f(x)$	类似直线拟合形式 $Y = Ax + B$	变 换 方 法
$y = A\ln x + B$	$y = A\ln x + B$	$X = \ln x, Y = y$
$y = C\mathrm{e}^{Ax}$	$\ln y = Ax + \ln C$	$X = x, Y = \ln y, C = \mathrm{e}^B$
$y = Cx^A$	$\ln y = A\ln x + \ln C$	$X = \ln x, Y = \ln y, C = \mathrm{e}^B$
$y = (Ax + B)^{-2}$	$y^{-1/2} = Ax + B$	$X = x, Y = y^{-1/2}$
$y = Cx\,\mathrm{e}^{-Dx}$	$\ln\left(\dfrac{y}{x}\right) = -Dx + \ln C$	$X = x, Y = \ln\left(\dfrac{y}{x}\right)$ $C = \mathrm{e}^B, D = -A$
$y = \dfrac{L}{1 + C\mathrm{e}^{Ax}}$	$\ln\left(\dfrac{L}{y} - 1\right) = Ax + \ln C$	$X = x, Y = \ln\left(\dfrac{L}{y} - 1\right), C = \mathrm{e}^B$

例 2.21 设一个发射源的发射强度的公式为 $I = I_0\mathrm{e}^{-at}$，而其中 I 与 t 是由表 2.11 中的实验数据确定，求 I_0 及 a.

表 2.11　拟合数据

t	0.2	0.3	0.4	0.5	0.6	0.7	0.8
I	3.16	2.38	1.75	1.34	1.00	0.74	0.56

由实验数据作出 (t, I) 的散点图如图 2.32 所示. 而 $(t, \ln I)$ 的散点图如图 2.33 所示，从图中可以看到，这些点大致地呈直线分布.

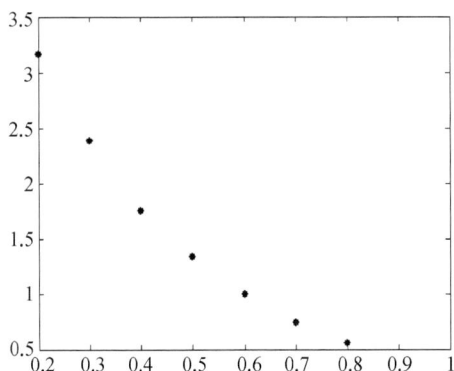

图 2.32　t-I 散点图

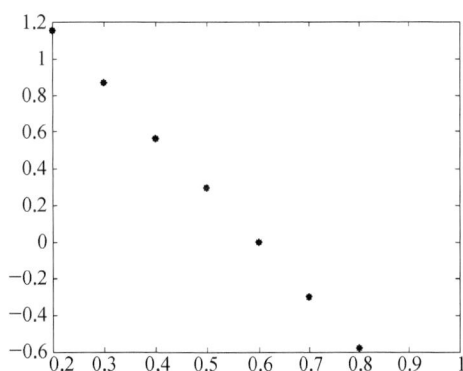

图 2.33　t-$\ln I$ 散点图

实际上，由于有 $\ln I = \ln I_0 - at$，所以也可以采用直线拟合的方法解决问题. 拟合数据(表 2.12)由表 2.11 经对数变换得来.

表 2.12　t-$\ln I$ 数据表

t	0.2	0.3	0.4	0.5	0.6	0.7	0.8
$\ln I$	1.1506	0.8671	0.5596	0.2927	0	-0.3011	-0.5798

应用 polyfit 命令解得 $p = 1.7283$，$q = -2.8883$．于是 $I_0 = \exp\{p\} = 5.6310$，$a = 2.8883$．拟合曲线的方程是 $I = 5.6310\mathrm{e}^{-2.8883t}$．当然，也可以采用 nlinfit 命令求解，直接得到 $I_0 = 5.6361$，$a = 2.8906$．拟合曲线的方程是 $I = 5.6361\mathrm{e}^{-2.8906t}$．

两者略有偏差，这种偏差影响不大，产生这种偏差的原因是由于软件采用了不同算法造成的．计算得到两条拟合曲线在相应的节点上的函数值如表 2.13 所示．

表 2.13　两种拟合结果的比较

t	0.2	0.3	0.4	0.5	0.6	0.7	0.8
I	3.16	2.38	1.75	1.34	1.00	0.74	0.56
$I = 5.6310\mathrm{e}^{-2.8883t}$	3.1602	2.3674	1.7735	1.3286	0.9953	0.7456	0.5586
$I = 5.6361\mathrm{e}^{-2.8906t}$	3.1616	2.3679	1.7735	1.3283	0.9948	0.7451	0.5581

两种拟合曲线的图形如下，无论是从表中的数据还是从图中的曲线都可以看出差异并不明显．

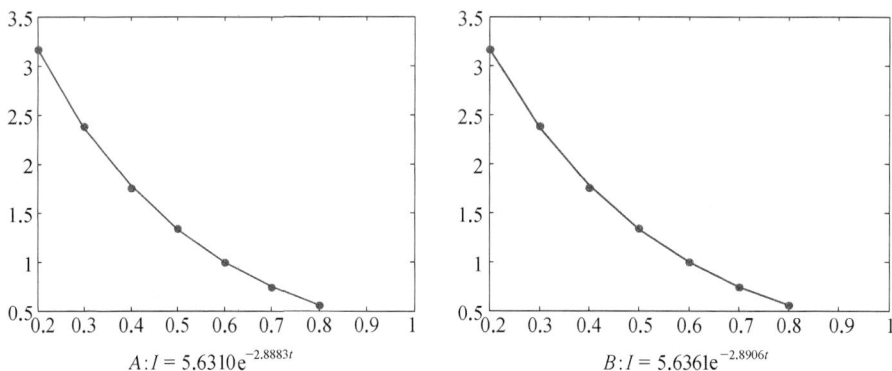

$A : I = 5.6310\mathrm{e}^{-2.8883t}$　　　　　　$B : I = 5.6361\mathrm{e}^{-2.8906t}$

图 2.34　两种不同方法得到的拟合曲线

上 机 练 习

1. 1601 年，德国天文学家开普勒发表了行星运行第三定律：$T = Cx^{3/2}$，其中，T 为行星绕太阳旋转一周的时间（单位：天），x 表示行星到太阳的平均距离（单位：10^6 km），并测得水星、金星、地球、火星的数据 (x, T) 分别为 $(58, 88)$，$(108, 225)$，$(150, 365)$，$(228, 687)$．

   (1) 用最小二乘法估计 C 的值；

   (2) 分别作出上述数据点的直线、抛物线、三次、四次多项式拟合，求出残差平方和 Q，并比较优劣；

   (3) 用函数 $y = a\mathrm{e}^x + bx + c$ 来对数据点进行曲线拟合，并求出残差平方和 Q．

2. 在某个低温过程中，函数 y 依赖于温度 Q(℃) 的试验数据见表 2.14：

表 2.14　某个低温过程中函数 y 依赖温度 Q 的数据

$Q/℃$	1	2	3	4
y	0.8	1.5	1.8	2.0

而且已知经验公式是 $y = aQ + bQ^2$. 试用最小二乘法求出 a, b.

3.（1）一些量的值往往会受到多个量的取值的影响, 若这种影响大致呈线性关系, 基于这一事实作出的线性拟合称为多维线性拟合. 试用最小二乘法的思想编程求线性拟合 $y = Ax_1 + Bx_2 + C$ 的系数 A, B, C.

（2）一家百货公司在 10 个地区设有经销分公司. 公司认为商品销售额与该地区的人口数及年人均收入有关, 并希望建立他们之间的数量关系式, 以预测销售额. 有关数据见表 2.15.

表 2.15　10 个地区销售额、人口数及年人均收入

地区编号	1	2	3	4	5	6	7	8	9	10
销售额 y/万元	33.3	35.5	27.6	30.4	21.9	53.1	35.6	29.0	35.1	34.5
人口数 x_1/万人	32.4	29.1	26.3	31.2	29.2	40.7	29.8	23.0	29.2	26.9
年人均收入 x_2/百元	12.5	16.5	15.5	13.1	13.1	15.8	14.9	15.2	16.2	15.7

试确定商品销售额对人口数及年人均收入的线性拟合方程 $y = Ax_1 + Bx_2 + C$.

4. 一种商品的需求量与其价格有一定的关系. 现对一定时期内的商品价格 x 与需求量 y 进行观察, 取得以下样本数据（表 2.16）：

表 2.16　商品价格与需求量

价格 x/元	2	3	4	5	6	7	8	9	10	11
需求量 y/kg	58	50	44	38	34	30	29	26	25	24

（1）分别作出上述数据点的直线、抛物线、三次多项式拟合, 求出残差平方和 Q, 并比较优劣;

（2）假设拟合函数为 $y = a + b \dfrac{1}{x}$, 试用线性化的方法求 a 和 b.

第 3 章　迭代——从金融问题到混沌现象

在初等数学里,我们遇到过等差序列 a_0, a_0+d, a_0+2d, a_0+3d, $\cdots$,它可以表示成 $x_{n+1}=x_n+d(x_0=a_0)$($n=0$, 1, 2, $\cdots$). 在大学微积分学中,我们知道了牛顿求根序列 $x_{n+1}=x_n-\dfrac{P(x_n)}{P'(x_n)}$($n=0$, 1, 2, $\cdots$). 这两个序列的共同之处是,从第 2 项开始,前一次计算输出的结果作为下一次计算的输入,每一项都是对前一项作相同运算(或加上常数 d,或减去某函数值)而得到的,这种不断重复同一种运算的算法就是迭代.

在本章我们将讨论几个简单的迭代,利用它们可以得到既有用又有趣的结论.

本章计算中涉及的 Matlab 命令:

(1) 构造一个由 10 个相同元素(如 3)组成的行矩阵:

　　x = 3 * ones(1, 10)

(2) 设行矩阵 y 由 8 个数据 9.35,9.17,4.10,8.94,0.58,3.53,8.13,0.10 组成,现要求从中摈弃前 3 个:

　　y1 = y(4:8)

这样行矩阵 y1 由后 5 个数据 8.94,0.58,3.53,8.13,0.10 组成.

3.1　人口模型与存贷款问题

3.1.1　Malthus 人口模型

生物世界,千娇百媚,鹰击长空,鱼翔浅底.造世主物竞天择的结果,维持了优势种群的"人丁兴旺",造就了灿烂多姿的自然景观.同人类一样,各种生物的生息繁衍,种群数目的变化非常复杂,若想建立反映它们种群数量的数学模型,以便于考查其历史,预测其发展,的确是一项十分困难的任务,不过从现有的资料中,人们还是可以得到一些有益的启迪.考虑从一个度量酵母培养物增长的实验中采集到的数据(表 3.1 和图 3.1).

表 3.1 中的 x_n 表示第 n 时刻酵母的生物量,从表中的数据以及由此数据绘出的酵母培养物的增长关于酵母生物量的图 3.1 可见,群体量的增长量 $x_{n+1}-x_n$ 与当前群体的数量 x_n 大约成正比关系,记自然增长率记为 r(r=出生率－死亡率),

可给出 $x_{n+1} - x_n = rx_n$. 记 $\lambda = 1 + r$, 得

$$x_{n+1} = \lambda x_n \tag{3.1}$$

迭代方程(3.1)有人用于人口预测, 此时, x_n 表示第 n 年某群体的人口总数, 人们称之为 Malthus 模型.

表 3.1　酵母生物量数据

时间/h	观察到的 酵母生物量 x_n	生物量的变化 $x_{n+1} - x_n$	时间/h	观察到的 酵母生物量 x_n	生物量的变化 $x_{n+1} - x_n$
0	9.6	8.7	4	71.1	48.0
1	18.3	10.7	5	119.1	55.5
2	29.0	18.2	6	174.6	82.7
3	47.2	23.9	7	257.3	93.4

用 x_0 表示初始年的人口数量, 反复迭代:

$$x_1 = \lambda x_0$$
$$x_2 = \lambda x_1 = \lambda^2 x_0$$
$$x_3 = \lambda x_2 = \lambda^3 x_0$$
$$\cdots\cdots$$

一般地, 可得到

$$x_n = \lambda^n x_0 \tag{3.2}$$

(3.2)式就是方程(3.1)的解, 它说明人口是按公比为 λ 的几何级数增长.

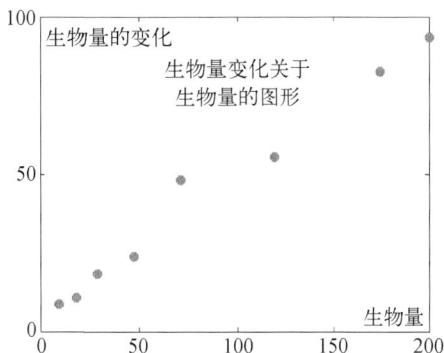

图 3.1　酵母生物量变化图

有时候作为人群中的一员——如能作为 NBA 比赛现场观战的一员——是很有趣的. 但是任何地方任何时间都挤满了人又会是怎样呢? 对太多的人口将带来严重的危险提出警告的、最著名的西方思想家是 Malthus (Thomas Robert Malthus, 1766~1834, 英国经济学家, 近代人口问题研究的先驱), 他是一位对数学很有兴趣的乡村牧师. Malthus 指出, 18 世纪的英格兰有许多人生活在苦难和罪恶之中, 他试图用现今使用的迭代方程给出数学论证来解释这种现象. 他断言如果不是由于饥饿、疾病和战争造成的过度死亡率使人口增长停下来的话, 人口将按几何级数增长.

直到现在人们还在为 Malthus 的想法争论. 你是否认为现在世界的某些地区的人口压力正在造成贫困? 我国的出生率是否还是太高了?

以国家统计局公布的我国 1990 年人口总数 11.4333 亿为初始值, 取 r 为 1990 年到 1996 年人口自然增长率的平均值 11.80‰, 用 Malthus 模型估计我国人口的变化, 计算结果见表 3.2.

表 3.2　部分年份我国人口总数的理论值与实际值比较

年　　份	1990	1991	1992	1993	1994	1995	1996
Malthus 估计值/亿	11.433	11.568	11.705	11.843	11.983	12.124	12.267
统计局公布值/亿	11.433	11.582	11.717	11.852	11.985	12.112	12.239
绝　对　误　差		0.014	0.012	0.009	0.002	0.012	0.028

由于 $\lambda > 1$，当 $n \to \infty$ 时，人口总数 $x_n \to \infty$，这是违背常理的. 所以，Malthus 模型只能用于短期的人口预测.

在(3.2)式的 4 个量 x_n，x_0，n 和 $\lambda = 1 + r$ 中若有 3 个量已知，则可以算出第 4 个量，可以得到一些有用的结论.

(1) 预测人口达到指定数目所需时间. 设 x_0，x_n 和 r 已知，从(3.2)式解出 n，即得到在已知的自然增长率 r 条件下，人口从 x_0 增长至 x_n 所需的时间(年数)

$$n = \frac{\ln x_n - \ln x_0}{\ln k} \tag{3.3}$$

我国 1975 年人口总数 $x_0 = 9.242$ 亿，当年人口自然增长率 $r = 15.69‰$，若要人口达到 12 亿所需的时间 $n \approx 16.8$ 年，也就是说，经过 17 年，到 1992 年，我国人口总数将突破 12 亿，实际上这个结果比预期晚了 3 年才出现. 这也说明，在人口的长期预测方面，Malthus 模型是有缺陷的.

(2) 人口翻番所需时间. 人口总数在年末是年初的 $1 + r$ 倍，在第 2 年末是 $(1 + r)^2$ 倍，…，在第 n 年末是 $(1 + r)^n$ 倍，那么人口翻番时间是使 n 满足

$$(1 + r)^n = 2 \tag{3.4}$$

将等式(3.4)两边取自然对数，得

$$n = \frac{\ln 2}{\ln(1 + r)} = \frac{0.693}{\ln(1 + r)} \tag{3.5}$$

而

$$\ln(1 + r) = r - \frac{r^2}{2} + \frac{r^3}{3} - \cdots \tag{3.6}$$

考虑到人口增长率 r 不大(不会超过 0.04)，(3.6)式可以简化成只剩第一项再代入(3.5)式，可将(3.5)式写成

$$n = \frac{70}{100r} \tag{3.7}$$

表达式(3.7)是对(3.5)式的简单而精确的近似. 该式告诉我们，以 1% 速度增长的人口会在 70 年内翻一番.

厄瓜多尔 1965 年的人口增长率为 3.2%，因此翻番时间 $n = 70/3.2 = 22$ 年. 该国 1965 年人口为 5.109 百万，在 22 年内翻一番，1987 年的人口就是 10.218 百万；用(3.2)式计算的精确数目为 10.216 百万，相差不大. 公式(3.7)对这样的推算是足够好了.

3.1.2 迭代方程的解

在上述模型中,我们看到了 x_{n+1} 与 x_n 之间的递推关系,这种递推关系可写成下面的形式:

$$x_{n+1} = \lambda x_n + b \quad (n = 0, 1, 2, 3, \cdots) \tag{3.8}$$

(3.8)式中 λ 和 b 都是常数,称这类递推关系为一阶线性差分方程,或称为线性动力系统. 当 $b = 0$ 时为齐次差分方程,否则称为非齐次差分方程.

1. 齐次方程的解

Malthus 模型(3.1)是一阶线性齐次差分方程. 显然,x_n 是一个公比为 $1 + r$ 的等比数列,按前述的推导,它的解是 $x_{n+1} = (1 + r)^n x_0$,其中,x_0 是初始值. 对于一阶线性齐次差分方程,它的解是 $x_{n+1} = \lambda^n x_0$.

2. 非齐次方程的解

从方程(3.8)出发,用迭代法,有

$$x_1 = \lambda x_0 + b$$
$$x_2 = \lambda x_1 + b = \lambda^2 x_0 + b(\lambda + 1)$$
$$x_3 = \lambda x_2 + b = \lambda^3 x_0 + b(\lambda^2 + \lambda + 1)$$

一般地,有
$$x_n = \lambda^n x_0 + b(\lambda^{n-1} + \lambda^{n-2} + \cdots + 1)$$

当 $\lambda \neq 1$ 时,$\lambda^{n-1} + \lambda^{n-2} + \cdots + 1 = \dfrac{\lambda^n - 1}{\lambda - 1}$;当 $\lambda = 1$ 时,$\lambda^{n-1} + \lambda^{n-2} + \cdots + 1 = n$. 所以,非齐次差分方程的解是:

当 $\lambda \neq 1$ 时,
$$x_n = \lambda^n x_0 + \frac{\lambda^n - 1}{\lambda - 1} b \quad (n = 1, 2, 3, \cdots) \tag{3.9}$$

当 $\lambda = 1$ 时,
$$x_n = \lambda^n x_0 + nb \quad (n = 1, 2, 3, \cdots) \tag{3.10}$$

3.1.3 存贷款问题

Malthus 模型在生物种群总数的计算上并不是十分有效,但对于某些金融领域的问题却有其独特的作用.

随着经济的发展,我们将会越来越多地面对各种金融问题,如借贷、抵押、信用卡、保险金等. 弄清楚其中的算法,能使我们成为一个明明白白的消费者.

表 3.3 是中国建设银行推出的"个人助学贷款项目"中的重要一环.

表 3.3　个人助学贷款等额本息月均还款额表(借贷金额为 10 000 元)

期限	年利率/%	月利率/‰	还款总额/元	月还款额	利息负担总和/元
半年	5.58	4.650	10 279	到期付清本息	279
一年	5.85	4.875	10 585	到期付清本息	585

期限	年利率/%	月利率/‰	还款总额/元	月还款额	利息负担总和/元
二年	5.94	4.950	10 630.56	442.94	630.56
三年	5.94	4.950	10 942.20	303.95	942.20
四年	6.03	5.025	11 279.52	234.99	1 279.52
五年	6.03	5.025	11 608.20	193.47	1 608.20

假设某人向银行贷款 20 000 元,期限两年,据表 3.3 可以算得:每月的还款额为 $2 \times 442.94 = 885.88$(元),两年的还款总数为 $24 \times 885.88 = 2 \times 10 630.56 = 21 261.12$(元),两偿还的利息总数为 $2 \times 630.56 = 21 261.12 - 20 000 = 1261.12$(元).

我们的问题是,在银行规定的利率下,这个月均还款额是如何得出的?

将迭代方程(3.1)中变量的实际意义作适当的改变,记 $x_0 = $ 初始贷款额(本金),$r = $ 年(月)贷款利率,$R = $ 每年(月)的还款额,$x_{n+1} = $ 第 $n+1$ 年(月)末的欠款额. 于是,有 $x_{n+1} = x_n + r x_n - R$,即

$$x_{n+1} = \lambda x_n - R \tag{3.11}$$

当 $R = 0$ 时,它就是方程(3.1).这是一阶线性非齐次差分方程,其中 $\lambda = 1 + r$,它的解由(3.9)式就是

$$x_n = \lambda^n x_0 - \frac{R}{r}(\lambda^n - 1) = \frac{R}{r} - \lambda^n \left(\frac{R}{r} - x_0 \right) \tag{3.12}$$

1. 求单位时间的还款额 R

令 $x_n = 0$,即在第 n 年(月)末尾将欠款还清,从(3.12)式可知每个单位时间段的还款额

$$R = \frac{r \lambda^n}{\lambda^n - 1} x_0 \tag{3.13}$$

以二年期贷款为例,月利率 $r = \frac{5.94}{12} = 4.95$‰.

当初始贷款额 x_0 为 10 000 元时,从(3.13)式算出每月还款额 $R = 442.94$(元),两年还款总额 $= 442.94 \times 24 = 10 630.56$(元),两年负担的利息总和 $= 10 630.56 - 10 000 = 630.56$(元). 这些与表 3.3 所列完全一致.

2. 求初始贷款额 x_0

在(3.13)式中,若 R 已知,解出 x_0,有

$$x_0 = \frac{\lambda^n - 1}{r \lambda^n} R \tag{3.14}$$

在 n 年(月)内还清银行利率为 r 的贷款,每年(月)的还款额为 R,那么,现在应向银行借贷的款额 x_0 可用(3.14)式求得.

假设某人购房需向银行借贷一笔资金,计划 20 年内还清,每月的还款额不超

过 150 元,银行现行的贷款利率为 5.58%.该借款人现在可向银行借贷的最高额度为多少?

可知,月利率 $r = 4.65‰ = 0.00465$,还款次数 $n = 240$,$R = 150$ 元.从(3.14)式算得 $x_0 = 21\,663$(元).即现在向银行的借款额不超过 22 000 元即可.

3. 平衡解

在(3.12)式中,若令 $x_0 = \dfrac{R}{r}$,则欠款保持 $\dfrac{R}{r}$ 不变,称 $\dfrac{R}{r}$ 为差分方程(3.11)的平衡解或不动点.对于方程(3.11)来说,不论是 $rx_0 > R$ 或 $rx_0 < R$,欠款将不断增加或不断减少,这种情况下的平衡解称为不稳定的.

对于系统 $x_{n+1} = f(x_n)$,若有 $a = f(a)$ 对所有的自然数 n 都成立,则称 a 为该系统的平衡解或不动点,当 $x_n \to a$($n \to \infty$)时,称 a 是稳定的(吸引不动点),否则,称 a 是不稳定的(排斥不动点).

3.1.4 线性动力系统的动态特征

1. 药物残留量模型

地高辛是一种治疗心脏病的药物.已知该药在血液中的衰减量是每日减半,又设病人每日服药量是 0.1 mg,记 x_n 为第 n 日末患者血液内的药物残留量,则有下述模型:

$$x_{n+1} = 0.5 x_n + 0.1 \tag{3.15}$$

依次取以下三个值作为初始值. $A: x_0 = 0.1$,$B: x_0 = 0.2$,$C: x_0 = 0.3$.

表 3.4 和图 3.2 显示了在每种情况下计算所得的数值解.

表 3.4　不同初值下的药物残留量

n	A x_n	B x_n	C x_n	n	A x_n	B x_n	C x_n
0	0.1	0.2	0.3	8	0.199 609 38	0.2	0.200 390 63
1	0.15	0.2	0.25	9	0.199 804 69	0.2	0.200 195 31
2	0.175	0.2	0.225	10	0.199 902 34	0.2	0.200 097 66
3	0.187 5	0.2	0.212 5	11	0.199 951 17	0.2	0.200 048 83
4	0.193 75	0.2	0.206 25	12	0.199 975 59	0.2	0.200 024 41
5	0.196 875	0.2	0.203 125	13	0.199 987 79	0.2	0.200 012 21
6	0.198 437 5	0.2	0.201 562 5	14	0.199 993 90	0.2	0.200 006 10
7	0.199 218 75	0.2	0.200 781 25	15	0.199 996 95	0.2	0.200 003 05

在条件 B 下,系统保持常数 0.2,因此,0.2 就是系统的平衡解或不动点;若对初值 $x_0 = 0.2$ 施加扰动,即取初值高于 0.2(条件 C)或低于 0.2(条件 A),当迭代次数 n 逐渐增大时,迭代点列都以 0.2 为其极限,故 0.2 是稳定平衡解(吸引不动

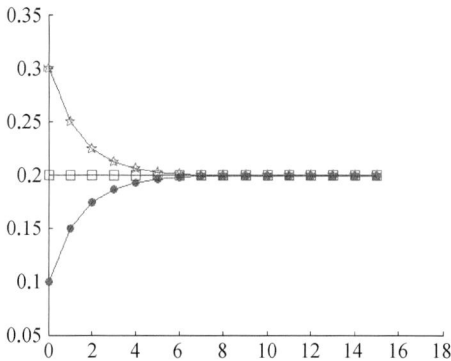

图 3.2　模型(3.15)的数值解

经迭代计算所得的数值解如表 3.5 和图 3.3 所示.

点).一般地,当 $|\lambda|<1$ 时,系统(3.8)有稳定平衡解.

2. 养老保险金模型

假设某位先生购有一份养老保险,银行按 1% 的利率支付利息,他每月可从中支取 1000 元,记 x_n 为第 n 月末这位先生养老保险金的余额(单位:元),相应的模型为

$$x_{n+1}=1.01x_n-1000 \quad (3.16)$$

所取的三个初始值如下:$A:x_0=90\,000$,$B:x_0=100\,000$,$C:x_0=110\,000$.

表 3.5　不同初值下的保险金余额

	A	B	C			A	B	C
n	x_n	x_n	x_n		n	x_n	x_n	x_n
0	90 000	100 000	110 000		8	89 171.43	100 000	110 828.57
1	89 900	100 000	110 100		9	89 063.15	100 000	110 936.85
2	89 799	100 000	110 201		10	88 953.78	100 000	111 046.22
3	89 696.99	100 000	110 303.01		11	88 843.32	100 000	111 156.68
4	89 593.96	100 000	110 406.04		12	88 731.75	100 000	111 268.25
5	89 489.90	100 000	110 510.10		13	88 619.07	100 000	111 380.93
6	89 384.80	100 000	110 615.20		14	88 505.26	100 000	111 494.74
7	89 278.65	100 000	110 721.35		15	88 390.31	100 000	111 609.69

明显地,100 000 是系统的平衡解.若初值高于该值(如可取 $x_0=100\,000.01$),则系统的数值解呈单调增加的发展趋势;相反地,若初值低于该值(如取 $x_0=99\,999.99$),则系统的数值解呈单调减少的趋势,一增一减,一正一反,两种截然不同变化趋势的初始值之差仅为 0.02 元.在这种情况下,平衡解是不稳定的(排斥不动点).

3. 求模型(3.8)的平衡解

研究系统的不动点可以帮助我们了

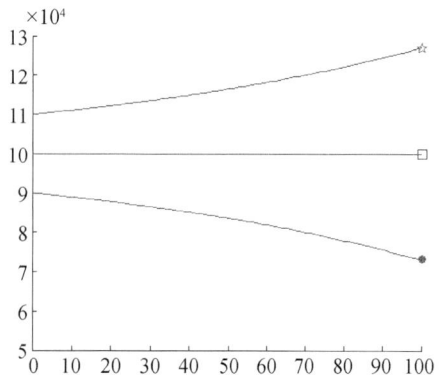

图 3.3　模型(3.16)的数值解

解系统的长期变化趋势.若 x 是模型(3.8)的不动点,则有 $x=\lambda x+b$. 解得,当 $\lambda\neq$

1 时,

$$x = \frac{b}{1-\lambda} \qquad (3.17)$$

若 $\lambda = 1$ 且 $b = 0$,则任何一个数值都是系统的平衡解;若 $\lambda = 1$ 且 $b \neq 0$,系统无平衡解.

4. 模型(3.15)的修改

将模型(3.15)作如下修改:

$$x_{n+1} = -0.5x_n + 0.1 \quad (3.18)$$

按(3.17)式算得平衡解 $x = 0.066\,667$,取初值 $x_0 = 0.1$ 迭代所得结果如表 3.6 和图 3.4 所示.

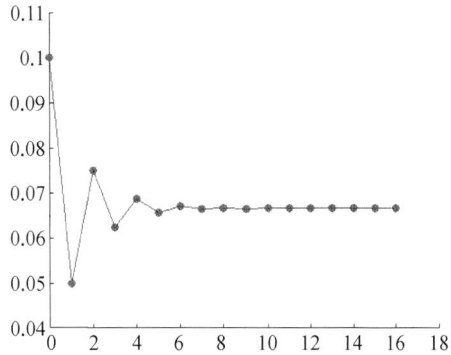

图 3.4　模型(3.18)的数值解

表 3.6　模型(3.18)的数值解

n	x_n	n	x_n	n	x_n	n	x_n
0	0.1	4	0.068 75	8	0.066 796 88	12	0.066 674 80
1	0.05	5	0.065 625	9	0.066 601 56	13	0.066 662 60
2	0.075	6	0.067 187 5	10	0.066 699 22	14	0.066 668 70
3	0.062 5	7	0.066 406 25	11	0.066 650 39	15	0.066 665 65

对于 $\lambda = -0.5$,可注意到系统出现了上下振荡摇摆的现象,但最终稳定在平衡解附近.

5. 模型 $x_{n+1} = \lambda x_n + b \ (b \neq 0)$ 的动态特征

表 3.7　模型(3.8)的动态特征

λ	系统的动态特征
$|\lambda| < 1$	有稳定的平衡解
$|\lambda| > 1$	有不稳定的平衡解
$\lambda = 1$	迭代值成一条直线,无平衡解

3.1.5　其他金融问题

1. 存款问题

将上述变量的实际含义作如下改变: $x_0 =$ 初始存款额(本金), $x_n =$ 第 n 年(月)的存款额, $r =$ 存款利率.则第 $n+1$ 年(月)末的储蓄额(本利和)为 $x_{n+1} = (1+r)x_n = \lambda x_n$. 上式的解为

$$x_n = (1+r)^n x_0 = \lambda^n x_0 \qquad (3.19)$$

(3.19)式为常用的计算储蓄存款的复利计算公式.

如果希望自己到第 n 年(或第 n 个月)拥有存款额为 x_n 元,那么,现在应存入的款额为

$$x_0 = \frac{x_n}{(1+r)^n}(\text{元}) \tag{3.20}$$

由于存款与取款不是同时发生的,受利息的影响,无法从它们的绝对数值比较两者的大小. 通常根据利息将它们都化为现时值,简称现值. 若最初投资额为 x_0 元,到第 n 年末的本利和为 $x_0(1+r)^n$ 元,这就是第 n 年末的现值;反过来,在利息理论中,称 $\frac{1}{1+r}$ 为贴现因子,它表示将一笔额度等于 1 的投资在 1 年末的值"贴现"(即折算)成它在 1 年初的值. 显然,将一笔到第 n 年末额度为 x_n 元的资产贴现为今天的"现值",就是 $\frac{x_n}{(1+r)^n}$ 元.

2. 养老保险金问题

保险公司推销养老保险时,向我们举了一个例子:李先生,25 岁,投保本险种,约定领取养老金年龄为 60 岁,选择 15 年期交费,年交保费 636 元,保险金额 1 万元,15 年共交保险费 9540 元. 自 60 岁开始,每年按投保金额的 10% 领取养老金(即 1000 元),若其 81 岁身故,共领取养老金 $1000 \times 21 = 21\,000$(元).

记 x_n 为投保人第 n 年的投保额与利息之和,r 为年利率,R 和 Q 分别是 60 岁前每年的交保额和 60 岁后每年所领取的养老金,可用差分方程写出这一问题的数学模型:

$$x_{n+1} = x_n(1+r) + R \quad (n = 0, 1, 2, \cdots, L) \tag{3.21}$$
$$x_{n+1} = x_n(1+r) - Q \quad (n = L+1, L+2, \cdots, N) \tag{3.22}$$

我们希望考查投保人李先生从所交保险费中获得的实际年利率 r.

李先生从 25 岁起到 40 岁在 15 年间共交保险费 9540 元,60 岁获益,81 岁去世,相当于交保险费的时间为 35 年,获益时间为 21 年. 这样,$R = 9540/35 = 272.57$ 元,$Q = 1000$ 元,$L = 35$ 年,$N = 56$ 年.

从(3.9)式可得方程(3.21)、(3.22)的解为

$$x_n = x_0(1+r)^n + \frac{R}{r}[(1+r)^n - 1] \quad (n = 0, 1, 2, \cdots, L) \tag{3.23}$$

$$x_n = x_L(1+r)^{n-L} - \frac{Q}{r}[(1+r)^{n-L} - 1] \quad (n = L+1, L+2, \cdots, N) \tag{3.24}$$

在(3.23)式中令 $n = L$,在(3.24)式中令 $n = N$,又注意到 $x_0 = x_N = 0$,从(3.23)和(3.24)两式消去 x_L 后可以得到方程

$$R(1+r)^N - (R+Q)(1+r)^{N-L} + Q = 0 \tag{3.25}$$

记 $1+r=x$，并代入 R，Q，N，L 的值上述方程就是

$$x^{56} - 4.67x^{21} + 3.67 = 0 \tag{3.26}$$

用 Matlab 可获得方程（3.26）的至少两个实根，经分析后可知方程的根是 $x = 1.0277$. 即实际年利率 $r=2.77\%$，略高于银行三年期定期储蓄 2.70% 的年利率. 对其他年龄投保获利的情况可以类似计算.

上 机 练 习

1. 制定一个完整的个人购房贷款等额本息月均还款额表，初始贷款额为一万元，借款期限不超过 30 年，据央行从 2002 年 2 月 21 日开始执行的个人购房贷款年利率标准是：商业贷款利率，五年期以内（含五年）为 4.77%，一年期为到期一次还本付息，五年期以上（不含五年）为 5.04%，公积金贷款利率分别是 3.60% 和 4.05%. 表中应包括借款年限、根据以上两种贷款利率计算出的月利率、月还款额、总还款额和利息负担总额.

2. 以某一个借款期限（如两年或三年）为例，将上述的逐月还款制改为逐年还款制，或者是每季度还款制，研究何种还款周期对贷款人更有利.

3. 研究线性系统 $x_{n+1} = \lambda x_n$ 的动态特征，按 $|\lambda|<1$，$|\lambda|>1$，$\lambda<0$，$\lambda=1$ 分类，做数值迭代并用图形讨论系统的变化态势，总结归纳出你的结论.

4. 某保险公司推出一种与养老结合的人寿保险计划，其中介绍的例子为：如果 40 岁的男性投保人每年交保险费 1540 元，交费期 20 年至 60 岁，则在他生存时期，45 岁时（投保满 5 年）可获返还补贴 4000 元，50 岁时（投保满 10 年）可获返还补贴 5000 元，其后每隔 5 年可获增幅为 1000 元的返还补贴；另外，在投保人去世或残废时，其受益人可获保险金 20 000 元. 试分析：若该投保人的寿命为 76 岁，其交保险费所获得的实际年利率是多少？若该投保人的寿命为 74 岁，其交保险费所获得的实际年利率又是多少？

3.2　生物学模型与混沌现象

3.2.1　Logistic 模型

在讨论 Malthus 模型时，人们假设群体数的变化与群体数成正比，这样的模型预测群体永远是增长的. 但是，某些资源（如食物）只能支持有限的群体数，疾病和战争带来的死亡也会削弱群体的增长势头. 仍以酵母培养物的生长为例，由表 3.8 知，当观察时间超过 8 h，酵母生物量的增长速度开始下降.

表 3.8　酵母生物量数据

时间/h	观察到的 酵母生物量 x_n	生物量的变化 $x_{n+1}-x_n$	时间/h	观察到的 酵母生物量 x_n	生物量的变化 $x_{n+1}-x_n$
0	9.6		4	71.1	23.9
1	18.3	8.7	5	119.1	48.0
2	29.0	10.7	6	174.6	55.5
3	47.2	18.2	7	257.3	82.7

时间/h	观察到的 酵母生物量 x_n	生物量的变化 $x_{n+1} - x_n$	时间/h	观察到的 酵母生物量 x_n	生物量的变化 $x_{n+1} - x_n$
8	350.7	93.4	14	640.8	11.4
9	441.0	90.3	15	651.1	10.3
10	513.3	72.3	16	655.9	4.8
11	559.7	46.4	17	659.6	3.7
12	594.8	35.1	18	661.8	2.2
13	629.4	34.6			

从图 3.5 的横坐标为 15 处我们注意到,每小时的群体数的变化更加缓和,时间经过 15 h 以后,群体数目趋于一个极限量或容纳量.从图 3.5 中我们可估计出的容纳量是 665,当时间 n 充分大时,x_n 趋于 665,改变量 $x_{n+1} - x_n$ 趋于零.考虑下面的模型:$x_{n+1} - x_n = rx_n(665 - x_n)$.

为了估计 r 的值,我们画出 $x_{n+1} - x_n$ 关于 $x_n(665 - x_n)$ 的图形,可以看到它们近似呈现线性关系,取 r 的近似值为 0.000 82,这样就给出了模型 $x_{n+1} - x_n = 0.000\,82x_n(665 - x_n)$,即

$$x_{n+1} = 1.5453x_n - 0.000\,82x_n^2 \tag{3.27}$$

对于给定的 $x_0 = 9.6$,由(3.27)式可算得 $x_1 = 14.76$,再用 $x_1 = 14.76$ 可算得 $x_2 = 22.63$.这样迭代得到的值为预测值,将实际观察值和预测值的数据点描绘在同一张图上(图 3.6),两者基本上是吻合的.

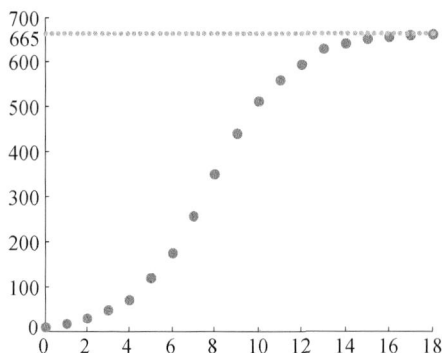

图 3.5　酵母培养物的增长

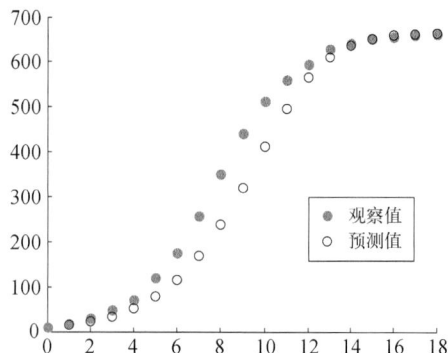

图 3.6　酵母生物量的观察值和预测值数据

注意到(3.27)式右端减去的是一个关于 x_n 的平方项,所以人们也对 Malthus 模型作了如下修改:$x_{n+1} = ax_n - bx_n^2$.其中的 a,b 是两个非负常数.由于生物个体的存活机会会受到外界诸多因素(如食物、疾病等)的制约,人们用竞争项 $-bx_n^2$ 表示这些因素将会减缓种群的增长速度,这样的处理从前例来看是比 Malthus 模型更

符合实际的. 用 x 代替上式中的变量 $\dfrac{bx}{a}$, 可以将上式写成常见的形式:

$$x_{n+1} = ax_n(1 - x_n) \tag{3.28}$$

称 (3.28) 式为 Logistic 生物模型, 其中, $a > 0$, $x_n \in (0, 1)$ ($n = 1, 2, 3, \cdots$). 因为这个方程含有非线性项 x_n^2, 所以方程 (3.28) 是非线性差分方程, 或称为非线性动力系统.

3.2.2 模型的数值计算

将方程 (3.28) 用于数值计算应该先确定参数 a 的值. 仍以我国的人口数计算为例, 据国家统计局公布的我国 1985 年人口总数 $x_0 = 10.5$(亿) $= 0.105$(百亿), 1986 年人口总数为 $x_1 = 0.108$(百亿), 故 $a = \dfrac{x_1}{x_0(1 - x_0)} \approx 1.15$. 用 Logistic 模型计算我国人口的结果见表 3.9.

表 3.9　人口的实际值与预测值数据

年　　份	1986	1987	1988	1990	1994	1995	1996
计算值/亿	10.81	11.09	11.33	11.76	12.33	12.43	12.52
实际值/亿	10.75	10.93	11.10	11.43	11.98	12.11	12.24

用 Logistic 模型对我国今后人口总数的发展趋势做出如下预测 (表 3.10):

表 3.10　我国人口总数发展趋势的预测值

年　　份	2005	2010	2015	2020	2021	2022	2025
计算值/亿	12.92	12.99	13.02	13.03	13.03	13.04	13.04

如果保持 20 世纪 80 年代的人口增长速度不变, 我国今后的人口总数将会稳定在大约 13 亿的水平上.

对于非线性差分方程 (3.28), 还没有像线性方程那样的求解公式, 不过我们可以把它改变成容易处理的形式, 导出它的近似解.

用 $x_n x_{n+1}$ 代替 x_n^2, 代入方程 (3.28), 得到

$$x_{n+1} = ax_n(1 - x_{n+1}) \tag{3.29}$$

即

$$x_{n+1} = \dfrac{ax_n}{1 + ax_n} \tag{3.30}$$

用 (3.30) 式作数值计算与用 (3.28) 式的结果十分接近. 下面我们设法将方程 (3.29) 化为线性方程. 将 (3.29) 两边除以 $x_n x_{n+1}$, 得到 $\dfrac{1}{x_{n+1}} = \dfrac{1}{a}\dfrac{1}{x_n} + 1$. 再令 $y_n = \dfrac{1}{x_n}$ (设群体数 $x_n \neq 0$), 就是 $y_{n+1} = \dfrac{1}{a}y_n + 1$.

这是我们都认识的线性差分方程,由(3.9)式,它的求解公式为

$$y_{n+1} = \frac{a}{a-1} + \left(y_0 - \frac{a}{a-1}\right)a^{-(n+1)} \quad (a \neq 1) \tag{3.31}$$

将(3.31)式中的 y 换成 $\frac{1}{x}$,且记 $A = 1 - \frac{1}{a}$,则得到模型(3.28)的近似解:

$$x_n = \frac{A}{1 + \left(\frac{A}{x_0} - 1\right)a^{-n}} \tag{3.32}$$

当 $0 < a < 1$ 时,$a^{-n} \to \infty$,则 $x_n \to 0$ $(n \to \infty)$,这表明,该物种群体将逐渐走向消亡,成为物竞天择的失败者;当 $a > 1$ 时,$a^{-n} \to 0$,则 $x_n \to A$ $(n \to \infty)$,该物种群体达到其最大数目,它是一个与初值 x_0 无关的常数.

若 $x_0 = A$,则 $x_n = A$,群体总数维持在其饱和水平上不变.

若 $0 < x_0 < A$,$\frac{A}{x_0} - 1 > 0$,x_n 单调增加趋于 A;若 $x_0 > A$,x_n 单调减少趋于 A.

取 $a = 2$,则 $A = 0.5$,初值 x_0 分别取 0.25 和 0.75,作出 x_n 的变化趋势图(图3.7).

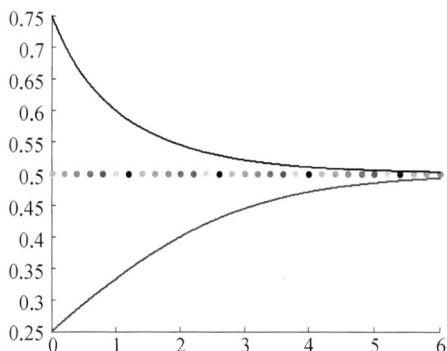

图3.7 x_n 的变化趋势图

方程(3.29)或者方程(3.30)虽然可以作为方程(3.28)的近似,但两者性态有着本质的差异.对于参数 a 的变化,模型(3.28)能导致一些完全想象不到的结果,它以一种混沌状态猛烈地波动,继而引出一门全新的学科——混沌动力学;而方程(3.29)对于参数 a 的值是稳定的,它迅速地趋于常数 A.

3.2.3 抛物线映射

Logistic 模型(3.28)式:$x_{n+1} = ax_n(1-x_n)$ $(a \in (0, 4])$ 描述了生物种群的演变规律.与 Malthus 模型不同的是,前者是一个线性函数的迭代,而后者(3.28)式是一个非线性函数的迭代,其中的生成函数是 $f(x) = ax(1-x)$,它表示一个平方映射,我们称之为抛物线映射.

生物学家 R. May 对这个简单的模型进行了深入的研究,发现它有十分复杂的性态.

1. 几个常用记号和概念

(1) 设 $f:S \to S$ 表示集合 S 到自身的一个映射,同样,还可以建立 f 对其自

身的复合映射为 $x \to f[f(x)]$ $(x \in S)$. 我们将这个复合映射记为 $f^2 : S \to S$. 一般地,可以有,$f^{n+1} = f(f^n)$,这样,就得到一个映射序列:$f, f^2, f^3, \cdots, f^n, \cdots$.

利用上述记号,对于映射 $f(x) = ax(1-x)$,模型(3.28)成为 $x_{n+1} = f(x_n)$,当给定初始值 $x_0 \in (0, 1)$ 后,则有 $x_1 = f(x_0)$,$x_2 = f(x_1) = f^2(x_0)$,$\cdots$,一般地,有 $x_n = f^n(x_0)$.

(2) 我们希望了解,随着 n 增加序列 $x, f(x), f^2(x), \cdots, f^n(x_0), \cdots$ 的最终性态. 称集合 $\{x, f(x), f^2(x), \cdots\}$ 为 x 的轨道,用记号 $O^+(x)$ 表示,即 $O^+(x) = \{x, f(x), f^2(x), \cdots\}$.

(3) 如果对某个 $x_0 \in S$,有 $f^n(x_0) = x_0$,并且 $f^k(x_0) \neq x_0 (1 \leqslant k \leqslant n-1)$,则称 x_0 是 $f(x)$ 的一个 n 周期点.

当 x_0 是 $f(x)$ 的一个 n 周期点时,有 $f^{n+k}(x_0) = f^k(x_0)$. 这样,$O(x_0) = \{x_0, x_1, \cdots, x_{n-1}, x_0, x_1, \cdots\}$ 只有 n 个不同的元素.

不动点就是 1 周期点,有时也称为周期 1 轨道. 从几何上理解,曲线 $y = f(x)$ 与直线 $y = x$ 的交点就是 f 的不动点. 曲线 $y = f^n(x)$ 与直线 $y = x$ 的交点包含了所有的 n 周期点.

图 3.8 就是模型(3.28)中的 x_{n+1} 与 x_n 之间关系的图像,其中参数 a 取两个不同的数值,坐标原点 O 和点 M 都是映射 $f(x) = ax(1-x)$ 的不动点.

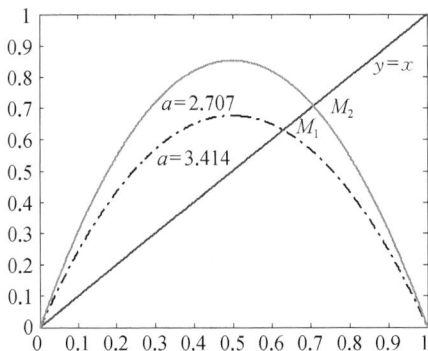

图 3.8　抛物线映射的不动点

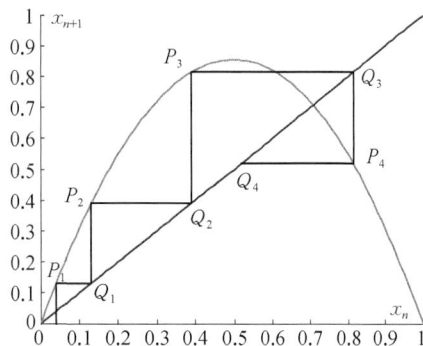

图 3.9　蜘蛛网迭代图

2. 用图像显示迭代轨道

1) 蜘蛛网迭代图

以 x 为横轴,作抛物线 $f(x) = ax(1-x)$ 和直线 $y = x$. 任取 $x_0 \in (0, 1)$,过点 $(x_0, 0)$ 作平行于 y 轴的直线与抛物线 $y = f(x)$ 相交,此交点即为 $P_1(x_0, f(x_0))$,或记为 $P_1(x_0, x_1)$,过该点作 x 轴的平行线交 $y = x$ 于点 $Q_1(x_1, x_1)$,再过此点作 y 轴的平行直线交抛物线 $y = f(x)$ 于点 $P_2(x_1, f^2(x_0))$,或记为 $P_2(x_1, x_2)$. 重复以上的过程,依次下去,就有 $Q_2, P_3, Q_3, P_4, Q_4, \cdots$,得到的就是 x_0 的轨道 $O^+(x_0)$ 前面有限项的性态(图 3.9). 作图的过程就像蜘蛛织网,故称为蛛网迭代.

图 3.10 和图 3.11 是参数 a 分别为 2.707 和 3.414 时的迭代 60 次产生的蛛网迭代图,它们显示了 Logistic 迭代产生的轨道的趋于不动点的情况.

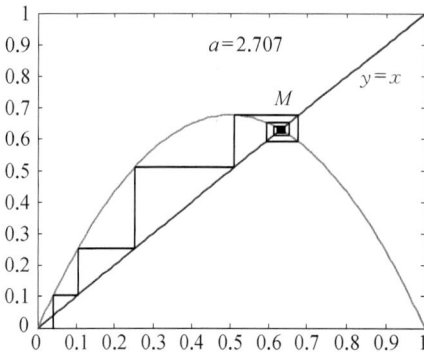

图 3.10　$a = 2.707$ 时轨道趋于不动点　　图 3.11　$a = 3.414$ 轨道不收敛于不动点

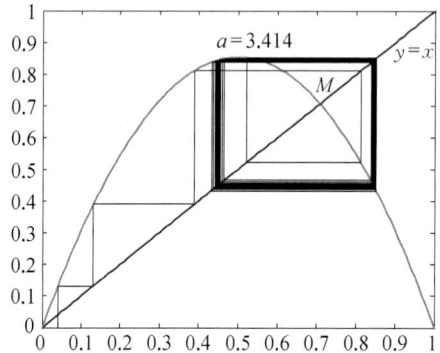

作折线的过程就是作迭代 $x_{n+1} = f(x_n)$ 的过程,从图 3.10 可见,迭代序列 $\{x_n\}$ 随 n 增大而趋于不动点 M,这种不动点称为吸引不动点(稳定不动点);而图 3.11 的情况表明迭代序列离不动点 M 而去,不收敛于点 M,称这样的不动点为排斥不动点(不稳定不动点).两图表现的是参数 a 的改变对轨道性态的影响,(3.28) 式中的参数 a 就像是一个调谐旋钮,对它的调节就会改变模型的性态.今后我们还会看到 a 的作用.

下面分析不动点稳定性的条件.

设 x^* 是 $f(x)$ 的一个不动点,即 x^* 是方程 $x = f(x)$ 的解.研究 x^* 稳定性的办法就是在它的附近作小小的扰动,看方程的解是否会偏离原来的解.取 $\varepsilon_n = x_n - x^*$($\varepsilon_n$ 表示 x_n 偏离 x^* 的程度),则

$$x^* + \varepsilon_{n+1} = x_{n+1} = f(x_n) = f(x^* + \varepsilon_n)$$

将上式右边展开到 ε_n 的线性项,得到

$$x^* + \varepsilon_{n+1} = f(x^*) + f'(x^*)\varepsilon_n + \cdots$$

利用不动点的道理消去上式两端第一项后,有 $\dfrac{\varepsilon_{n+1}}{\varepsilon_n} \approx f'(x^*)$. 对于稳定的不动点,$\varepsilon_{n+1}$ 的绝对值应该小于 ε_n 的绝对值,因此得到不动点的稳定条件 $|f'(x^*)| < 1$. 所以我们有下面的规定:设 x^* 为 $f(x)$ 的不动点,如果 $|f'(x^*)| < 1$,称 x^* 为 $f(x)$ 的吸引不动点;如果 $|f'(x^*)| > 1$,则称 x^* 为 $f(x)$ 的排斥不动点.

记 $f(x) = ax(1-x)$,$f(x)$ 有两个不动点:0 和 $1 - \dfrac{1}{a}$. 有如表 3.11 所示的结论.

表 3.11　模型(3.28)的不动点

	吸引不动点	排斥不动点
$0 < a < 1$	0	$1 - \dfrac{1}{a}$
$1 < a < 3$	$1 - \dfrac{1}{a}$	0
$a > 3$		0 和 $1 - \dfrac{1}{a}$

对于 $f(x)$ 的 n 周期点 x_0, 可以视为 $f^n(x)$ 的不动点, 有类似的说法:若 $\left| \dfrac{\mathrm{d}}{\mathrm{d}x} f^n(x_0) \right| < 1$, 称 x_0 为 $f(x)$ 的吸引周期点;若 $\left| \dfrac{\mathrm{d}}{\mathrm{d}x} f^n(x_0) \right| > 1$, 称 x_0 为 $f(x)$ 的排斥周期点. 相应地, 称 $\{x_0, f(x_0), f^2(x_0), \cdots, f^{n-1}(x)\}$ 为稳定(不稳定)的周期轨道.

2）迭代序列联结图和迭代函数图

下面研究当参数 a 变化时, 迭代序列 x_n(即轨道 $O^+(x)$)的变化性态.

取定某个初始值 $x_0 \in (0,1)$, 对于四个不同的 a 值, 按模型(3.28)分别计算四个迭代序列 $\{x_n\}$, 以下标 n 为横轴, x_n 为纵轴, 作四个迭代序列 $\{x_n\}$ 的联结图(图 3.12).

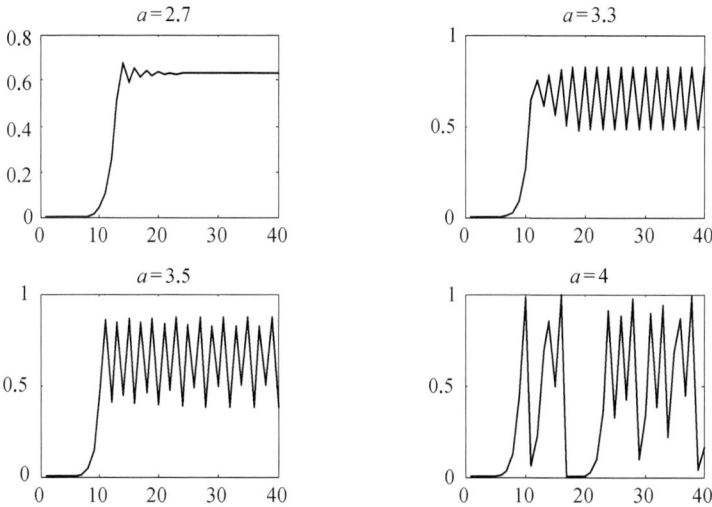

图 3.12　迭代序列联结图

$a = 2.7$. 序列随 n 的增大趋于常数, 该常数 $(1 - 1/a \approx 0.63)$ 就是 $f(x)$ 的不动点, 也就是说, 经过若干代的繁衍后, 生物群体的总数趋于平稳状态.

$a = 3.3$. 曲线出现了以 2 为周期的振荡, $f(x)$ 出现了 2 周期点, 即生物群体总数不再是一个稳定的值, 呈现出以两年为周期的高低交替的振荡摇摆. 这种倍周期现象在客观世界比较常见. 譬如, 果树的收成往往以两年为周期的轮换, 高速公路上常见以两星期为周期的交通阻塞. 一般地, 在鼓励和抑制两种因素起作用的过程中,在考虑了"过犹不及"的模型里,都有出现倍周期分岔和更复杂的动力学行为.

$a = 3.5$. 发生了第二次倍周期分岔,诞生了周期 4 轨道.生物群体总数出现了以 4 年为一个周期的跳跃.从最初的每年一个周期变成 2 年一个周期再成为 4 年一个周期,所造成的周期行为是有规律的.

$a = 4$. 轨道的变化十分剧烈,看不出它的规律了.

再用迭代函数 $f(x)$,$f^2(x)$,$f^4(x)$ 的图像对上面的情况作进一步的研究.

如图 3.13 所示,$a = 2.7$.$f(x)$ 的一个不动点为 M,可以求得横坐标 $x^* = 0.62963$,$|f'(x^*)| = |2-a| = 0.7 < 1$,$x^*$ 为吸引不动点;$f(x)$ 的另一个不动点为原点 O,该点是排斥不动点.

$a = 3.3$. $f^2(x)$ 的两个不动点为 M 和 N,也就是 $f(x)$ 的两个 2 周期点,令 $f^2(x) = x$,且 $f(x) \neq x$,得 2 周期点:

$$x^*_{1,2} = \frac{1}{2a}\left[(a+1) \pm \sqrt{(a+1)(a-3)}\right]$$

计算可得其值 $x^*_1 = 0.823603$,$x^*_2 = 0.479427$.

$a = 3.0$. 用上式计算 $f^2(x)$ 的不动点得 $x^* = x_{1,2} = 2/3 = 0.666667$,且

$$\frac{\mathrm{d}}{\mathrm{d}x}f^2(x^*) = \frac{a^2}{27}(4a-9)\bigg|_{a=3} = 1$$

即 $y = f^2(x)$ 与 $y = x$ 相切于 $M(2/3, 2/3)$.将此图与图 3.12 相对照可以知道,从周期 1 到周期 2 轨道的分水岭是模型(3.28)中的参数 $a = 3$.

$a = 3.5$. $y = f^4(x)$ 与直线 $y = x$ 的几个交点中,经计算后可知,只有 M,N,P 和 Q 是四个 4 周期点($y = f^4(x)$ 与 $y = x$ 共有 8 个交点),这就是前图中出现 4 周期的原因.

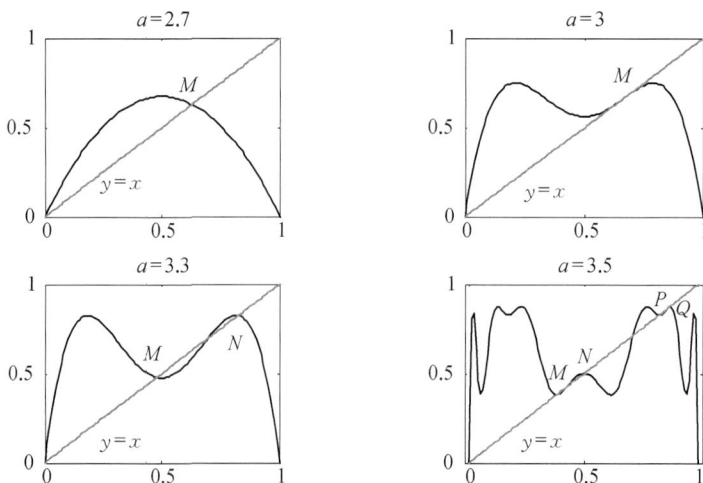

图 3.13 迭代函数图

3) 周期分叉图

从前面的分析中我们已经知道,模型(3.28)中参量 a 的变化,会引起迭代序列 $\{x_n\}$(即轨道 $O^+(x)$)性态的变化. 为了更清楚地了解这个变化过程,从某个 n 开始,我们再以参量 a 为横轴,将点列 $(a, f^n(x))$ 绘在 xOy 坐标面上,展现在我们面前的就是著名的周期分叉图(图 3.14 和图 3.15),表现出轨道 $O^+(x)$ 随参量 a 的变化出现的分叉现象(Bifurcation Phenomenon).

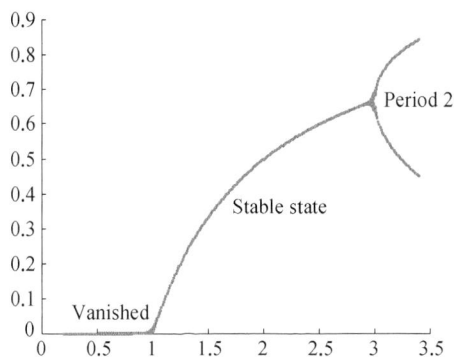

图 3.14　$0.2 \leqslant a \leqslant 3.4$

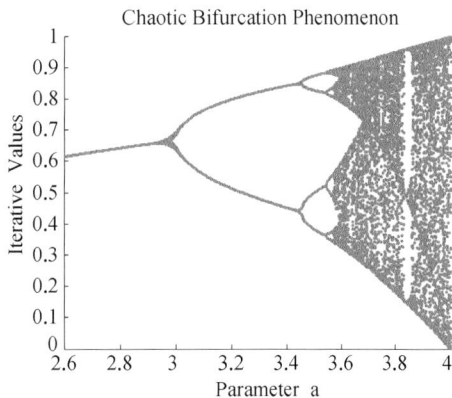

图 3.15　$2.2 \leqslant a \leqslant 4$

为使读者能够看得更清楚,我们将分叉图形用 $0 < a < 3.4$ 和 $2.2 < a < 4$ 两幅图输出.

当 $a \in (0, 1)$ 时,$x = 0$ 是 $f(x)$ 的唯一吸引不动点,且 $\lim\limits_{n \to \infty} x_n = 0$,随着时间的推移,物种最终走向灭绝.

当 $a \in (1, 3)$ 时,$x^* = 1 - \dfrac{1}{a}$ 是 1 周期点(吸引不动点),迭代序列 $x_n \to x^*$ $(n \to \infty)$,图形没有出现分叉,且物种的总数维持在一个稳定的水平上. 一般地,我们将某一范围内稳定的周期解称为周期窗口,则 $1 < a < 3$ 就是周期 1 窗口.

当 $a = a_1 = 3$ 时,单线开始一分为二,当 $a > 3$ 时原有的 1 周期点失去了稳定性,成为排斥不动点,出现了 2 周期点. 以 $a = 3.3$ 为例,两个 2 周期点是 $x_1^* = 0.823\,603$ 和 $x_2^* = 0.479\,427$,迭代序列开始在这两个点之间摇摆,就是 $x_{2k-1} \to x_1^*$,$x_{2k} \to x_2^*$. 这样就产生了第一次倍周期分叉(Period-doubling Bifurcation). 当 a 值越过 $a_2 = 1 + \sqrt{6} \approx 3.4494\cdots$ 时,2 周期点失稳,产生了 4 周期点,迭代序列在 4 个点之间摇摆,出现了第二次倍周期分叉,曲线分为 4 支;即 $3 < a < 1 + \sqrt{6}$ 就是周期 2 窗口.

当 a 增大至 $a_3 = 3.5440\cdots$ 时,曲线分为 8 支. 由于分辨率的限制,我们无法看清楚图形的细节,但可以肯定的一个事实就是:大量的倍周期分叉出现在越来越窄

的 a 的间隔里,经过 n 次分叉,周期长度成为 2^n.这种过程称为倍周期分叉.相应的分叉值构成一个单调增加的数列 $\{a_k\}$(表 3.12).

研究表明,分叉值 a_k 的极限值记为 a_c: $a_c = 3.569\,945\,672\cdots$.

每次倍周期分支所得的周期解是稳定的.对于任何的 $x_0 \in (0,1)$,它的轨道将在这个周期解的附近徘徊,当 $a \to a_c$ 时,周期成为无限长,实质上便是非周期,这样 x_0 的轨道 $O^+(x_0)$ 已经没有什么规律可循,呈现出混沌的特征.数值 a_c 是有序与无序的分水岭,也就是说,当 a 跨过 a_c 进入区间 $[a_c, 4]$ 内,轨道就进入了混沌区.

在混沌区间 $[a_c, 4]$ 内,还存在有许多周期窗口,例如,在 3.8284 与 3.8568 之间就是周期 3 窗口,在这个窗口内仍可以看到倍周期分叉现象.

表 3.12 抛物线映射的分叉值序列

k	a_k	k	a_k
1	3	7	3.569 891 259 4
2	3.449 489 742 8	8	3.569 934 018 374
3	3.544 090 350 6	9	3.569 943 176 048
4	3.564 407 266 1	10	3.569 945 137 342
5	3.568 759 419 6	11	3.569 945 557 391
6	3.569 691 609 8	∞	3.569 945 672

绘制分叉混沌图(图 3.14 和图 3.15)的 Matlab 程序如下.

程序 3.1 周期分叉图

```
clear,clf
n0 = 50;n = 170;              % 迭代 170 次,抛弃前 50 次的值
x0 = 0.2;                     % 初始值
hold on
for  a = 2.6:0.004:4
   x = fixedpoint(a,x0,n);
   x1 = a * ones(1,n - n0);
   x2 = x(n0 + 1:n);
   plot(x1,x2,'r.','MarkerSize',0.5)
end
hold off
title('Chaotic Bifurcation Phenomenon')
xlabel('Parameter  a')
ylabel('Iterative  Values')
```

程序中的 fixedpoint(a, x0, n)是为计算 Logistic 模型(3.28)设计的迭代程序,作为 M 文件存放在本程序的目录内,作为练习,请读者自行完成这一程序.

20 世纪 70 年代,美国物理学家 M.J. Feigenbaum 对倍周期分叉序列 $\{a_n\}$ 作了

细致的观察和研究,他考察了序列 $\delta_n = \dfrac{a_n - a_{n-1}}{a_{n+1} - a_n}$ $(n = 2, 3, 4, \cdots)$(表 3.13),发现 δ_n 收敛到一个常数 $\delta = 4.669\,201\,609\cdots$,这意味着分叉序列 $\{a_n\}$ 向其极限 a_c 的逼近速度是几何级数的.δ 就是著名的 Feigenbaum 第一常数.

表 3.13　δ_n 的收敛状况

k	$a_k - a_{k-1}$	$(a_k - a_{k-1})/(a_{k+1} - a_k)$
2	0.449 489 742 8	4.751 446 218
3	0.094 600 616 8	4.656 251 098
4	0.020 316 906 5	4.668 242 211
5	0.004 352 153 5	4.668 739 481
6	0.000 932 190 3	4.669 139 090
7	0.000 199 649 6	4.669 186 906
8	0.000 042 758 962	4.669 194 624
9	0.000 009 157 674	4.669 200 104
10	0.000 001 961 294	4.669 198 387
11	0.000 000 420 049	

3.2.4　混沌的特性

说到"混沌",不禁使人联想起传说中所描述的宇宙形成之初混乱无序的景象,鸿蒙初辟,无日无月,无生无死,真所谓"天地伊始,混沌初开".在这里,"混沌"作为科学术语,它有着特定的含意.它是用来描述非线性过程中所出现的某种混乱无序的复杂现象,如我们这里讨论的 Logistic 模型轨道的复杂形态.

究竟什么是混沌,数学上至今还没有一致的严格定义.在 1975 年《美国数学月刊》上发表的一篇文章《周期 3 蕴含着混沌》第一次引入了"混沌"概念.我们在这里不想过多地涉及它的数学定义,只打算就混沌的性质作一个简单直观的介绍.

1. 映射的遍历性

当参数 $a \in (a_c, 4)$ 时,对任意的 $x_0 \in (0, 1)$,经映射 f 的迭代,轨道 $O^+(x_0)$ 不再趋向于任何稳定的周期轨道,它可以逼近 $(0, 1)$ 中的任意点 x 到任意精度无穷多次.映射 f 的行为遍历了区间 $(0, 1)$,点 $f^n(x_0)$ 在 $(0, 1)$ 上随机地徘徊,走访每个点无穷多次.

2. 映射对初值变化的敏感依赖性

对初始值的敏感依赖性,意味着无论初始点 x 和点 y 离得多么近,在 f 的作用下两者的轨道都可能分开较大的距离,而且这样的点 y 在点 x 的邻域内有无穷多个.

对初始条件的敏感依赖性,这是混沌映射的核心.

下面做一个不太严格的数值迭代实验.在模型中,取 $a = 4$,三个相差仅为百万分之一的初值作迭代运算,为了尽可能地减少截断误差,我们使用了 Matlab 的符号运算工具箱,迭代结果见表 3.14.

表 3.14 不同初值下的迭代运算结果

迭代次数	初值与迭代值		
0	0.1	0.100 001	0.100 002
1	0.360 000 000 000 000 00	0.360 003 199 996 000 00	0.360 006 399 983 999 96
2	0.921 600 000 000 000 00	0.921 603 583 954 559 99	0.921 607 167 818 240 81
3	0.289 013 760 000 000 06	0.289 001 671 986 681 14	0.288 989 584 177 126 89
4	0.821 939 226 122 649 80	0.821 918 822 302 335 59	0.821 898 417 657 032 75
5	0.585 420 538 734 197 41	0.585 473 087 389 909 10	0.585 525 634 839 593 96
6	0.970 813 326 249 437 94	0.970 777 405 328 147 82	0.970 741 463 141 137 73
7	0.113 339 247 303 761 21	0.113 474 538 529 987 24	0.113 609 899 518 963 44
8	0.401 973 849 297 512 28	0.402 392 270 541 574 78	0.402 810 761 001 017 92
9	0.961 563 495 113 812 78	0.961 890 924 599 883 45	0.962 217 007 291 195 08
10	0.147 836 559 913 285 28	0.146 627 095 089 059 10	0.145 421 752 683 085 24
11	0.503 923 645 865 163 58	0.500 510 360 299 212 47	0.497 097 066 118 659 33
12	0.999 938 420 012 499 10	0.999 998 958 129 459 93	0.999 966 291 899 522 24
13	0.000 246 304 781 624 12	0.000 004 167 477 818 27	0.000 134 827 856 966 88
14	0.000 984 976 462 314 70	0.000 016 669 841 801 62	0.000 539 238 713 663 47

下面观察各个相应结果之间的差异.

初值 $x_0 = 0.1$ 与 $x_0 = 0.100\,001$ 之间的差值仅为百万分之一,其两两之比约等于 1,经迭代后,相应的迭代值之比成为下面的数组:[1.000, 1.000, 1.000, 1.000, 0.9998, 1.000, 0.9982, 0.9990, 0.9997, 1.008, 1.007, 0.9999, 59.11, 59.09]. 对于 $n = 13$ 或 14,前者竟是后者的 59 倍.

初值 $x_0 = 0.1$ 与 $x_0 = 0.100\,002$ 之间的差值为百万分之二,相应的迭代值之比的结果是:[1.000, 1.000, 1.000, 1.000, 1.000, 1.000, 1.000, 1.000, 1.000, 1.017, 1.014, 1.000, 1.827, 1.827]. 结果差别不大,近似 1∶1.

表现出在混沌状态下,系统对初值的敏感依赖性和长期不可预测的内在随机性.

所以我们说,"可以计算"的事物并不一定是"可以预料的",长期的确定性的运动与随机运动有时是很相似的.

可以认为,我们这里讨论的所谓混沌,就是指像模型(3.28)那样的确定性系统中出现的一种貌似无规则的,类似随机的现象. 从数学上讲,对任何一个确定性系统模型,若给定了一个初始值,我们就可以推导或计算出它在任何一点的性态. 但是,当 $a \in (a_c, 4)$ 时,即使初值产生极其微小的变化,系统的长期性态也会发生很大的变化,也就是说,系统对初值的依赖十分敏感. 在气象学上有一个说法,就是所谓的"蝴蝶效应":巴西境内的一只蝴蝶扇动翅膀,可能引起得克萨斯州的一场龙卷风.长期天气预报必然不准确.

上 机 练 习

1. 对于初值 $x_0 \in (0, 1)$,用蜘蛛网迭代法做出 Logistic 模型的轨道.
   (1) 参数 a 取值于区间 (a_k, a_{k+1}),$k = 1, 2, 3$;
   (2) 参数 a 取值于 3.8284 与 3.8568 之间,观察周期 3 窗口;
   (3) 取 $a \in (a_c, 4)$.
   对于上述参数 a 的值,研究迭代序列的表现进行考察.
2. 对于初值 $x_0 \in (0, 1)$,用统计方法研究 Logistic 迭代序列.
   (1) 取参数 $a = 4.0$,记录前 100 次的迭代数据.将区间[0, 1]划分为 10 个等宽子区间,统计迭代序列落在各小区间的次数,做出统计表,迭代序列在[0, 1]区间分布得均匀吗? 分布是否与初值有关?
   (2) 直方图是研究数据分布的工具,作直方图的命令是 hist,请通过 help 查询 hist 的使用方法,并按下面的要求作 Logistic 模型迭代序列 $\{x_n\}$ 的直方图:将区间[0, 1]划分为 400 等份,迭代次数 $n = 10\,000$,初始值 $x_0 \in (0, 1)$,参数 a 的值分别取 3.3,3.45,3.55,3.835,4.0,研究从 x_0 出发的 $\{x_n\}$ 的分布.
3. 作出抛物线映射 $x_{n+1} = 1 - \mu x_n^2 (\mu \in (0, 2), x \in [-1, 1])$ 的分支混沌图.

3.3 分 形 作 图

分形几何学是美籍法国数学家 Mandelbrot 创立的一门以"不规则"几何形态为研究对象的几何学,由于"不规则"现象在自然界是普遍存在的,因此分形几何又称为描述大自然的几何学.分形几何建立以后,很快就引起了许多学科的关注,其应用遍及自然科学和社会科学的各学科,甚至在电影、美术和音乐领域都有它的应用.

本讲介绍几类典型的分形结构以及用计算机生成分形图形的基本方法,使大家在欣赏美丽的分形图案的同时对分形几何学这门学科有一个直观的了解,并从艺术和哲理的高度去理解这门学科,以激发读者探询科学真理的兴趣.

3.3.1 由生成元产生的分形图形

由生成元产生的分形是一种规则分形,是数学家们按一定规则构造出来的,相当于物理学中的模型,人们用这些人为构造出来的分形图形来说明自然界中的实际问题.早在一百多年前,就有一些数学家构造出一些边界形状极不光滑的图形,这些图形长期以来被视为"病态"图形,只有当人们需要用到反例时才想到它们.这类图形有 Cantor 三分集、Koch 曲线、Sierpinski 垫片等,它们的构造方式都有一个共同特点,即最终图形 F 都是按照一定规则通过对初始图形 F_0 不断修改得到的,其组成部分与整体具有某种方式的相似性,称为自相似.

1. Cantor 三分集

德国数学家康托尔(G. Cantor,1845~1918)在 1883 年曾构造了一种三分集,人们称为 Cantor 三分集.

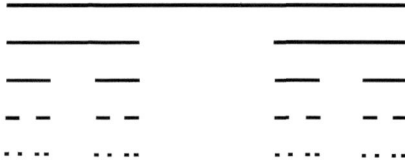

图 3.16 Cantor 三分集

Cantor 三分集的生成方法是:选取一条直线段 F_0,将该线段三等分,去掉中间一段,剩下两段.将剩下的两段分别再三等分,各去掉中间的一段,剩下四段.将这样的操作继续进行下去,直至无穷,则可得到一个离散的点集.这样的点集称为 Cantor 三分集,如图 3.16 所示.

1) 作图步骤

(1) 确定端点坐标.如图 3.17 所示,给定初始线段的两个端点位置坐标(ax,ay)和(bx,by).按照 Cantor 三分集的生成规则,(ax,ay)—(bx,by)为初始线段,去掉中间的线段所剩下的两条线段是(ax,ay)—(cx,cy)和(dx,dy)—(bx,by),以后的每一步迭代都遵从这一规则.

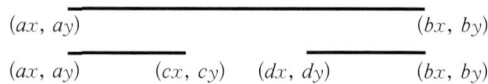

图 3.17

(2) 确定各关键点的坐标.$cx = ax + (bx - ax)/3$,$cy = ay - d$,$dx = bx - (bx - ax)/3$,$dy = by - d$,$ay = ay - d$,$by = by - d$.其中,d 为常数,表示两层线段的间距.

(3) 确定新点坐标.为方便编程,采用递归算法,将计算出来的新点分别对应于点(ax,ay)和(bx,by),即

$$ax \leftarrow ax,\ ay \leftarrow ay,\ bx \leftarrow cx,\ by \leftarrow cy$$
$$ax \leftarrow dx,\ ay \leftarrow dy,\ bx \leftarrow bx,\ by \leftarrow by$$

然后再利用(2)的关系计算下一级新点(cx,cy)和(dx,dy),循环往复,直到遇到结束命令.

(4) 给定一个量 limit,为三分集直线长度的最小精度,当 $|bx - ax| >$ limit 时,绘出线段;否则,发出结束命令.

2) 作图程序

程序 3.2 Cantor 三分集

```
function cantor(ax,ay,bx,by,limit)        % 输入量为初始点的坐标,终止长度
l = abs(bx - ax);                         % 求长度
d = 0.5;                                   % d 值可取任何非零数
u = [ax,ay;bx,by];
```

```
if(l > limit)
    plot(u(:,1),u(:,2),'LineWidth',3)        % 连接端点
    axis off
    hold on
    cx = ax + (bx - ax)/3;                    % 计算端点坐标
    cy = ay - d;
    dx = bx - (bx - ax)/3;
    dy = by - d;
    ay = ay - d;
    by = by - d;
    cantor(ax,ay,cx,cy,limit);                % 调用自身
    cantor(dx,dy,bx,by,limit);
end
```

在命令窗口内键入 cantor$(0,0,1,0,0.005)$，画出 Cantor 三分集分形图如图 3.18 所示.

3）程序说明

（1）Cantor 三分集的构成就是一个自我相似、自我复制的过程，本程序使用直接调用自身的方式实现递归过程.

（2）作图步骤（3）实施的是变量传递，它使得规则得以延续下去，从而实现递归.

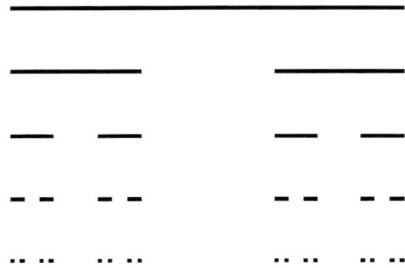

图 3.18　Cantor 三分集

2. Koch 曲线

Koch 曲线由瑞典数学家科赫（H. von Koch，1870～1924）于 1904 年提出. 其生成方法是：先给定一条直线段 F_0，将其三等分，保留两端的线段，将中间的一段用以该线段为边的等边三角形的另外两条边代替，得到图形 F_1. 然后，再对 F_1 中的每一段都按上述方法修改，直至无穷. 最后得到一条具有自相似结构的折线，这就是所谓的 Koch 曲线，如图 3.19 所示.

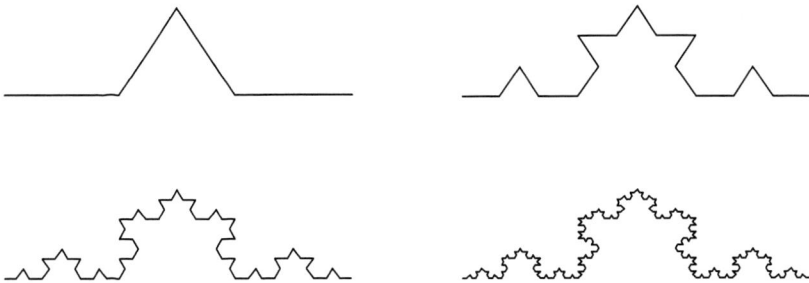

图 3.19　Koch 曲线

图 3.20 是 Koch 曲线生成规则的一个设计示意图. 其中,(ax, ay),(bx, by),(cx, cy),(dx, dy),(ex, ey) 分别是各关键点的坐标,α 为线段隆起的角度,L 为曲线中每一线段的长度.

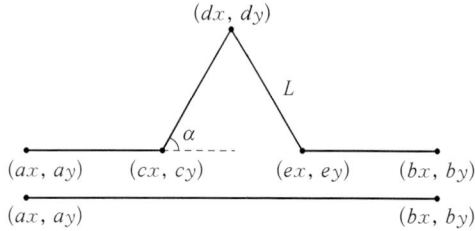

图 3.20　Koch 曲线示意图

1) 作图步骤

(1) 确定各关键点的坐标. 由图 3.20,给定初始线段(ax, ay)—(bx, by),按 Koch 曲线的生成规则计算各关键点的坐标: $cx = ax + (bx - ax)/3$, $cy = ay + (by - ay)/3$, $ex = bx - (bx - ax)/3$, $ey = by - (by - ay)/3$, $L^2 = (ex - cx)^2 + (ey - cy)^2$, $\tan\alpha = (ey - cy)/(ex - cx)$, $dx = cx + L\cos(\alpha + \pi/3)$, $dy = cy + L\sin(\alpha + \pi/3)$.

(2) 确定新点坐标. 采用递归算法,将计算出来的新点分别对应于点(ax, ay)和(bx, by),即

$$ax \leftarrow ax, \ ay \leftarrow ay, \ bx \leftarrow cx, \ by \leftarrow cy$$
$$ax \leftarrow ex, \ ay \leftarrow ey, \ bx \leftarrow bx, \ by \leftarrow by$$
$$ax \leftarrow cx, \ ay \leftarrow cy, \ bx \leftarrow dx, \ by \leftarrow dy$$
$$ax \leftarrow dx, \ ay \leftarrow dy, \ bx \leftarrow ex, \ by \leftarrow ey$$

然后再利用(2)的关系计算下一级新点(cx, cy)和(dx, dy),循环往复,直到遇到结束命令.

(3) 给定一个量 limit,为折线长度的最小精度,当 $L>$limit 时,计算并保存各个关键点的坐标;否则,就释放出这些坐标,绘出折线段,然后发出结束命令.

2) 作图程序

程序 3.3　Koch 曲线

```
function koch(ax,ay,bx,by,limit)        %输入量为初始点的坐标和终止长度
u = [ax,ay;bx,by];
l = sqrt((bx - ax)^2 + (by - ay)^2);    %求长度
if(l < = limit)
    axis equal
    plot(u(:,1),u(:,2))                 %画连线
    axis off
    hold on
```

```
          else
              cx = ax + (bx − ax)/3;              % 计算 c 点的坐标
              cy = ay + (by − ay)/3;
              ex = bx − (bx − ax)/3;              % 计算 e 点的坐标
              ey = by − (by − ay)/3;
              l = sqrt((ex − cx)^2 + (ey − cy)^2);
              alpha = atan((ey − cy)/(ex − cx));
              if (ex − cx) < 0
                  alpha = alpha + pi;
              end
              dx = cx + cos(alpha + pi/3) * l;    % 计算 d 点坐标
              dy = cy + sin(alpha + pi/3) * l;
              koch(ax,ay,cx,cy,limit);            % 递归调用
              koch(ex,ey,bx,by,limit);
              koch(cx,cy,dx,dy,limit);
              koch(dx,dy,ex,ey,limit);
          end
```

在命令窗口键入 koch$(0,0,1,0,$
$0.02)$, 绘出的 Koch 分形曲线如图
3.21 所示.

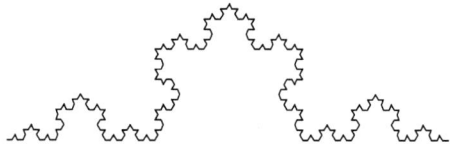
图 3.21 Koch 分形曲线

3) 程序说明

(1) $\tan \alpha$ 是线段(cx, cy)—(ex, ey)的斜率. 在递归计算的过程中, 两条折线间的夹角保持 $\pi/3$ 不变, 但 α 是变化的, 确定了 α 就可以确定坐标(dx, dy).

(2) 本程序与作 Cantor 三分集的程序 3.2 有所不同, 程序 3.2 要画出 Cantor 三分集每一层次的结构, 它的绘图命令是在线段长度大于 limit 时执行, 而本程序是绘 Koch 曲线递归的最后一次的结果, 所以, 它的绘图命令要在线段长度不大于 limit 时执行.

(3) Koch 分形曲线的规则是一条直线段变成四段, 所以要用 4 次递归调用, 分别确定各自线段的位置和形状.

3. Koch 雪花

Koch 分形曲线的生成元是直线段, 最终结果却是一条参差不齐的曲线, 很像雪花的边沿, 将三条这样的曲线围在一起, 得到的就是 Koch 雪花图形. 因此, 我们只要调用三次 Koch 曲线程序 3.3, 就可以绘出 Koch 雪花(图 3.22).

只需在命令窗口里键入:

```
    koch(1,0,0,0,limit),
    koch(0,0,1/2,sqrt(3)/2,limit),
    koch(1/2,sqrt(3)/2,1,0,limit)
```

其中, limit 依次取 1, 0.34, 0.12, 0.038, 0.02, 0.0124 得到的图形如图 3.22 所示.

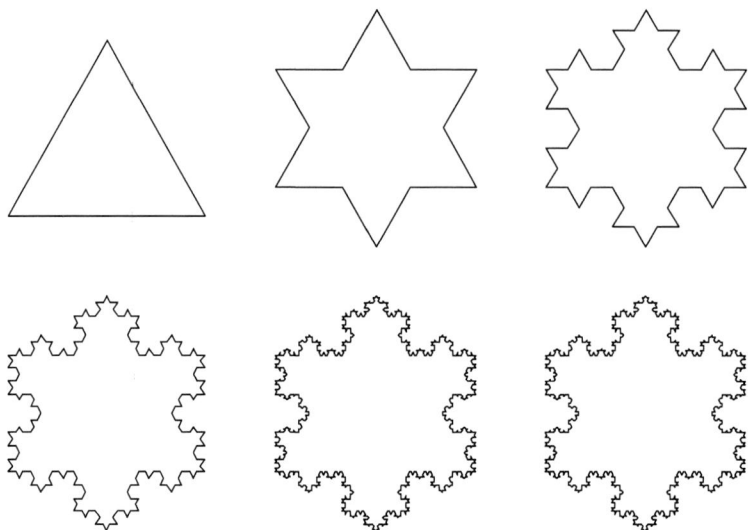

图 3.22 Koch 雪花

4. Sierpinski 垫片

Cantor 三分集和 Koch 曲线的生成元都是一条直线段,波兰数学家谢尔宾斯基(W. Sierpinski,1882～1969)于 1915 年将上述构造方法推广到了平面,他从一个等边三角形出发,作出了一个有趣的图形,构造过程如下:首先,将一个正三角形等分为 4 个小的正三角形,舍去中间的一个,将余下 3 个正三角形中的每一个再等分为 4 个更小的正三角形,再分别舍去各自中间的一个,进一步再将余下的 9 个正三角形分别按同样的方法操作取舍,如此反复操作下去,直至无穷. 最后所得图形就是 Sierpinski 三角形,或称为 Sierpinski 垫片,如图 3.23 所示.

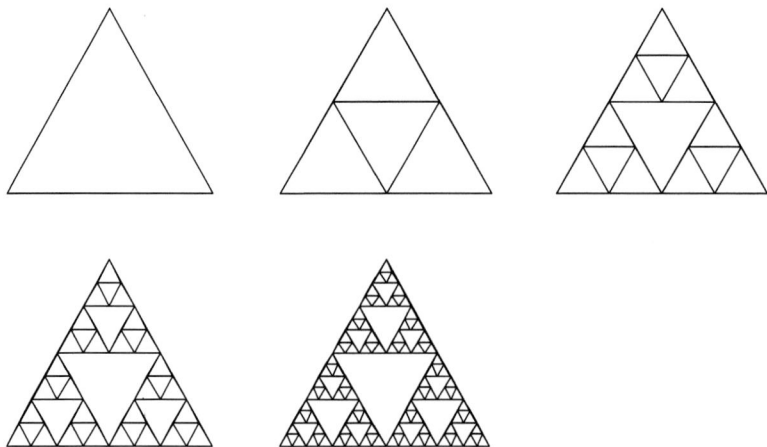

图 3.23 Sierpinski 三角形

Sierpinski 垫片的每一个小部分上都与整体相同,这也是一个典型的自相似图形.

1) 作图步骤

(1) 给出初始三角形 3 个顶点坐标 $(x_1,y_1),(x_2,y_2),(x_3,y_3)$,画出初始三角形.

(2) 计算各边的中点坐标. $ax=(x_1+x_2)/2, ay=(y_1+y_2)/2$; $bx=(x_2+x_3)/2, by=(y_2+y_3)/2$; $cx=(x_1+x_3)/2, cy=(y_1+y_3)/2$. 画线连接各边中点.

(3) 当三角形某边边长大于某设定值时,画出该三角形;否则,发出结束命令.

2) 作图程序

程序 3.4 Sierpinski 垫片

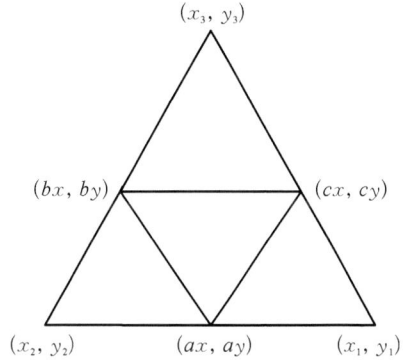

图 3.24 Sierpinski 垫片示意图

```
function sierpinski(x1,y1,x2,y2,x3,y3,limit)      % 三角形三个初始顶点的坐标
                                                   和终止条件
u = [x1,y1;x2,y2;x3,y3;x1,y1];
l1 = sqrt((x2 − x1)^2 + (y2 − y1)^2);
l2 = sqrt((x3 − x1)^2 + (y3 − y1)^2);
l3 = sqrt((x3 − x2)^2 + (y3 − y2)^2);
l = max([l1,l2,l3]);
if(l > limit)
    plot(u(:,1),u(:,2))
    axis off
    hold on
    ax = (x1 + x2)/2;                             % 计算各边的中点坐标
    ay = (y1 + y2)/2;
    bx = (x2 + x3)/2;
    by = (y2 + y3)/2;
    cx = (x1 + x3)/2;
    cy = (y1 + y3)/2;
    sierpinski(x1,y1,ax,ay,cx,cy,limit);          % 递归调用
    sierpinski(ax,ay,x2,y2,bx,by,limit);
    sierpinski(cx,cy,bx,by,x3,y3,limit);
end
```

在命令窗口键入 sierpinski(0,0,4,0,3,3,0.1),运行结果如图 3.25 所示.
本程序可以画以任意三角形为生成元的 Sierpinski 垫片.

图 3.25　Sierpinski 垫片

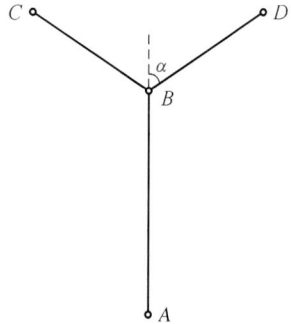

图 3.26　分形树一的生成元

5. 分形树

观察树的构形,一根主干生出两个侧支,每个侧支又各自生出两个支干,依此类推,构成疏密相间、错落有致的结构.

这样的结构,就是一种部分与整体的自相似性.以下讨论用生成元的递归方式模拟树的形状,称之为分形树.

分形树一

1) 作图步骤

(1) 确定各关键点的坐标.图 3.26 是树的生成元,用生成元的递归方式模拟树的形状,就是将这个生成元在每一个层面上不断地重复.

设 A 点坐标为 (x_0, y_0),B 点坐标为 (x_1, y_1),主干长 $|AB| = L$,支干与主干间的夹角为 α(度).

记 $C(x_2, y_2)$,$D(x_3, y_3)$,$|BC| = |BD| = L/\lambda$ $(\lambda > 1)$. 则

$$x_2 = L + |BC| \cos\left(\frac{\pi}{2} + \alpha\right), \qquad y_2 = L + |BC| \sin\left(\frac{\pi}{2} + \alpha\right)$$

$$x_3 = L + |BD| \cos\left(\frac{\pi}{2} - \alpha\right), \qquad y_3 = L + |BD| \sin\left(\frac{\pi}{2} - \alpha\right)$$

(2) 画主干 AB,连分支 BC 和 BD.

(3) 重复以上过程,直至完成指定的递归次数.

2) 作图程序

程序 3.5　分形树一

```
function tree1(alpha,limit)
a = 0;                                    %A 点位置
L = 1;lambda = 1.5;
alpha = alpha/180 * pi;
jd = pi/2;
b = L * i;                                %B 点位置
```

```
plot([a,b])                                    %画主干 AB
hold on
recursion(alpha,lambda,b,jd,L,limit);
function recursion(alpha,lambda,b,jd,L,limit)
c = b + L * exp(i * (jd + alpha));             %求 C 点坐标
d = b + L * exp(i * (jd − alpha));             %求 D 点坐标
plot([c,b,d])                                  %画分支
if(L > limit)
    jd = jd + alpha;
    L = L/lambda;
    recursion(alpha,lambda,c,jd,L,limit);
    jd = jd − 2 * alpha;
    recursion(alpha,lambda,d,jd,L,limit);
    jd = jd + alpha;
    L = L * lambda;
end
```

在命令窗口键入 tree1(22.5, 0.03),分形树如图 3.27 所示,图 3.28 是夹角 $\alpha = 45°$ 时产生的分形树,它已经超越了自然界中树的形象,成为了一种装饰图案.

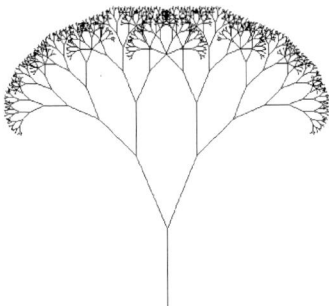

图 3.27　分形树（$\alpha = 22.5°$）

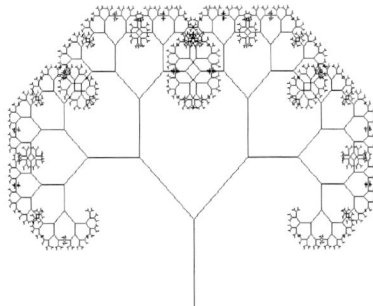

图 3.28　分形树（$\alpha = 45°$）

分形树二

如果将分形树一的生成元再增加一个分支,变成图 3.29(a)所示的生成元,图 3.29(a)分形树的程序中引进了两个角度,一个是支干与主干间的夹角为 α(度),另一个是主干与垂直方向的夹角 β(度),以表现树枝随风摇曳的效果,与现实中的树比较贴近(图 3.29(b)和(c)).

程序 3.6　分形树二

```
function tree2(alpha,beta,limit)
a = 0;                                          %A 点位置
L = 1;jd = pi/2;
alpha = alpha/180 * pi;
```

147

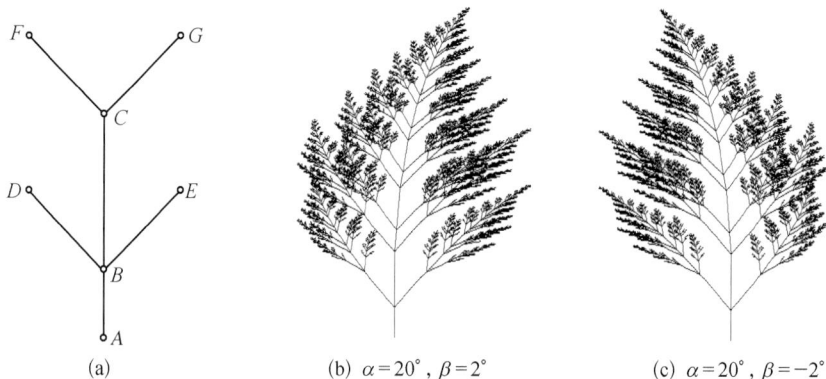

| (a) | (b) $\alpha = 20°$, $\beta = 2°$ | (c) $\alpha = 20°$, $\beta = -2°$ |

图 3.29　分形树二的生成元与生成树

```
beta = beta/180 * pi;
recursion(alpha,beta,a,L,limit,jd);
axis off
function recursion(alpha,beta,a,L,limit,jd)
s1 = 0.34;                                    % 分支缩放的倍数
s2 = 0.75;                                    % 主干顶点处出发的枝干的缩放倍数
b = a + L * s1 * exp(i * (jd));               % 各点的位置
e = b + L * s1 * exp(i * (jd - alpha));
d = b + L * s1 * exp(i * (jd + alpha));
c = a + L * exp(i * (jd));
g = c + L * s1 * exp(i * (jd - alpha));
f = c + L * s1 * exp(i * (jd + alpha));
plot([a,b,b,e,b,d,b,c,c,g,c,f])
hold on
if(L > limit)
    jd = jd - beta;
    L = L * s2;
    recursion(alpha,beta,c,L,limit,jd);
    jd = jd - alpha;
    L = L/s2 * s1;
    recursion(alpha,beta,g,L,limit,jd);
    recursion(alpha,beta,e,L,limit,jd);
    jd = jd + 2 * alpha;
    recursion(alpha,beta,f,L,limit,jd);
    recursion(alpha,beta,d,L,limit,jd);
    jd = jd - alpha;
end
```

148

图 3.29 分形树(b)的绘图参数：$\alpha = 20°, \beta = 2°$, limit $= 0.04$,分形树(c)的 $\beta = -2°$.

3.3.2 由迭代函数系(IFS)所生成的分形图形

迭代函数系统(Iterated Function System, IFS)是分形理论的一个重要分支, 是生成分形图形的另一种方法.

IFS 将待生成的图形看成是由对整体进行仿射变换后形成的小块拼贴而成的. 仿射变换的数学表达式为

$$\omega: \begin{cases} x' = ax + by + e \\ y' = cx + dy + f \end{cases} \tag{3.33}$$

其中,ω 表示仿射变换,(x, y)是变换前点的坐标,(x', y')是变换后点的坐标,a, b, c, d, e, f 是变换系数. 仿射变换包括对图形的缩放、平移、旋转、翻转、镜射等基本变换及其复合.

1. Sierpinski 垫片的 IFS 生成

Sierpinski 垫片的作法是,将$\triangle ABC$ 等分为 4 个小的三角形,去掉中间的一个,剩下 3 个标记为①,②,③的小三角形. 小三角形①,②,③与原$\triangle ABC$ 有什么关系呢?

从图 3.30 可以看到每一个小三角形的变化过程. 小三角形①是原$\triangle ABC$ 在 x, y 方向上同时缩小 1/2 形成的;以点 A 为参考,小三角形②除了边长是原$\triangle ABC$ 的一半以外,还在 x 方向平移了原三角形在 x 方向长度的 1/2;同样以点 A 为参考,小三角形③边长缩小了一半,同时,它在 x 方向平移了原三角形在 x 方向长度的 1/4,还在 y 方向平移了原三角形在 y 方向长度的 1/2.其数学表达式可以写成

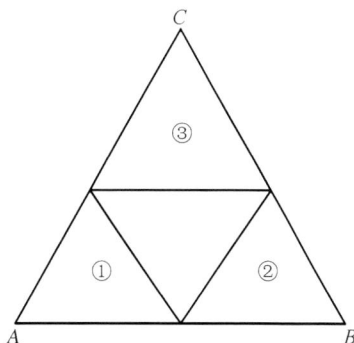

图 3.30 Sierpinski 垫片不同层次的对应关系

$$① \begin{cases} x' = 0.5x \\ y' = 0.5y \end{cases}$$

$$② \begin{cases} x' = 0.5x + 0.5 \\ y' = 0.5y \end{cases}$$

$$③ \begin{cases} x' = 0.5x + 0.25 \\ y' = 0.5y + 0.5 \end{cases}$$

其中,(x, y)为原图坐标,(x', y')为新图坐标.

按(3.33)式,Sierpinski 垫片可以用 3 个仿射变换来表示:

$$\omega_1: \begin{cases} x' = 0.5x + 0y + 0 \\ y' = 0.5x + 0y + 0 \end{cases}$$

$$\omega_2 : \begin{cases} x' = 0.5x + 0y + 0.5 \\ y' = 0x + 0.5y + 0 \end{cases}$$

$$\omega_3 : \begin{cases} x' = 0.5x + 0y + 0.25 \\ y' = 0x + 0.5y + 0.5 \end{cases}$$

由于生成 3 个小三角形的可能性相同,就是 ω_1,ω_2,ω_3 出现的概率相同,即 $p_1 = 1/3$,$p_2 = 1/3$,$p_3 = 1/3$,并且 $p_1 + p_2 + p_3 = 1$.

由此可见,对于一个比较复杂的图形,需要一族仿射变换 $\{\omega_n\}$ 才能实现,不同的仿射变换系数决定了不同的变换,不同的变换决定了图形的不同形状;同时,每个仿射变换按某个概率值 p 被调用,完成图形变换的 n 个仿射变换的概率之和应该满足 $p_1 + p_2 + \cdots + p_n = 1$ ($0 < p_i < 1$,$i = 1, 2, \cdots, n$). 这样,称变换系数 a, b, c, d, e, f 和概率值 p 为仿射变换的 IFS 码.

Sierpinski 垫片的 IFS 码见表 3.15.

表 3.15　Sierpinski 垫片的 IFS 码

ω_i	a	b	c	d	e	f	p
1	0.5	0	0	0.5	0	0	0.333
2	0.5	0	0	0.5	0.5	0.433	0.333
3	0.5	0	0	0.5	0.25	0.5	0.334

1) 作图步骤

(1) 生成随机数 $r \in (0, 1)$.

(2) 当 $r \in (0, 0.333)$ 时,启用变换 ω_1;当 $r \in (0.333, 0.666)$ 时,启用变换 ω_2;当 $r > 0.666$ 时,启用变换 ω_3.

(3) 对于相应的变换,调用表 3.13 中的 IFS 码,计算对应的新坐标 (x', y').

(4) 完成指定的迭代次数后,画出新坐标点的图形.

2) 作图程序

程序 3.7　Sierpinski 垫片的 IFS 生成

```
clear,clf
n = 100000;
p = rand(n,1);
x0 = 0;y0 = 0;
x = [x0;zeros(n-1,1)];
y = [y0;zeros(n-1,1)];
for  i = 2:n
    pp = p(i);
  if pp < 0.333
    x(i) = 0.5 * x(i-1);
    y(i) = 0.5 * y(i-1);
```

```
elseif pp < 0.666
    x(i) = 0.5 * x(i-1) + 0.5;
    y(i) = 0.5 * y(i-1);
else
    x(i) = 0.5 * x(i-1) + 0.25;
    y(i) = 0.5 * y(i-1) + 0.5;
end
end
axis equal
plot(x(1:n),y(1:n),'.','MarkerSize',1)
axis off
```

生成的图形如图 3.31 所示.

3) 程序说明

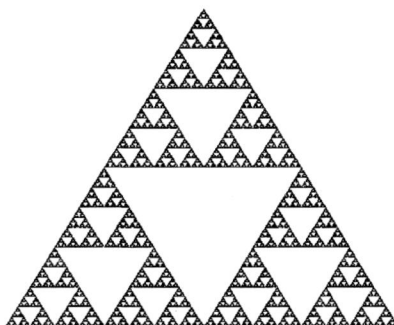

图 3.31　用 IFS 方法生成的 Sierpinski 垫片

（1）n＝100000 为设置的迭代次数,次数过低会使生成的图像模糊,次数过高会使程序运行时间变长.

（2）$(x_0, y_0)＝(0, 0)$ 为迭代初始值.

（3）x＝[x0;zeros(n-1,1)] 和 y＝[y0;zeros(n-1,1)] 分别为新坐标的横坐标和纵坐标矩阵.

利用 IFS 迭代可以生成美丽的分形图形,而且 IFS 迭代的优点是程序具有通用性,要想得到不同的分形图形,只需改变仿射变换中 IFS 码的值.

2. 不同的 IFS 码产生不同的分形图

（1）羊齿叶.羊齿叶是一种蕨类植物的叶子,整个叶片显羽毛状,小叶显披针形,每个小叶与整个叶片具有自相似性. 表 3.16 是羊齿叶的 IFS 码,相应的图形如图 3.32 所示.

表 3.16　羊齿叶的 IFS 码

ω_i	a	b	c	d	e	f	p
1	0	0	0	0.16	0	0	0.01
2	0.85	0.04	-0.04	0.85	0	1.6	0.85
3	0.2	-0.26	0.23	0.22	0	1.6	0.07
4	-0.15	0.28	0.26	0.24	0	0.44	0.07

（2）雪花.雪花的 IFS 码见表 3.17,相应的图形如图 3.33 所示.

表 3.17　雪花的 IFS 码

ω_i	a	b	c	d	e	f	p
1	0.255	0	0	0.255	0.3726	0.6714	0.2
2	0.255	0	0	0.255	0.1146	0.2232	0.2

ω_i	a	b	c	d	e	f	p
3	0.255	0	0	0.255	0.6306	0.2232	0.2
4	0.37	−0.642	0.642	0.37	0.6356	−0.0061	0.4

图 3.32　羊齿叶

图 3.33　雪花

（3）分形树. 分形树的 IFS 码见表 3.18,相应的图形如图 3.34 所示.

表 3.18　分形树的 IFS 码

ω_i	a	b	c	d	e	f	p
1	0.01	0	0	0.45	0	0	0.05
2	−0.01	0	0	−0.45	0	0.4	0.15
3	0.42	−0.42	0.42	0.42	0	0.4	0.4
4	0.42	0.42	−0.42	0.42	0	0.4	0.4

图 3.34　分形树

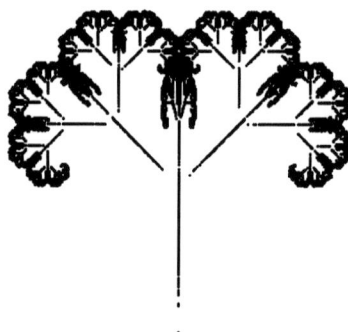

图 3.35　树上的蝉

（4）树上的蝉. 树上的蝉的 IFS 码见表 3.19,相应的图形如图 3.35 所示.

表 3.19　树上的蝉的 IFS 码

ω_i	a	b	c	d	e	f	p
1	0	0	0	0.5	0	0	0.05
2	0.42	-0.42	0.42	0.42	0	0.2	0.4
3	0.42	0.42	-0.42	0.42	0	0.2	0.4
4	0.1	0	0	0.4	0	0.2	0.15

（5）菊花. 菊花的 IFS 码见表 3.20,相应的图形如图 3.36 所示.

表 3.20　菊花的 IFS 码

ω_i	a	b	c	d	e	f	p
1	0.745 455	$-0.459 091$	0.406 061	0.887 121	1.460 279	0.691 072	0.912 675
2	$-0.424 242$	$-0.065 152$	$-0.175 758$	$-0.218 182$	3.809 567	6.741 476	0.087 325

图 3.36　菊花

图 3.37　龙爪兰

（6）龙爪兰. 龙爪兰的 IFS 码见表 3.21,相应的图形如图 3.37 所示.

表 3.21　龙爪兰的 IFS 码

ω_i	a	b	c	d	e	f	p
1	0.5	0.25	0.25	-0.5	0	0	0.5
2	0.75	-0.25	0.25	0.75	0.75	0	0.5

3.3.3　由复变函数迭代所产生的分形图形

1. Julia 集和 Mandelbrot 集

很多美丽的分形图形来源于复变函数的迭代,著名的 Mandelbrot 集和 Julia
集就是如此.考察如下的二维迭代式:

$$z_{k+1} = z_k^2 + c \quad (k = 0, 1, 2, \cdots) \tag{3.34}$$

其中，$z_k(k = 0, 1, 2, \cdots)$ 为复数，c 为复常数.

对于给定的复常数 c，从某个初始值 z_0 出发，迭代序列（或称轨道）$\{z_k\}$ 可能有界，也可能发散到无穷. 迭代序列保持有界的复数 z_0 的集合是复平面上的一个有界闭子集，记其为 K_p，即

$$K_p = \{z_0 \in \mathbf{C}: \{z_k\}_{k=1}^{\infty} \text{ 有界}\}$$

其中，$\mathbf{C}$ 为复数集，K_p 的边界 ∂K_p 称为复平面上的 Julia 集，记为 J_c.

为方便起见，对固定的复参数 $c \in \mathbf{C}$，称复变量 z 所在的 Z 平面为动力平面，称参数 c 所在的平面为参数平面.

对于参数平面上的每一点，在动力平面上都有一个特殊的 Julia 集的图形与之对应. 对于不同的参数 c，Julia 集的形状会不同，其无穷变化的复杂图形真是奇妙无比.

固定初始值 $z_0 = 0$，对于不同的复参数 c，迭代序列 $\{z_k\}$ 可能有界，也可能发散到无穷. 设 M 是使得迭代序列 $\{z_k\}$ 有界的复参数 c 构成的集合，称 M 为参数平面上的 Mandelbrot 集，即

$$M = \{c \in \mathbf{C}: |z_k| \not\to \infty, k \to \infty\}$$

Julia 集是由法国数学家 G. Julia 和 P. Faton 在发展了复变函数迭代的基础理论后获得的. 1919 年 Julia 在一所医院里治疗在一战中所受的伤，住院期间，Julia 潜心研究由 (3.34) 式所表示的变换，这种复平面上的变换能生成一系列令人眼花缭乱的图形变化. 当时没有计算机，不能像现在这样把如此美妙绝伦的图案奉献于世，他们的工作并不为世人所重视.

分形几何理论的创始人是美国科学家 Mandelbrot，他 1947 年毕业于巴黎理工学校，师从 G. Julia.

1946 年 2 月，第一代电子计算机 ENIAC 的问世，宣告了人类从此进入计算机时代. Mandelbrot 是一个数学、特别是几何学与计算机兼通的奇才，他擅长于形象的、空间的思维，具有把复杂问题化为简单的、生动的，甚至彩色图像的非正统方法的本领. 利用在 IBM 公司服务的条件，Mandelbrot 根据复动力系统领域开拓者 Julia 和 Fatou 的研究思想，经过多年的艰辛努力，于 1977 年发表了他的专著《Fractals：From，Chance，and Dimension》，第一次系统地阐述了分形几何的思想、内容、意义和方法. 此专著的发表，标志着分形几何作为一个独立学科正式诞生，从而把分形理论推进到一个迅猛发展的阶段.

2. 构造分形图形的逃逸时间算法

通过 (3.34) 式建立的复映射无论在 Z 平面还是在 $\mathbf{C}$ 平面上迭代，得到的轨道大致可分为有界与无界的两类. 也就是说，一些点的轨道无论怎样迭代都不会跑出一定的范围；而另一些点的轨道则奔向无穷远. 在后者的这些点当中，有的点经过较少次的迭代就跑到了无穷远，有的点则需要经过很多次迭代才能跑到无穷远. 如果在计算机屏幕上将迭代区域内各种不同点用不同颜色表示出来就得到了分形图

形,这就是逃逸时间算法的基本思想.

如图 3.38 所示,A 是复映射迭代轨道的收敛域(吸引域),B 是包含着 A 的区域,取一个充分大的迭代次数 N,若初始点 a(显示屏幕上的点)经过 N 次迭代仍在区域 B 内,则认为 $a \in A$,将属于 A 的点染成一种颜色;若点 a 在第 N 次迭代之前就跑出区域 B,就认为点 a 逃逸至无穷远,即 $a \notin A$. 将不属于 A 的点染上不同于 A 内点颜色的同一颜色,这样得到的图像是两色的,不属于 A 的点也可以根据其轨道跑出区域 B 的迭代次数染上不同的颜色,这样得到的图像是彩色图像.

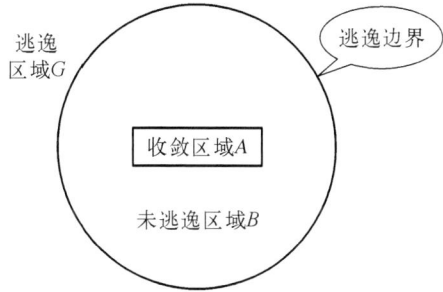

图 3.38　逃逸时间算法示意图

若记 $f(z)$ 是对 z 的映射(或变换),如 $f(z) = z^2 + c$,$f^k(z)$ 是对 z 的 k 次迭代,将上述思想作如下概括:

(1) 指定计算机屏幕上的迭代区域 w,逃逸半径 R,最大迭代次数 N.

(2) 定义逃逸时间:

$$T = \begin{cases} k, & |f^k(z)| \geqslant R, |f^j(z)| < R, j < k, k \leqslant N \\ 0, & |f^j(z)| < R, j = 1, 2, \cdots, N \end{cases}$$

(3) 对于 $z \in w$,计算 $T(z)$.

(4) 如果 $T = T(z) = 0$,则 $z \in A$,如果 $T(z) \neq 0$,则 $z \notin A$.

(5) 根据逃逸时间的值对点 z 着色.

为了便于在屏幕上绘制 Julia 集和 Mandelbrot 集分形图,令 $z_k = x_k + iy_k$,$c = p + iq$,则(3.34)式可改写为

$$\begin{cases} x_{k+1} = x_k^2 - y_k^2 + p \\ y_{k+1} = 2x_k y_k + q \end{cases} \quad (k = 0, 1, 2, \cdots) \tag{3.35}$$

3. Julia 集的逃逸时间算法

1) Julia 集分形图的作图步骤

假设图形显示分辨率是 $a \times b$ 点,可显示颜色 $K+1$ 种,用数字 $0 \sim K$ 表示,且 0 表示黑色.

选定参数 $C = p + qi$,$x_{\min} = -1.6$,$x_{\max} = 1.6$,$y_{\min} = -1.5$,$y_{\max} = 1.5$,即取迭代区域为 $[-1.6, 1.6; -1.5, 1.5]$,逃逸半径 $R = 100$,迭代步长为

$$h_x = \frac{x_{\max} - x_{\min}}{a}, \qquad h_y = \frac{y_{\max} - y_{\min}}{b}$$

设 (n_x, n_y) $(n_x = 0, 1, 2, \cdots, a; n_y = 0, 1, 2, \cdots, b)$ 代表屏幕上的点,k 记录迭代次数,用循环语句完成下面的过程.

(1) 读入迭代区域内的点:$x_0 = x_{\min} + n_x h_x$,$y_0 = y_{\min} + n_y h_y$,计数 $k = 0$.

（2）按(3.35)式的迭代过程从点(x_k, y_k)算出点(x_{k+1}, y_{k+1})，然后计数$k = k+1$.

（3）计算$r = x_k^2 + y_k^2$. 若$r > R$，表明点(x_0, y_0)的轨道趋于无穷，转至步骤（4）；若$k = R$，表明点(x_0, y_0)的轨道不趋于无穷，用0号色描绘点(n_x, n_y)，并转至（1）处理下一个点；若$r \leqslant R$且$k < K$，则转至（2）.

（4）用k号色描绘点(n_x, n_y)，并转至（1）处理下个一点.

（5）读完迭代区域内的所有点(x, y)就结束.

2）分形图 VC++程序

程序3.8 Julia 集

```
CJuliaView::CJuliaView()
{
// TODO: add construction code here
K = 100;                                    //逃逸时间
m = 500;                                    //逃逸半径
Mx = 800; My = 600;                         //绘图范围
xs = - 1.6; xl = 1.6; ys = - 1.5; yl = 1.5;
p = 0.32; q = 0.043;                        //复参数 c 的值
}
// CJuliaView drawing
void CJuliaView::OnDraw(CDC * pDC)
{
CJuliaDoc *  pDoc = GetDocument();
ASSERT_VALID(pDoc);
// TODO: add draw code for native data here
    xb = (xl － xs) / Mx;
    yb = (yl － ys) / My;
for(nx = 0; nx < = Mx; nx + + )
        {
            for(ny = 0; ny < = My; ny + + )
            {   x0 = xs + nx * xb;
                y0 = ys + ny * yb;
                k = 0;
            loop1:
                xk = x0 * x0 － y0 * y0 + p;
                yk = 2 * x0 * y0 + q;
                k = k + 1;
                r = xk * xk + yk * yk;
                x0 = xk, y0 = yk;
                if(r > m){
```

```
                    H = k;
              goto loop2;}
           if(k = = K){
              H = int(r * 10);goto loop2;}
              if(r < = m && k < K) goto loop1;
           loop2:
                 pDC - > SetPixel(nx,ny,H * 1000);
        }
          }
     }
```

在 JuliaView. hw 文件中定义变量如下:

```
   public:
        double xl,xs,yl,ys,x0,y0,xb,yb,xk,yk,r,p,q;
        int H,K,k,m,Mx,My,nx,ny;
```

3) 不同 c 值的 Julia 集

由前述,产生 Julia 集的(3.34)式中,变元 z_0 是计算机屏幕上的像素点. 对于每个复数 c,当 z_0 遍历像素的所有点后,就得到一幅 Julia 集了. 图 3.39(a)~(f)是不同 c 值的 Julia 集分形图.

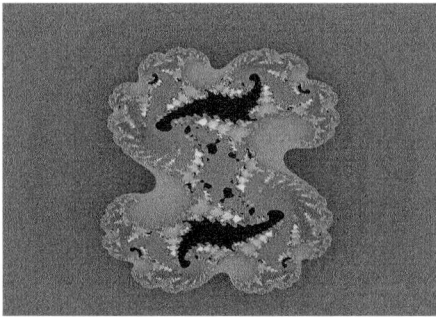

(a) c=0.32+0.043i

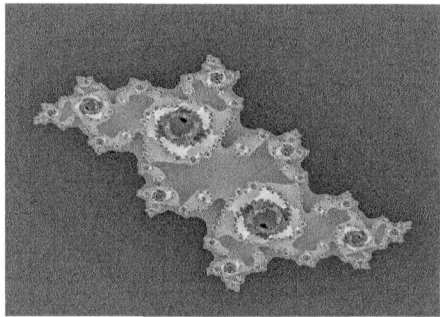

(b) c=−0.199−0.66i

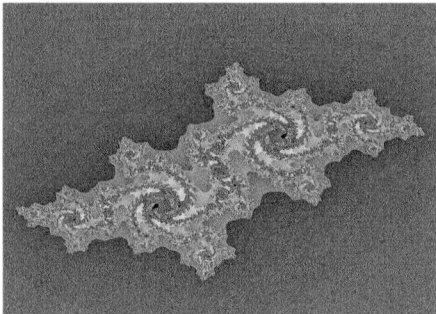

(c) c=−0.46+0.57i

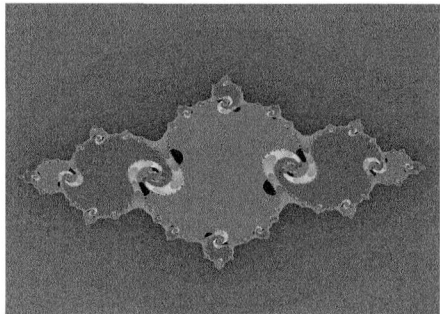

(d) c=−0.77+0.08i

图 3.39 不同 c 值的 Julia 集分形图

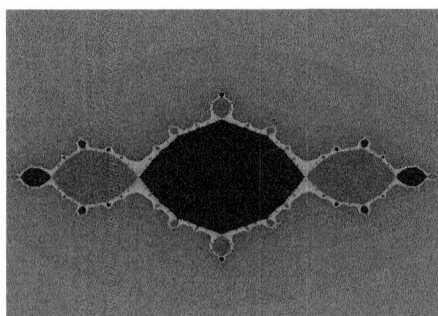 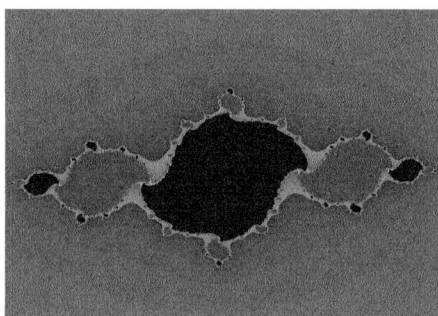

(e) $c=-1$ (f) $c=-0.9+0.12\mathrm{i}$

图 3.39　不同 c 值的 Julia 集分形图(续)

4. Mandelbrot 集的逃逸时间算法

如前所述,Julia 集是固定参数 c 的值,搜索动力平面上的所有点,以寻找吸引域及其边界的复杂结构,即在动力平面 Z 上绘制图形;而 Mandelbrot 集是选择一个固定的初始点 $z_0=0$,在不同的复参数 c 下追踪其迭代点列,在参数平面 **C** 上记录吸引域及其边界的结构图.

可见,只要将 Julia 集的绘制方法稍作修改就可以绘制 Mandelbrot 集的图形.

1) Mandelbrot 集分形图的作图步骤

假设图形显示分辨率是 $a\times b$ 点,可显示颜色 $K+1$ 种,用数字 $0\sim K$ 表示,且 0 表示黑色.

选定初始点 $(0,0)$,参数窗口 $[-2.3,0.9;-1.2,1.2]$,即 $p_{\min}=-2.3$, $q_{\min}=-1.2$, $p_{\max}=0.9$, $q_{\max}=1.2$,逃逸半径 $R=100$,迭代步长为

$$h_p=\frac{p_{\max}-p_{\min}}{a}, \qquad h_q=\frac{q_{\max}-q_{\min}}{b}$$

用 k 记录迭代次数,对屏幕上的点 (n_p, n_q) ($n_p=0,1,2,\cdots,a$; $n_q=0,1,2,\cdots,b$),用循环语句完成下面的过程:

(1) 读入迭代区域内的点: $p_0=p_{\min}+n_p h_p$, $q_0=q_{\min}+n_q h_q$,计数 $k=0$.

(2) 按 (3.35) 式的迭代过程从点 (x_k,y_k) 算出点 (x_{k+1},y_{k+1}),然后计数 $k=k+1$.

(3) 计算 $r=x_k^2+y_k^2$. 若 $r>R$,转至步骤 (4);若 $k=R$,选择 0 号色描绘点 (n_p,n_q),并转至 (1);若 $r\leqslant R$ 且 $k<K$,则转至 (2).

(4) 对点 (n_p,n_q) 着色 k,并转至 (1).

(5) 读完参数窗口内的所有点 (p,q) 就结束.

2) 分形图 VC++ 程序

程序 3.9 Mandelbrot 集

```
CMandlbrotView::CMandlbrotView()
```

```
{
// TODO：add construction code here
pl = 0.9;ps = - 2.3;
ql = 1.2;qs = - 1.2;
K = 100;m = 500;
Mx = 800;My = 600;
}
void CMandlbrotView::OnDraw(CDC * pDC)
{
CMandlbrotDoc * pDoc = GetDocument();
ASSERT_VALID(pDoc);
p = (pl - ps)/Mx;
q = (ql - qs)/My;
for(np = 0;np < = Mx;np + + )
        {
        for(nq = 0;nq < = My;nq + + )
        {    p0 = ps + np * p;
            q0 = qs + nq * q;
            k = 0,x0 = y0 = 0;
        loop1：
            xk = x0 * x0 - y0 * y0 + p0;
            yk = 2 * x0 * y0 + q0;
            k = k + 1;
            r = xk * xk + yk * yk;
            x0 = xk,y0 = yk;
            if(r > m){
            H = k;
        goto loop2;}
        if(k = = K){
            H = int(r * 1);goto loop2;}
            if(r < = m && k < K) goto loop1;
        loop2：
            pDC - > SetPixel(np,nq,H * 1000);
        }
        }
}
```

在 MandelbrotView. hw 文件中定义变量如下：
```
public：
    double pl,ps,ql,qs,x0,y0,xk,yk,r,p0,q0,p,q;
```

```
int H,K,k,m,Mx,My,np,nq;
```

由程序 3.9 绘制的 Mandelbrot 集如图 3.40 所示.

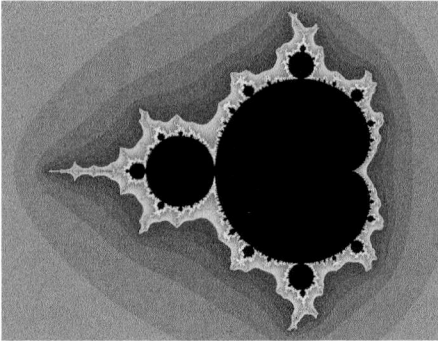

图 3.40　Mandelbrot 集分形图

Mandelbrot 集和 Julia 集都源于同一个变换,因此它们之间必定有十分复杂的关系. 由于每一个复常数 c 都对应一个 J_c,而参数平面上的 M 集上的每个点都是一个 c,所以,M 集合的所有点就对应着数以万计的 J_c. 对这个问题的讨论,已经超出了本书的范围.

有这样一段文字来描述 Mandelbrot 集:现在我们看到的 Mandelbrot 集,它具有多姿荆棘的圆盘,弯曲缠绕的螺线和细丝,挂着微细颗粒的鳞茎,无尽的斑斓色彩,意料外的精细结构,处处显示出分形奇特之美. ……实际上,Mandelbrot 集和同样震惊世界的 Julia 集仅仅是映射 $z \rightarrow z^2 + c\,(z,\,c \in \mathbf{C})$ 的无穷次迭代. 这种由数学的内在美变成人们视觉上的美,简直是匪夷所思.

5. Julia 集与 Mandelbrot 集的 Matlab 编程

程序 3.10　Julia 集程序

```
function Julia(c,n)
x = linspace( - 2,2,300);
y = linspace( - 1,1,300);
[X,Y] = meshgrid(x,y);
Z = X + i * Y;
W = zeros(size(X));
r = 3;C = c;
for k = 1:n
  Z = Z.^2 + C;
  i0 = find(abs(Z) > r);
  W(i0) = k;
  Z(i0) = NaN;
end
i0 = find(W = = 0); W(i0) = NaN;
axiss quare
pcolor(X,Y,W);
shading flat
colormap prism(256)
```

其中,输入变量为 c 和 n,分别指定为复参数值和迭代次数.

上述 Matlab 程序中,X 和 Y 是通过 meshgrid 命令生成的网格数据,这里用来设置像素点的坐标,它们构成了可视区域. 迭代运算过程中,如果某个点的模大于 r(逃逸半径),则将 w 相应的值指定为迭代次数,同时将对应 Z 的 z 坐标设置成 NaN,使之以后不再参与运算. 循环结束后,将向量 w 中的零元素设置为 NaN. 伪色彩图形绘图命令 pcolor 在可视区域内生成矩阵 w 的彩色图,shading flat 显现图像的浓淡,colormap prism(256)表现图像的颜色.

在命令窗口中输入:

```
>> julia( - 0.9 + 0.12 * i,300)
```

得到如图 3.41(a)所示的 Julia 集分形图,改变 c 值,得到不同的分形图(图 3.41(a)~(d)).

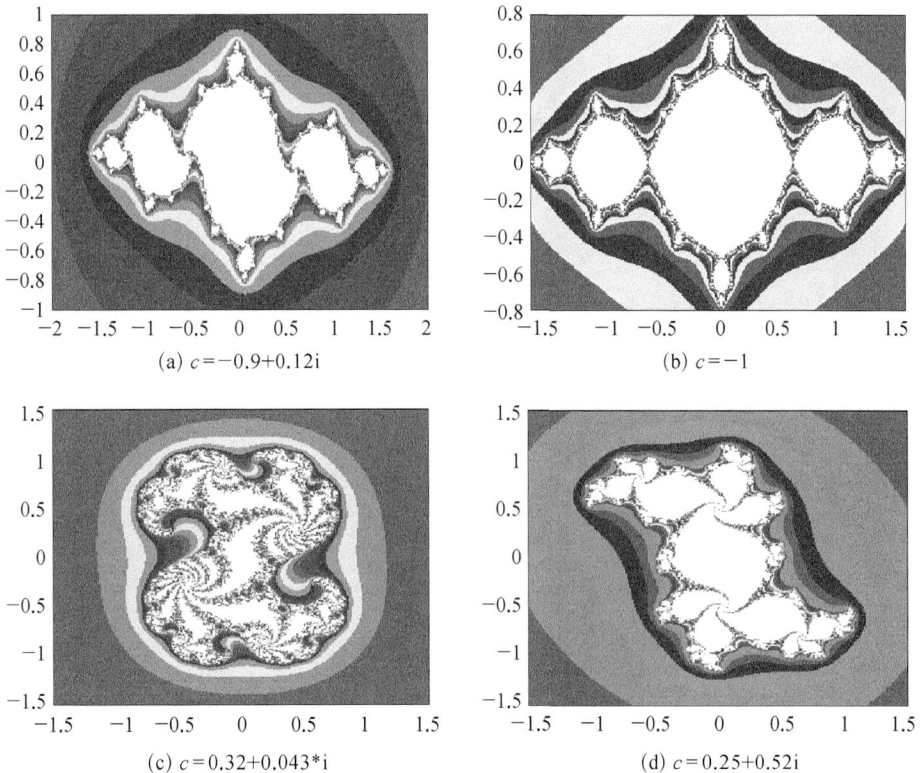

(a) $c=-0.9+0.12i$

(b) $c=-1$

(c) $c=0.32+0.043*i$

(d) $c=0.25+0.52i$

图 3.41　不同 c 值的 Julia 集分形图

程序 3.11　Mandelbrot 集程序

```
clear,clf
x = linspace( - 2.5,1,300);
y = linspace( - 1.5,1.5,300);
[X,Y] = meshgrid(x,y);
```

```
C = X + i * Y;
W = zeros(size(X));
r = 2;Z = 0;
for  k = 1:300
    Z = Z.^2 + C;
    i0 = find(abs(Z) > r);
    W(i0) = k;
    Z(i0) = NaN;
end
i0 = find(W = = 0); W(i0) = NaN;
axis equal
pcolor(X,Y,W)
shading flat
colormap prism(256)
```

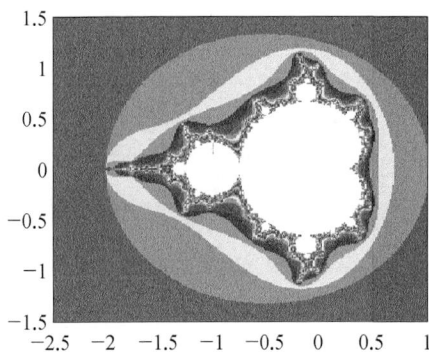

图 3.42　Mandelbrot 集分形图

执行程序 3.11 生成的 Mandelbrot 集如图 3.42 所示.

比较两种语言(VC 和 Matlab)在作分形图的表现,可以看到:

(1) Matlab 语言有较简捷的程序.

(2) Matlab 语言的程序执行花费时间较长,VC 语言程序有较高的效率,例如,执行程序 3.11 时,在命令窗口输入:

```
>> tic,mandelbrot,toc
```

输出图形后显示:

```
Elapsed time is 204.406466 seconds.
```

迭代 300 次所需时间超过 200 秒,没有经过编译的程序执行速度太慢.作为对比,请读者自己运行程序 3.9 和 3.10.

(3) VC 语言程序的绘图质量明显高于后者.

以上结论可供读者在选用作图语言时参考.

上 机 练 习

1. 画出按图 3.43 所示方法生成的分形的图形.你自己也可以构造出一些生成元,并由此绘出相应的分形图形.

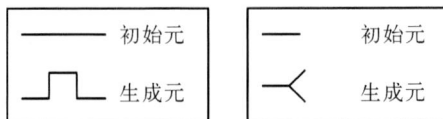

图 3.43

2. Weierstrass 函数的定义

$$W(x) = \sum_{k=1}^{\infty} \lambda^{(s-2)k} \sin(\lambda^k x) \quad (\lambda > 1, \, 1 < s < 2)$$

试对不同的 s 值,画出函数的图像,并观察图像的不规则性与 s 的关系.

3. Julia 集和 Mandelbrot 集可以推广到高阶情形,即考虑下列 n 次复变函数迭代:

$$z_{k+1} = z_k^n + c \quad (k = 0, \, 1, \, 2, \, \cdots)$$

对不同的 n,画出相应的 Julia 集和 Mandelbrot 集.进而构造一些不同的迭代函数,如余弦函数迭代 $z_{k+1} = \cos z_k + c$,画出相应的 Julia 集和 Mandelbrot 集.由这些非二次复映射得到的 J-集和 M-集称为广义的 J-集和 M-集.

第4章 计算机模拟与仿真

"模拟"或"仿真"的含义是指把某一现实的或抽象的系统的某种特征或部分状态,用另一系统(在这里就是数学模型)来代替.通俗地讲,就是真戏假做,以获取所需的数据.

模拟与仿真离不开数学模型,数学模型可以分为各种类型.按照输入和输出的关系可分为确定性模型和随机性模型.若一个系统的输出完全可以用它的输入来表示,则称之为确定性模型;若系统的输出是随机的,即对于给定的输入存在多种可能的输出,则称该系统是随机的.

数学模型按状态变化可分为动态模型和静态模型.描述系统状态变化过程的数学模型称为动态模型;而静态模型仅仅反映系统在平衡状态下系统特征值间的关系,这种关系常用代数方程来描述.动态系统又可分为连续系统和离散系统.连续系统的动态模型常用微分方程来描述,研究系统的性质就是求解微分方程;离散系统是指系统的操作和状态变化仅在离散时刻产生的系统,如交通系统、电话系统等,常用差分方程或概率模型来描述.

建立了恰当的数学模型后,用软件实现算法设计,再利用计算机运算速度快的特点,在短时间内完成一个复杂系统的模拟,得到我们需要的结果.

在计算机上人们可以模拟地球板块数亿年的变迁,观察它的变化历史,预测它的未来发展;全球气象的风云变幻,也可以在计算机上模拟实现;从大到热核聚变的过程,小到金属受力后的疲劳变化现象等工程问题,都可以用计算机进行模拟.

计算机模拟具有简单、方便、经济和可重复实现的特点,计算机模拟已经成为科学研究的重要手段之一.

4.1 让电脑代替我去跑步

4.1.1 确定性系统模拟的例子

例 4.1 四人追逐问题:正方形 $ABCD$ 的四个顶点各有一个人,在 $t=0$ 时刻,四人同时出发以匀速 v 按顺时针方向走向下一个人.在行进过程中,他们每个人都始终保持对准各自的目标,试模拟出每个人的行进轨迹.

建立直角坐标系,以 D 所处位置为坐标原点.取时间间隔为 Δt,计算每个人在 $t+\Delta t$ 时刻的位置坐标.设 A 追逐 B,t 时刻 A 的坐标为 (x_1, y_1),B 的坐标为 (x_2, y_2).可知 A 在 $t+\Delta t$ 时刻的坐标为 $(x_1+v\Delta t\cos\alpha, y_1+v\Delta t\sin\alpha)$,其中 $\cos\alpha=$

$(x_2 - x_1)/d$, $\sin\alpha = (y_2 - y_1)/d$, $d = \sqrt{(x_2 - x_1)^2 + (y_2 - y_1)^2}$.

模拟过程可采用下面的算法：

(1) 初始化：赋终止时间 t，采样时间间隔 Δt，行进速度 v，各点的起始位置.

(2) 循环次数：k 为循环变量，$n = \dfrac{t}{\Delta t}$ 作为循环次数.

(3) 确定位置：对于每一个 k $(k = 1, 2, \cdots, n)$，计算 $i = 1, 2, 3, 4$ 的位置：

$$x_{k+1, i} = x_{ki} + v\Delta t \frac{x_{k, i+1} - x_{ki}}{\sqrt{(x_{k, i+1} - x_{ki})^2 + (y_{k, i+1} - y_{ki})^2}}$$

$$y_{k+1, i} = y_{ki} + v\Delta t \frac{y_{k, i+1} - y_{ki}}{\sqrt{(x_{k, i+1} - x_{ki})^2 + (y_{k, i+1} - y_{ki})^2}}$$

(4) 将每个跑步者不同时刻的位置点连接成线，显示在同一幅中，就得到这四人的行进轨迹.

本例中四人起始点的位置分别取 $A(0, 10)$，$B(10, 10)$，$C(10, 0)$，$D(0, 0)$，并取 $v = 1$，$t = 12$，第 i 人位置的横坐标为 XX(:, i)，纵坐标为 YY(:, i). 由程序 4.1 完成模拟的轨迹如图 4.1 所示.

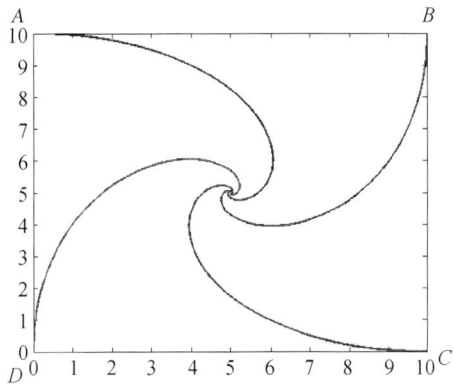

图 4.1　四人追逐轨迹的模拟

程序 4.1　四人追逐模拟

```
t = 12;dt = 0.02;v = 1;n = t/dt;        % 初始化

XX = [0 10 10 0];YY = [10 10 0 0];      % 初始位置
for  k = 1:n                            % 时间驱动
    dx = [];dy = [];                    % 记录位置
    for  i = 1:4                        % 计算四人位置
        x1 = XX(k,i);y1 = YY(k,i);
        if i~ = 4
            x2 = XX(k,i + 1);y2 = YY(k,i + 1);
        else
            x2 = XX(k,1);y2 = YY(k,1);
        end
        dd = sqrt((x2 - x1)^2 + (y2 - y1)^2);
        x1 = x1 + v * dt * (x2 - x1)/dd;
        y1 = y1 + v * dt * (y2 - y1)/dd;
        dx = [dx,x1];dy = [dy,y1];
    end
```

```
        XX = [XX;dx];YY = [YY;dy];            % k 时刻的四人位置坐标
    end
    plot(XX,YY)                              % 绘出行进轨迹
```

我们不用亲自上场跑步而完成了追逐轨迹的研究,这得益于正确的数学模型和方便的电脑工具.

4.1.2 随机系统模拟的例子

1. Buffon 针问题

Buffon 是法国的著名学者,于 1777 年提出了用随机投针试验求圆周率 π 的方法. 在平面上画有等距离为 $a(a>0)$ 的一些平行直线,向平面上随机投掷一长为 l ($l<a$) 的针,设投针次数为 n,针与平行线相交次数为 m. 试求针与一平行线相交的概率 p.

令 M 表示针的中点;x 表示针投在平面上,点 M 与最近一条平行线的距离;φ 表示针与平行线的交角. 如图 4.2 所示,易见

$$0 \leqslant x \leqslant a/2, \qquad 0 \leqslant \varphi \leqslant \pi \tag{4.1}$$

用概率论的观点来看,随机投针的含义是:针的中点 M 与平行线的距离 x 均匀地分布于区间 $[0, a/2]$ 内;针与平行线的交角 φ 均匀地分布于区间 $[0, \pi]$ 内;x 与 φ 是相互独立的.

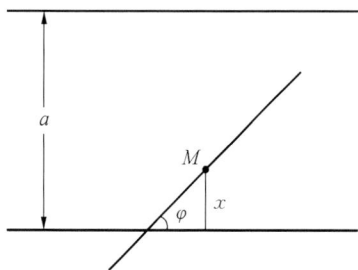

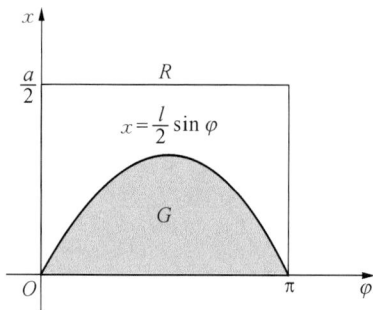

图 4.2 随机投针示意图   图 4.3 不等式(4.1)和(4.2)表示的区域

取直角坐标系,不等式组(4.1)表示 $xO\varphi$ 坐标系中的一个矩形域 R,如图 4.3 所示,而针与平行线相交的充分必要条件是:

$$x \leqslant \frac{l}{2}\sin\varphi \tag{4.2}$$

不等式(4.2)表示图 4.3 中的阴影部分 G. 我们把抛掷针到平面上理解为向区域 R 内"均匀分布"的投掷点,而针与一平行线相交的概率,就是点 (φ, x) 落入区域 G 内的概率 p,显然,这一概率为

$$p = \int_0^\pi \frac{l}{2}\sin\varphi \mathrm{d}\varphi \bigg/ \frac{a}{2}\pi = \frac{2l}{a\pi} \tag{4.3}$$

进一步,利用投针试验的(4.3)式可以计算 π 值.当投针次数 n 充分大且针与平行线相交 m 次,可用频率 m/n 作为概率 p 的估计值,因此可求得 π 的估计值为

$$\pi = \frac{2nl}{am} \tag{4.4}$$

根据公式(4.4),历史上曾经有一些学者作了随机投针试验,并得到了 π 的估计值.表 4.1 列出了两个最详细的情况.

表 4.1 学者们的投针试验结果

试验者	a	l	投针次数 n	相交次数 m	π 的估计值
Wolf(1853)	45	36	5 000	2 532	3.159 6
Lazzarini(1911)	3	2.5	3 408	1 808	3.141 592 9

以上介绍的 Buffon 随机投针试验可以认为是随机模拟方法的一个雏形,而真正使用随机投针试验的方法来计算 π 值将是需要作大量的试验才能完成的.我们可以把 Buffon 的随机投针试验交给计算机来模拟实现,具体做法如下:

(1) 产生随机数.首先产生相互独立的随机变量 X 和 φ 的抽样序列 $\{(\varphi_i, x_i) \mid i = 1, 2, \cdots, n\}$,其中 $X \sim U(0, a/2)$,$\varphi \sim U(0, \pi)$.

(2) 检验条件 $x_i \leqslant \dfrac{l}{2}\sin\varphi_i (i = 1, 2, \cdots, n)$ 是否成立.若上述条件成立,则表示第 i 次实验成功,即针与平行线相交,也就是说点 (φ_i, x_i) 在区域 G 内.设在 n 次试验中成功次数为 m,则 π 的估计值就可由(4.4)式算出.

下面是 Buffon 的随机的计算程序,其中取 a,l 和 n 的值与 Wolf 的实验值相同.

程序 4.2 蒲丰投针试验

```
a = 45;l = 36;n = 5000;              %赋初值
xs = [];fs = [];
for   i = 1:n
    w1 = rand * a * 0.5;             %产生(0,a/2)内的均匀分布随机数
    w2 = rand * pi;                  %产生(0,π)内的均匀分布随机数
    if 2 * w1 < = l * sin(w2)        %验证条件(4.2)
      xs = [xs,w1];fs = [fs,w2];
    end
end
m = length(xs)                       %满足条件(4.2)的随机点的个数
pai = 2 * l * n/(a * m)              %计算π值
t = 0:0.01:pi;                       %作随机点的示意图
plot(t,l * sin(t)/2)
hold on
```

```
plot(fs,xs,'.m')
hold off
```

某次运算的结果是

```
pai = 3.1447
```

满足条件(4.2)的随机点(φ, x)的个数$m=2544$,图4.4为计算机作出的这些随机点的示意图.

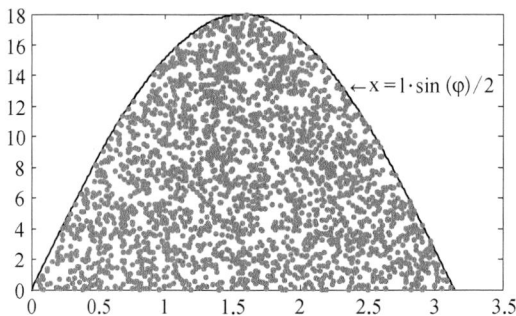

图 4.4 落入 G 内的随机点

这是一次模拟运算的结果,可以做多次模拟,然后取其平均值.读者若有兴趣,可修改上述程序.

随机模拟方法是一种具有独特风格的数值计算方法.这一方法是以概率统计理论为主要基础理论,以随机抽样为主要手段的广义的数值计算方法.它用随机数进行统计实验,把得到的统计特征值(均值、概率等)作为所求解问题的数值解.

用随机模拟法解决问题的基本步骤如下:

(1)建立一个适当的概率统计模型(上例的模型就是(4.3)式),使问题的解就是所建模型的参数或有关的特征量.

(2)从已知的概率分布产生符合条件(4.2)的随机数,用抽样实验的方法计算所求参数((4.3)式中的 p),最后给出所求解的近似值((4.4)式).

随机模拟方法还有一个更新颖的名字——Monte Carlo 方法. Monte Carlo 是摩纳哥国的著名赌城.第二次世界大战时期物理学家冯·诺伊曼等人在计算机上用随机抽样方法模拟了裂变物质中子的连锁反应,这项工作是与研制原子弹有关的秘密工作,他们就把这种方法称为 Monte Carlo 方法.以赌城的名字作为随机模拟方法的代号,这倒是十分风趣和贴切的.

2. 计算定积分的随机模拟方法

考查积分

$$I = \int_a^b f(x)\mathrm{d}x \tag{4.5}$$

并设当 $a \leqslant x \leqslant b$ 时,$0 \leqslant f(x) \leqslant c$. 求积分值 I 就相当于求图 4.5 所示的曲边梯

形 G 的面积.

为求 G 的面积,可以设想在矩形区域 $\{(x,y)\mid a\leqslant x\leqslant b$ 时,$0\leqslant f(x)\leqslant c\}$ 内随机地投掷 n 个点 (ξ_1,η_1), (ξ_2,η_2), $\cdots$, (ξ_n,η_n),其中 $\xi_i(i=1,2,\cdots,n)$ 是区间 (a,b) 上的均匀分布的随机数,$\eta_i(i=1,2,\cdots,n)$ 是区间 $(0,c)$ 上的均匀分布的随机数,且落点的两个坐标相互独立.

每个点 (ξ_i,η_i) 落入区域 G 的充分必要条件是

$$\eta_i\leqslant f(\xi_i) \qquad (4.6)$$

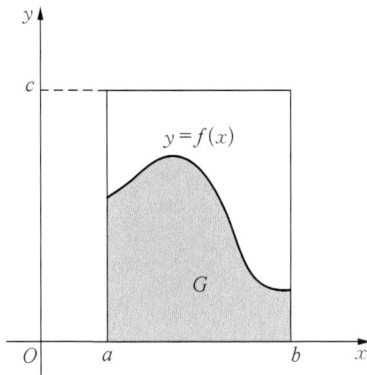

图 4.5 $f(x)$ 的取值范围与积分值

这些点落入区域 G 的概率 p 就是区域 G 的面积与矩形区域面积之比,即

$$p=\frac{\int_a^b \mathrm{d}x\int_0^{f(x)}\mathrm{d}y}{c(b-a)}=\frac{\int_a^b f(x)\mathrm{d}x}{c(b-a)} \qquad (4.7)$$

假设在投掷的 n 个点中,有 m 个点满足条件(4.6). 由大数定理知,当 n 充分大时,频率 m/n 近似等于点落入区域 G 的概率 p,即可得到定积分的近似值:

$$I\approx\frac{m}{n}c(b-a) \qquad (4.8)$$

计算步骤如下:

(1) 产生两个相互独立的随机数 $\xi\sim U(a,b)$ 和 $\eta\sim U(0,c)$,将作为随机点的坐标.

(2) 对每个随机点,如果条件(4.6),即 $\eta\leqslant f(\xi)$ 成立,则记录点 (ξ,η) 落入 G 内一次.

(3) 若在 n 次投点实验中有 m 个点满足条件(4.6),则可得到定积分的近似值(4.8)式.

例 4.2 用随机投点方法计算定积分 $\int_0^1 \frac{\mathrm{e}^x}{4}\mathrm{d}x$.

本例中,$a=0$,$b=1$,取 $c=1(\mathrm{e}/4\approx0.68)$.

程序 4.3 用随机投点法计算定积分

```
a = 0;b = 1;c = 1;
n = 2000;m = 0;                    %n 为投点次数,m 为计数器
for  i = 1:n
r1 = unifrnd(a,b);                 %产生(a,b)内的均匀分布随机数
r2 = unifrnd(0,c);                 %产生(0,c)内的均匀分布随机数
yt = exp(r1)/4;
    if  r2 < = yt                  %对随机数 r1 和 r2 验证条件(4.6)
```

```
        m = m + 1;
    end
  end
  Approximate_value = c * (b - a) * m/n      % 积分近似值
```

某次的计算结果如下:

```
Approximate_value =
        0.4230
```

用分析方法计算积分的准确值为

$$\int_0^1 \frac{\mathrm{e}^x}{4}\mathrm{d}x = \frac{1}{4}(\mathrm{e}-1) = 0.429\ 570\ 457\cdots \approx 0.4296$$

从上述例子可见,随机模拟的误差比较大,这是该方法的缺陷. 当采用这种方法计算积分时,人们自然会问,对于任意给定的 $\varepsilon > 0$,如果要求由(4.8)式表示的积分近似值与准确值之差的绝对值

$$\left| \frac{m}{n}c(b-a) - \int_a^b f(x)\mathrm{d}x \right| = \left| \frac{m}{n}c(b-a) - pc(b-a) \right|$$

小于 ε 的概率不小于 $\alpha(0 < \alpha < 1)$,问抽样次数 n 至少应该多大?

将 n 次掷点视为进行成功概率为 p 的 n 重贝努利试验,则成功次数 m 服从二项分布 $b(n, p)$. 根据中心极限定理,$\frac{m-np}{\sqrt{np(1-p)}}$ 渐近地服从正态分布 $N(0, 1)$. 因此,问题转化为求 n,使满足

$$P\left(\left| \frac{m}{n}c(b-a) - pc(b-a) \right| < \varepsilon \right) = P\left(\left| \frac{m}{n} - p \right| < \frac{\varepsilon}{c(b-a)} \right)$$

$$\approx 2\Phi\left(\frac{\varepsilon}{c(b-a)}\sqrt{\frac{n}{p(1-p)}} \right) - 1 \geqslant \alpha \quad (4.9)$$

就是说,求出满足(4.9)式的最小 n 值,使

$$\Phi\left(\frac{\varepsilon}{c(b-a)}\sqrt{\frac{n}{p(1-p)}} \right) = \frac{1+\alpha}{2}$$

把 ε, p, α 作为已知数,即有

$$\frac{\varepsilon}{c(b-a)}\sqrt{\frac{n}{p(1-p)}} = u_{(1+\alpha)/2}$$

这里,$u_{(1+\alpha)/2}$ 为正态分布 $N(0, 1)$ 的 $(1+\alpha)/2$ 下侧分位数. 解得

$$n \approx \frac{c^2(b-a)^2 p(1-p)}{\varepsilon^2}u_{(1+\alpha)/2}^2 \quad (4.10)$$

但是,实际上我们并不知道 p 值,因此必须首先估计 p 值,可用试算的方法得到 p 的估计值 $\hat{p}$,再将 $\hat{p}$ 值代入(4.10)式进行计算.

本例中 $b - a = 1$，$c = 1$，一次计算的结果 $\int_0^1 \frac{e^x}{4} dx \approx 0.4230$，从(4.7)式，有 $\hat{p} \approx 0.42$．现在问：如果要求以 99.7％ 的概率，保证 I_n 作为 I 的近似值能够准确到小数点后面第三位，即保证 $|I_n - I| < 0.001$，那么，n 至少应该多大？

这时，$u_{(1+a)/2} = u_{0.9985} = 2.9677$，由(4.10)式，得

$$n \approx \frac{(2.9677)^2}{(0.001)^2} \times 0.42 \times 0.58 = 2.1455 \times 10^6$$

用随机模拟法处理问题往往会涉及较大的计算量，没有电脑作为工具，这样的计算任务是不可能完成的．

4.1.3 随机存储系统

1. 报童售报问题

一报童每天清晨从报刊发行中心订购报纸后零售，报纸进货价每份 a 元，售出价每份 b 元．若报童每天购进报纸 n 份，每天售出报纸的份数是随机的，根据过去售报情况的分析可知，售出份数 k 服从参数为 $\lambda(\lambda > 0)$ 的 Poisson 分布，分布律为

$$P(k) = \frac{\lambda^k}{k!} e^{-\lambda} \quad (k = 0, 1, 2, \cdots) \tag{4.11}$$

问报童每天清晨订购多少份报纸可以获得最大利润？

用 $a(n, k)$ 表示售出 k 份报纸时的日利润额，则

$$a(n, k) = \begin{cases} kb - na, & k < n \\ n(b - a), & k \geqslant n \end{cases} \tag{4.12}$$

日平均利润为

$$A(n) = \sum_{k=0}^{\infty} a(n, k) P(k) = \sum_{k=0}^{n-1} (kb - na) P(k) + \sum_{k=n}^{\infty} (nb - na) P(k) \tag{4.13}$$

由于 $\sum_{k=0}^{\infty} P(k) = 1$，上式可进一步写成

$$A(n) = n(b - a) + \sum_{k=0}^{n-1} (k - n) b P(k) \tag{4.14}$$

(4.14)式就是计算报童平均日利润的模型，对每一个 n，计算相应的平均利润 $A(n)$，比较后就可以得到理想的 n 值．下面我们采用随机模拟的方法解决这个问题，虽然其结果的精确度不如公式(4.14)，但是，随机模拟方法简单，约束少，适用于更复杂的问题．

例 4.3 现取 $a = 0.35$，$b = 0.50$，$\lambda = 120$，用随机模拟方法按下面的思想计算如下：

(1) 产生 $\lambda = 120$ 的 Poisson 分布的随机数(如取 $N = 45$ 个).

（2）对每一个上述的随机数,由一日订购报纸份数 $n = 60$ 开始,由(4.12)式计算该日的利润额 $a(n, k)$,求利润总和 $\sum a(n, k)$,平均利润 $\sum a(n, k)/N$.

（3）再对其他的 $n(n = 61, 62, \cdots, 140)$ 进行同样的计算.

（4）比较后可得到使平均利润最优的 n 值.

输入变量:A 为报纸进货价;B 为报纸售出价;Lamda 为每日平均售报份数;G 为报纸订购下限.

输出变量:As 为日平均利润;nn 为最优订报份数.

程序 4.4 最优售报利润的模拟

```
function [As,nn] = paperboy(A,B,Lamda,G)
ap = [];N = 45;
for  n = G:Lamda + 20
    an = 0;
    for  i = 1:N
        r = poissrnd(Lamda);
        if  r < n
          an1 = r * B - n * A;
        else
          an1 = n * (B - A);
        end
        an = an + an1;
    end
    ap = [ap  an];
end
[As,nn] = max(ap);           % As:最大利润值, nn:最大值下标
As = As/N;nn = nn + G - 1;
```

输入参数 $A = 0.35, B = 0.50,$ Lamda $= 120$ 和报纸订购下限 $G = 60$ 后,在 Matlab 的命令窗口运行程序 paperboy 就可以得到模拟的结果.

```
[r  n] = paperboy(0.35,0.50,120,60)
r =
      16.59
n =
      116.00
```

这次运行结果告诉我们,今日清晨订购报纸 116 份售出后可获利润约为 16.36 元.读者也可按(4.14)式自编程序计算精确结果.

2. 商品存储系统

上述的报童售报问题就是一个简单的存储管理问题.在一个商品存储系统中,有两个因素使得库存量发生变化,一个是需求的发生,它使库存量减少;另一个是库存

的补充,常称为订货,它使库存量增加.需求与订货是使系统状态发生改变的事件.

随机存储系统的特点是随机因素的存在,主要表现为需求的随机性.具体地说,我们总是假定订货时间间隔和需求量是服从某种分布的随机变量.为简单起见,我们还假定订货立即到达,没有延误.

1)(s, S)策略

高效能的存储系统应随时保持一个适当的库存量.库存过多会造成不合适的存储费用,库存少了不能及时满足需求又会造成缺货损失.决策人员采用一种稳定的(s, S)策略决定订货量 Z,即

$$Z = \begin{cases} S - I, & I < s \\ 0, & I \geqslant s \end{cases}$$

其中,I 为库存量,S 表示容许的最大库存量,s 是临界库存量(或称订货点).就是说,每隔一定时间(如在每月月初)检查一次库存,当库存量减少到一定程度后立即订货;否则,就不订货.

2) **存储系统的费用**

确定一个存储系统效能高低的标准就是费用的高低.有以下几项费用:

(1) 订货费 J_1.记 c_0 为每次订货的手续费,c_1 为每件商品订购价格.

(2) 存储费 J_2.货物的库存保管费、资金积压损失费(如贷款利息等).单位时间每件货物的存储费为 c_2.

(3) 缺货费 J_3.需求超过库存量时,失去销售机会,或给客户造成不便,降低了自己的声誉所产生的损失.设单位时间每件缺货的损失费为 c_3.

记 $I(t)$ 表示 t 时刻的库存量,这样,订货费

$$J_1(t) = \begin{cases} c_0 + c_1[S - I(t)], & I(t) < s \\ 0, & I(t) \geqslant s \end{cases} \tag{4.15}$$

显然,$I(t)$ 可以为正、负或零.$I(t)$ 为正时,产生存储;$I(t)$ 为负时,产生缺货费.令 $I^+(t) = \max(I(t), 0)$,表示 t 时刻的实际库存量;$I^-(t) = \max(-I(t), 0)$,表示 t 时刻的实际缺货量.

于是,T 个月的存储费和缺货费分别为

$$J_2 = c_2 \int_0^T I^+(t)\mathrm{d}t, \qquad J_3 = c_3 \int_0^T I^-(t)\mathrm{d}t \tag{4.16}$$

模拟从 $t = 0$ 开始,到 $t = T$ 结束.给定费用参数 c_0, c_1, c_2, c_3 和策略(s, S),由订货时间间隔和需求量的概率分布,用模拟的方法产生一系列需求,让系统模拟运行 T 个月,计算出总费用,再计算出每月平均费用作为系统的性能指标.

T 个月的总费用为 $J = \sum_{t=0}^{T-1} J_1(t) + J_2 + J_3$.注意到 $I(t)$ 是仅当需求或订货发生变化时才产生跃变的阶梯函数,(4.16)式中的积分只是简单的和式.每月平均费用为

$$\bar{J} = \frac{J}{T} \tag{4.17}$$

例 4.4 （模拟运行的实例）设订货的时间间隔 i 服从平均达到率 $\mu = 4$（即平均每月四次）的指数分布，需求量 d 服从参数 $\lambda = 6$ 的 Poisson 分布，假设按上述设定的分布产生 i 和 d 的一组数据如表 4.2，我们来观察模拟运行的情况.

表 4.2 订货时间间隔和需求量的数据

k	1	2	3	4	5	6	7	8	⋯
i	0.59	0.64	0.68	1.74	1.09	2.73	0.99	0.95	⋯
d	1	6	5	1	3	1	4	3	⋯

给定策略和费用参数为 $s = 20$，$S = 40$，$c_0 = 8$，$c_1 = 5$，$c_2 = 3$，$c_3 = 9$，初始库存 $I(0) = 40$，取 $T = 120$ 个月（10 年）.

记 DT 为需求发生的时刻，OT 为检查库存的时间，t 用作记录系统运行的时间.

输入初始数据 $t = 0$，$DT = 0$，$OT = 1$（表示一个月），$I = 40$，$J_1 = J_2 = J_3 = 0$ 及前述参数 s，S，c_0，c_1，c_2 和 c_3. 模拟过程可按图 4.6 的框图进行.

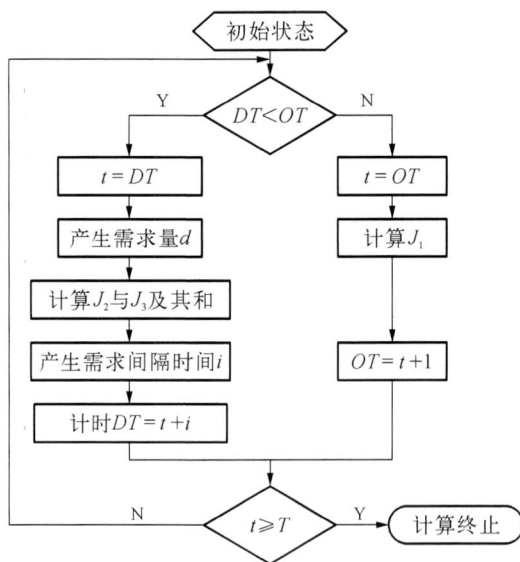

图 4.6 随机存储系统模拟运行框图

（1）从初始条件，$DT = 0 < OT = 1$ 成立，置 $t = DT = 0$，产生一个需求 $d = 1$（表 4.2），$I = 40 > d = 1$，置 $I = 40 - 1 = 39$，计算存储费 J_2（由于时间 $t = 0$，本次的存储费 $J_2 = 0$），产生一个需求间隔时间 $i = 0.59$（月），时间 $DT = 0 + 0.59 = 0.59$（月），$t < T$ 成立，返回.

（2）第二遍循环. 由上述知, $DT = t = 0.59 < OT = 1$, 产生一个需求 $d = 6$ $(< I = 9)$, 置 $I = 39 - 6 = 33$, 计算 J_2 和 J_3, 产生一个间隔时间 $i = 0.64$, 计时 $DT = 0.59 + 0.64 = 1.23$(月), $t < T$ 成立, 返回.

（3）此时, $DT = 1.23 > OT = 1$, 置 $t = OT$, 表示已经超过一个月, 应检查一次库存. 因 $I = 33 > s = 20$, 不订货. 计时, 置 $OT = 1 + 1 = 2$, $t < T$ 成立, 返回.

如此循环下去, 直到时间 t 超过 $T = 120$（月）为止.

最后可输出这次模拟的结果: 总费用和每月平均费的估计. 要想得到一个较好的估计, 应该作多次模拟, 取其平均值. 也可以改变策略参数 s 和 S 的值, 用模拟的手段得到新的结果, 通过比较可获得较优的 (s, S) 策略.

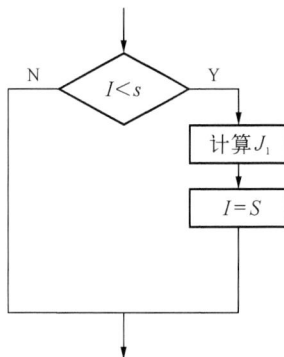

图 4.6 中计算订货费 J_1、存储费 J_2 与缺货费 J_3 的框图如图 4.7 和图 4.8 所示.

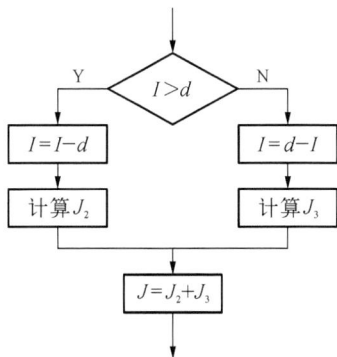

图 4.7　计算存储费 J_2 与缺货费 J_3 框图　　　图 4.8　计算订货费 J_1 框图

上 机 练 习

1. （盐水浓度问题）水池内有 $2000\ \mathrm{m^3}$ 盐水, 含盐 $2\ \mathrm{kg}$, 现以 $6\ \mathrm{m^3/min}$ 的速度向池中注入含盐率为 $0.5\ \mathrm{kg/m^3}$ 的盐水, 同时又以 $4\ \mathrm{m^3/min}$ 的速度从池中抽出搅拌均匀的盐水, 每隔 $10\ \mathrm{min}$ 计算池中水的体积、含盐量和含盐率. 模拟实际过程, 将模拟数据列表, 从表中查出含盐率达到 $0.2\ \mathrm{kg/m^3}$ 所用的时间.

2. （报童售报问题）设报童每天清晨从报站订购报纸零售, 晚上将没有卖完的报纸退回. 设报纸进货价每份 a 元, 售出价每份 b 元, 退回价每份 c 元 $(b > a > c > 0)$. 因此, 报童每售出一份报纸可获利 $(b - a)$ 元, 退回一份报纸要损失 $(a - c)$ 元. 若报童每天购进报纸 n 份, 每天售出报纸的份数 k 服从参数为 $\lambda(\lambda > 0)$ 的 Poisson 分布.

   （1）试建立该报童日获利和平均日获利的数学模型;

   （2）若取 $a = 0.35$ 元, $b = 0.50$ 元, $c = 0.25$ 元, 其余数据同前例, 试用随机模拟法为该报童确定其销售策略.

3. A 方导弹基地发现正北 $120\ \mathrm{km}$ 处海面有敌方舰只正以 $90\ \mathrm{km/h}$ 的速度向正东方行驶, 该基地立即发射导弹跟踪追击. 已知导弹速度为 $450\ \mathrm{km/h}$, 导弹的制导系统能使导弹在任何时刻都对准敌舰飞行.

(1) 试模拟导弹与敌舰的运动轨迹,根据模拟结果,导弹在何时何处击中敌舰?

(2) 如果在 A 方发射导弹的同时,敌舰的预警设备能立即察觉,它马上以 135 km/h 的速度沿垂直于导弹飞行的方向逃逸.模拟导弹与敌舰的运动轨迹,根据模拟结果,导弹在何时何处击中敌舰?

(3) 如果敌舰的速度不变,它的运动方向与导弹飞行方向成多大夹角时有利于其逃逸? 它应采用什么策略摆脱导弹的追击?

4. (随机存储系统的模拟)下面给出的是计算订货费 J_1、存储费 J_2 与缺货费 J_3 的两个 M 文件.

计算订货费 J_1:

```
function [J,I] = J_1(c0,c1,S,s,I)
if I < s
    J = c0 + c1 * (S - I);I = S;
else
    J = 0;
end
```

计算存储费 J_2 与缺货费 J_3:

```
function [J2,J3,I] = J_23(c2,c3,I,d,t)
J2 = 0;J3 = 0;
if  I > d
    I = I - d;J2 = c2 * I * t;
else
    I = d - I;J3 = c3 * I * t;
end
```

程序中变量的含义同前例所述. 在上述的随机存储系统中,现有表 4.3 中的 9 种库存订货策略,试编程模拟这 9 种订货策略.

表 4.3 9 种库存订货 (s, S) 策略

s	20	20	20	20	40	40	40	60	60
S	40	60	80	100	60	80	100	80	100

要求输出月平均订货费、月平均存储费、月平均缺货费及月平均总费用,并据此从中找出最佳策略.

计算中的初始条件与前例同,要求对每个策略模拟 10 次或以上,由得到的平均值作为所求解的估计.

4.2 Simulink 建模与仿真

Simulink 是一个用来对动态系统(即其状态随时间变化的系统)进行建模、仿真和分析的集成软件包.用它来完成系统仿真工作将是一件非常轻松的事情,软件

提供图形化的方式,无需编写代码,建模过程非常直观.它可以处理的动态系统包括:线性、非线性系统;离散、连续及混合系统;单任务、多任务离散系统.

"Simu"一词表明它可用于模拟仿真,而"link"表明它有连接功能,即把一系列模块连接起来,构成复杂的系统模型.正是由于这两大功能,使得 Simulink 成为仿真领域首选的计算机环境.

4.2.1　Simulink 工具箱及其操作简介

1. 启动 Simulink

Simulink 的开始窗口如图 4.9 所示.

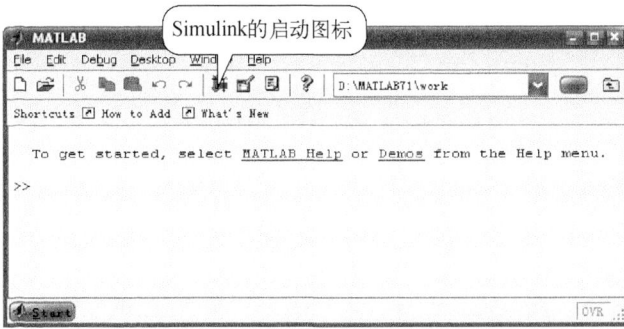

图 4.9　Matlab 默认的命令窗口

点击 Matlab 命令窗口工具条中的 Simulink 启动按钮,或者在命令窗口运行指令"simulink",就会弹出如图 4.10 所示的 Simulink 库浏览窗口.

在 Simulink 工具包的符号下,可以看到它的各个子库,以下使用的模块都取自其中.

点击 Simulink 库浏览窗口工具条上的"创建新模型"图标,就打开一个名为"untitled"的空白模型窗口(图 4.11).

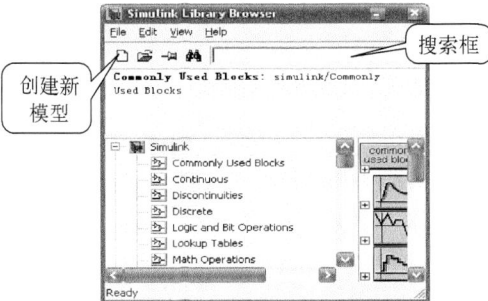

图 4.10　Simulink 库浏览窗口

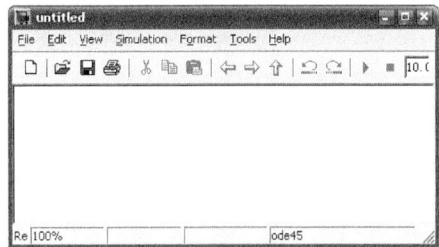

图 4.11　未加标题的 Simulink 新建模型窗口

177

2. 两个简单系统的模型

例 4.5 计算积分 $\int_0^1 e^{-x^2} dx$，其精确值为 $0.746\,824\cdots$.

解决这一问题所需要使用的 Simulink 模块有：

（1）Clock 时钟模块，用作输出系统的仿真时间. 寻找 Clock 模块的方法，在 Simulink 库浏览窗口展开 Source 库，就可找到 Clock 模块，或是在搜索框内（图 4.10），键入"Clock"，点击望远镜形状的搜索按钮，即可找到所需要的模块.

（2）User-Defined Functions 库中的 Fcn 自定义函数模块，用作定义被积函数.

（3）Continuous 模块库中的 Integrator 积分模块，用作对输入变量进行积分.

（4）Sinks 模块库中的数值显示模块 Display，用数值方式显示积分结果.

选择相应的系统模块并将其拖动到新建的模型窗口，如图 4.12 所示. 将光标指向起始模块的输出端，此时光标变成十字形"+"，单击鼠标左键并拖到目标模块的输入端口，当光标变成双十字形时松开鼠标键，完成连接. 完成连接后在接点处出现一个箭头，表示系统内信号的流向，如图 4.13 所示.

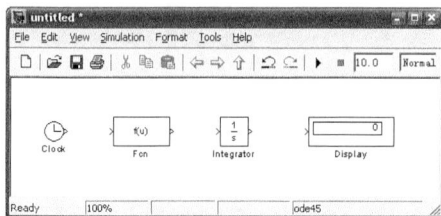

图 4.12　将模块拖入模型窗口

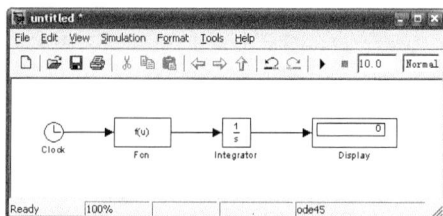

图 4.13　模块之间连线

为使模型能够正确地完成仿真，需要进行必要的参数设置. 几乎所有的模块都有一个参数对话框，该对话框可以用来对模块参数进行设置.

双击系统模块，打开参数设置对话框. 参数设置对话框包括系统模块的简单描述、模块的参数选项等信息. 不同模块的参数设置不同.

在本例中，自定义函数模块 Fcn 的任务是建立积分被积函数. 在参数设置框的 Expression 栏内填写 exp($-$u $*$ u)，并可以将外标识"Fcn"改写成为 exp($-$x $*$ x)，如图 4.14 所示.

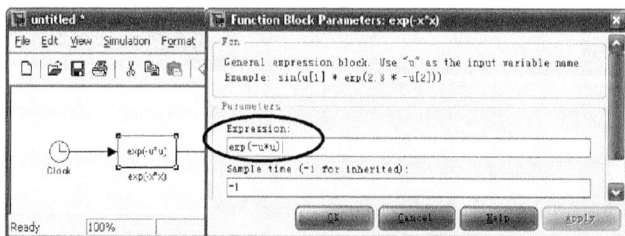

图 4.14　系统模块的参数设置

178

本例中,Integrator 模块和 Display 模块参数都采用默认值.在模型窗口,点击菜单 Simulation:Configuration Parameters,引出仿真参数设置对话框,选择 Simulation time,将仿真终止时间(Stop time)设置为 1.

最后完成的用 Simulink 标准模块构造积分模型(命名为 prog4_5)如图 4.15 所示.

启动仿真后,在显示器上读得积分值为 0.7468.数值结果的默认显示格式是"short",双击显示模块 Display,在 Format 栏中选择其他的显示格式命令,如 long,运算结果就会有不同的显示格式.

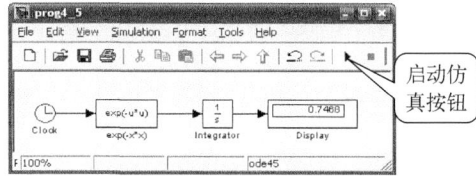

图 4.15 积分模型

作为实验,读者可以试着用这样的方法计算定积分.

例 4.6 (借贷还款问题的仿真)假设某人某月向银行贷款 x_0 元,贷款月利率为 r,每月还款额 R,记第 n 月的欠款额为 x_n,则

$$x_n = (1+r)x_{n-1} - R \tag{4.18}$$

考虑一个具体的例子.若初期贷款额为 81 000 元,贷款月利率为 4.1175‰,每月还款额为 2425.5 元,研究在贷款的第 30 月内的欠款情况.

数学模型(4.18)描述的系统中,时间变量(自变量)每隔一个固定时间间隔"刷新"一次,固定的时间间隔称为系统的"采样"时间,这样的系统称为离散系统,而例 4.5 描述的是连续系统的问题.本例中选用的系统模块有:

(1)Discrete 模块库中的 Unit Delay 模块,可称为单位延迟模块.该模块的输出为前一个采样时间的输入值,即 $y_k = f(k-1)$.Initial conditions 栏中填写初值 81 000.

(2)Math Operations 模块库中的 Sum 求和模块,用来完成对输入量求代数和.Icon shape 栏内选择 rectangular,List of signs 填写"-+".

(3)Math Operations 模块库中的 Gain 增益模块,其功能是对输入量乘以设定的常数、变量或表达式.在参数设置框的 Gain 栏内填入 1.004 117 5.

(4)Sources 库中的 Constant 常量模块,Constant value 栏内填写 2425.5.

(5)Sinks 库中的 Display 模块和 Scope 模块,分别使用数值方式和图形方式显示结果.Display 模块 Parameters 属性的 Format 栏中选择 Bank,即用银行方式显示结果.

(6)在模型窗口,点击菜单 Simulation:Configuration Parameters,引出仿真参数设置对话窗,选择 Simulation time,将仿真终止时间(Stop time)设置为 29;解算器选项(Solver options),Type 栏设定为固定步长(Fixed-step),Solver 栏设定为离散解法(discrete).

完成的模型如图 4.16 所示(命名为 prog4_6).

启动仿真后,显示器上的读数表明借贷人的欠款额为 14 345.46 元,示波器显示的欠款数额随时间变化曲线如图 4.17 所示.

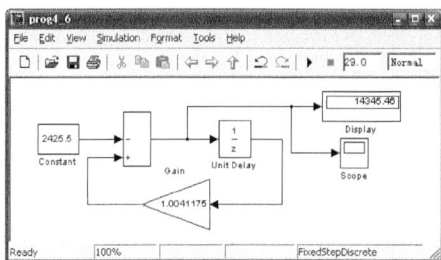

图 4.16　借贷还款问题的仿真模型　　　图 4.17　30 个月的欠款阶梯形曲线

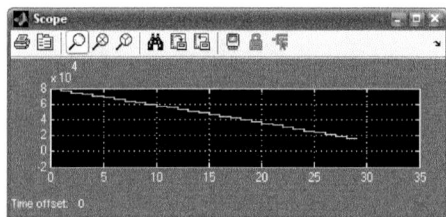

4.2.2　蹦极系统的仿真

例 4.7　研究蹦极者的落体运动方程,在指定的参数条件下,用仿真模型讨论蹦极系统的安全性.

1) 蹦极系统的数学模型

蹦极是一种挑战自我的活动,蹦极者身系一根弹力绳从高高的桥梁(或悬崖)向下跳.在下落的过程中,蹦极者几乎处于失重状态.按牛顿运动规律,自由下落物体的位置由下式确定:

$$mx'' = mg - a_1 x' - a_2 x' \mid x' \mid$$

其中 m 为物体的质量,g 为重力加速度,$x = x(t)$ 是物体在时刻 t 的位置坐标,第二项与第三项表示空气阻力.设定 x 轴的正方向向下,物体系在一个劲度系数为 k 的弹力绳索上,取绳索末端为坐标原点,则其对落体位置的影响为

$$b = b(x) = \begin{cases} -kx, & x > 0 \\ 0, & x \leqslant 0 \end{cases} \quad (k > 0) \tag{4.19}$$

若绳索长 30 m,蹦极者起跳位置的坐标为 -30 m,整个蹦极系统的数学模型描述为

$$\begin{cases} mx'' = mg + b(x) - a_1 x' - a_2 x' \mid x' \mid \\ x'(0) = 0,\ x(0) = -30 \end{cases} \tag{4.20}$$

此系统为一个具有连续状态的非线性连续系统.设桥面距离地面 50 m,其余的参数分别是 $k = 20$,$a_1 = 1.6$,$a_2 = 1.0$,$m = 70$ kg,$g = 10$ m/s^2.

建立蹦极系统的仿真模型,在如上的参数下对系统进行仿真,分析此蹦极系统对体重为 70 kg 的蹦极者是否安全.

2) 建立蹦极系统的仿真模型

将模型改写成

$$\begin{cases} x'' = \dfrac{1}{m}[mg + b(x) - a_1 x' - a_2 x' \mid x' \mid] \\ x'(0) = 0,\ x(0) = -30 \end{cases}$$

用积分模块构造微分方程求解模型的思路是:括号内的各项完成代数和运算以后,再乘以因子 $1/m$,就是 x'',而对 x'' 积分一次得到 x',对 x' 再积分一次就得 x.

在蹦极系统的仿真模型中,使用的系统模块有:

(1) Continuous 模块库中的 Integrator 积分模块,用来实现系统中的积分运算,本模型中的两个积分模块的标签分别改写为"Volecity"和"Position".

(2) User-Defined Functions 模块库的 Fcn 模块,用来实现空气阻力函数关系.

(3) Commonly Used Blocks 模块库中:① 求和模块 Sum,实现求和运算;② 增益模块 Gain,分别提供变量的因子系数 k 以及 a_1 和 a_2;③ 两个输入的选择模块 Switch,用来实现系统中弹力绳索的函数关系式(4.19);④ 接地模块 Ground,联结 Switch 模块一个空闲的输入端口.

(4) Sources 库中的两个 Constant 常量模块,一个模块提供模型中常数项 mg 之值;另一模块取值"50",表明蹦极者相对于地面的距离.

(5) Sinks 库中的 Scope 示波器模块,以图形方式输出蹦极系统的仿真结果.

蹦极系统的仿真系统如图 4.18 所示(命名为 prog4_7).

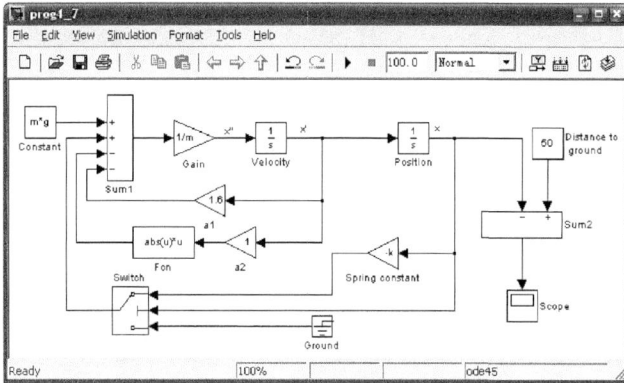

图 4.18　蹦极系统的仿真系统

注　本系统的输出模块 Scope 显示的是蹦极者的绝对位置,即相对于地面的距离,并不是相对于桥面的距离.

3) 各模块的参数配置

在建立求解方程(4.20)的模型后,同样需要设置模型中各个模块的参数.这里仅给出积分模块 Velocity 和 Position 初始值参数的设置,如图 4.19 所示.

在连续系统中,不能忽略的积分模块的初始值参数的设置,一般来说,初始条件决定了运动规律.

在本例中,蹦极者质量 m 和重力加速度 g 之积 mg 的值作为模型(4.20)的常数项由 Constant 模块提供,其参数设置如图 4.20 所示.其中的 Constant value 栏

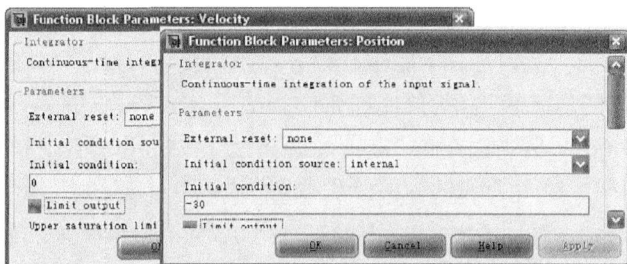

图 4.19　积分模块 Velocity 与 Position 初始值参数的设置

内可填写常数 700,这里设置的是 $m*g$,m 和 g 的值由 Matlab 工作空间中的变量给出,与之相类似的还有对弹性常数 k 的设置,在启动仿真之前必须在工作空间对这三个变量(m，g 和 k)赋值,即先在 Matlab 命令窗口(Command Window),键入命令:

>> m = 70;g = 10;k = 20;　　　　　　% 向模块变量赋值

然后再点击仿真按钮,运行蹦极系统.采用命令方式向仿真模块输入参数增加了系统的可理解性,并且便于在仿真过程中调整参数.

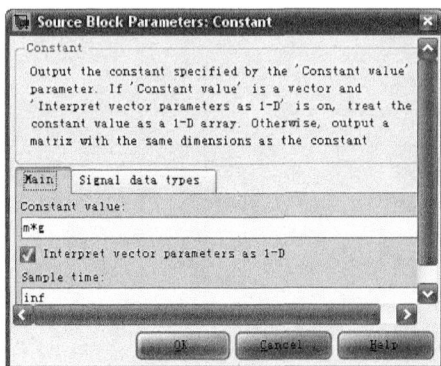

图 4.20　常量模块 Constant 的参数设置

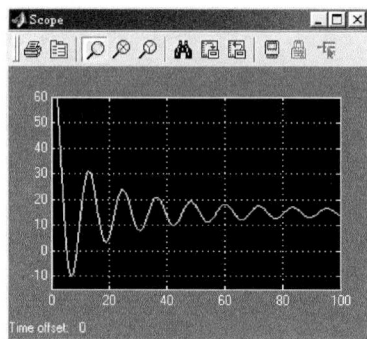

图 4.21　蹦极系统的仿真结果

其他模块参数设置都同前例,不再赘述.

4) 系统仿真参数设置与仿真结果输出

点击模型窗口菜单 Simulation:Configuration Parameters,打开仿真参数设置对话框,选择 Simulation time 栏,对蹦极系统的仿真参数设置如下:系统仿真时间为 0～100 s;其余参数采用系统默认值(若认为仿真输出曲线不够光滑,可将最大仿真步长(Max step size)由 0.1 改为更小).

启动仿真系统之前,先在 Matlab 命令窗口键入命令:

>> m = 70;g = 10;k = 20;

执行完上述命令后,再启动仿真,仿真输出方程(4.20)的积分曲线 $x = x(t)$ 如图 4.21 所示.

图 4.21 所示为蹦极者与地面之间的距离. 从仿真结果可知: 对于体重为 70 kg 的蹦极者来说, 此系统是不安全的, 因为蹦极者与地面之间的距离出现了负值, 也就是说, 蹦极者在下落的过程中会触及地面. 因此, 必须改用弹力系数更大的弹性绳索, 才能保证蹦极者的安全. 读者可以试一试, 看看劲度系数 k 为何值时, 蹦极者的安全才有保障.

5) 创建子系统

随着研究对象的情况变得更加复杂, 直接用基本模块构成的模型也变得更加庞大, 其中主要信息的流向就会不易辨识. 此时, 若把整个模型按实现功能或对应物理器件的存在划分成一个或几个子系统, 将有利于对整个系统的概念抽象. 以下介绍创建子系统(简称"包装")的操作方法.

方法一 先有内容后加包装.

(1) 将图 4.18 所示的模型复制到一个新的模型窗口. 这一步是必要的, 因为模型一旦被"打包", 就不再可能"解包复原".

(2) 选定打算"包装"的模块, 这里是除 Constant、Distance to ground、Scope 和 Sum 2 以外的其余所有模块. 点击模型窗口菜单 Edit Create:Subsystem, 就把前述选定的模块包装在一个名为 Subsystem 的模块中, 经必要的整理, 建成的仿真模型如图 4.22 所示.

在整理模块的过程中, 若要对模块作旋转操作, 可先选中模块, 点击模型窗口菜单 Format:Rotate Block, 模块就按顺时针方向旋转 90°.

双击子系统模块 Subsystem, 打开的子系统窗口如图 4.23 所示.

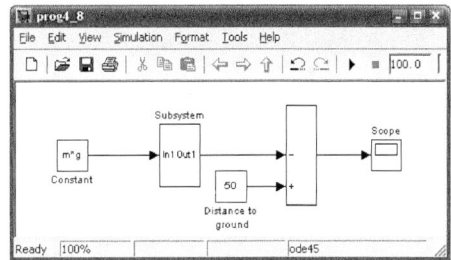

图 4.22 完成创建子系统后的仿真模型

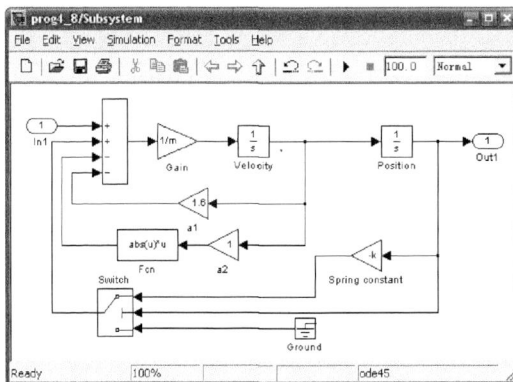

图 4.23 子系统窗口

方法二 先有包装后置内容.

（1）在新建模型窗内复制 Commonly Used Blocks 库中的标准模块 Subsystem.

（2）双击模块 Subsystem, 引出一个空白模型窗, 在该窗口内建立如图 4.23 所示的子系统模型, 关闭子系统窗口, 子系统就制作完成了.

6）在 Matlab 工作空间与 Simulink 模块之间传递信号

前面已经介绍了可以在 Matlab 工作空间向 Simulink 模型传递模块参数, 当然也可将 Simulink 的仿真结果输出到 Matlab 的工作空间, 可以用人们习惯的行命令方式进行仿真分析, 这样就使得用户可以对模型做更多的控制与修改, 大大方便了用户的操作.

在图 4.22 模型的基础上增设一个 Out 模块（Commonly Used Blocks 库）, 就可以将蹦极者的位置数据输出到工作空间. 新的仿真模型如图 4.24 所示.

点击模型窗口菜单 Simulation:Configuration Parameters, 打开仿真参数设置对话框, 在 Save to workspace 栏中勾选 Time 和 Output 两项, 其中有两个变量分别是 tout 和 yout, 这表示将 Time 和 Output 两项数据分别以变量名 tout 和 yout 输送到工作空间. 将该模型取名为 prog4_9, 保存后退出模型窗口, 进入 Matlab 命令窗口, 键入以下命令：

```
>> m = 70;g = 10;k = 20;
>> sim('prog4_9')               % 运行名为 prog4_9 的仿真模型
>> simplot(tout,yout)           % 输出仿真曲线
```

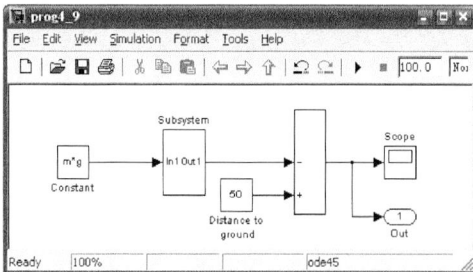

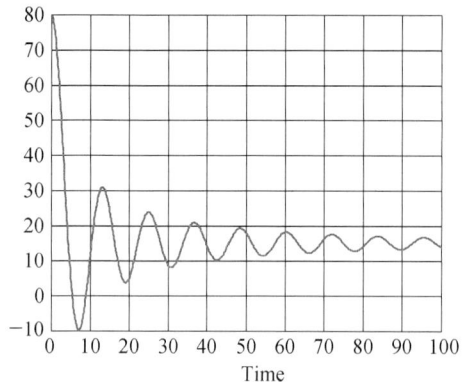

图 4.24　仿真数据的输出　　　　图 4.25　使用 simplot 命令绘制的仿真结果

使用 From Workspace 模块可以将工作空间中的变量作为系统模型的输入信号, 而 To Workspace 模块的功能与前者正好相反. 请有兴趣的读者自己试试.

4.2.3　行驶汽车的动力学仿真

例 4.8　质量为 m 的汽车沿直线行驶在上山的斜坡路上, 斜坡与水平面所成

的角为 θ(图 4.26). 要求设计一个速度控制器,研究汽车在受控状态下的运动情况.

根据上述要求,可以搭建一个大致的模型框架,即整个系统模型由两部分构成,一个可称为"汽车运动模块",另一个可称为"汽车速度控制模块".下面分别构建这两个子系统.

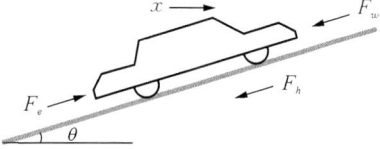

图 4.26　斜坡上行驶汽车的受力分析

1) 汽车的运动方程

有三个力作用于汽车:引擎动力 F_e、空气阻力 F_w 和重力沿斜面的下滑分力 F_h. 根据牛顿第二定律,汽车的运动方程为 $mx'' = F_e - F_w - F_h$. 其中,$x = x(t)$ 是物体在时刻 t 的位置坐标,并假设初值均为零.

在本例中,汽车质量 $m = 100\,\mathrm{kg}$;汽车引擎最大驱动力为 1000,最大制动力为 2000,即 $-2000 \leqslant F_e \leqslant 1000$;空气阻力

$$F_w = 0.001\,(x' + 20\sin 0.01t)^2$$

它与汽车速度的平方成正比,第二项是考虑"阵风"的影响而引入的;下滑分力 $F_h = 30\sin 0.0001x$,这里的正弦项是由于坡度随汽车位移的变化而造成的.

2) 设计初步的汽车运动模型

该模型如图 4.27 所示,主要使用的模块有:

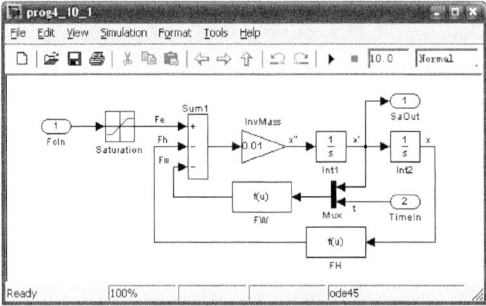

图 4.27　汽车行驶的初步仿真模型

(1) FcIn 输入模块,为引擎驱动力 F_e 提供输入通道.

(2) SaOut 输出模块,输出汽车实际速度的测试值.

(3) Saturation 饱和度模块,设定输入驱动力的上下饱和度,即上下限的值. 当输入信号在上下限之间时,输出值就是输入值;而当输入信号在上、下限之外时,输出信号就是上、下限的值. 本例中,Upper limit 为 1000,Lower limit 为 -2000.

(4) TimeIn 输入模块,为仿真时间提供输入通道.

(5) FW 函数模块,空气阻力 F_w 模块,由 $F_w = 0.001\,(x' + 20\sin 0.01t)^2$,且该模块的输入是向量 $(x',\ t)$,所以该模块表达式应填写成

$$0.001 * (u\,[1] + 20 * \sin(0.01\ *\ u\,[2]))\verb|^|2$$

(6) FH 函数模块,重力下滑分力 F_h 函数模块. 由于输入 $F_h = 30\sin 0.0001x$ 为标量,该模块的表达式为 $30 * \sin(0.0001 * u)$.

(7) Mux 向量合成模块,将两个信号 x' 和 t 合成为向量 $(x',\ t)$ 后作为空气阻力 F_w 模块的输入信号,所以该模块的 Number of inputs 参数应取值为 2.

3）控制汽车速度的模型

控制汽车速度的方法是：根据计算所得到的期望速度与实际速度之差产生"指

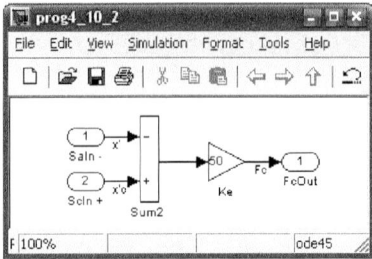

图 4.28 汽车速度控制器
仿真模型

令"驱动力 F_c，即 $F_c = K_e(x'_c - x')$．其中，x'_c 为期望速度（记为 S_a），x' 为实际速度（记为 S_c），K_e 为反馈增益，本例中取 $K_e = 50$．指令驱动力 F_c 与引擎驱动力 F_e 的区别在于：前者是理论上计算得到的力，后者是受物理条件限制后实际能够提供的力．该控制器的模型如图 4.28 所示．图中 ScIn 和 SaIn 分别是期望速度与实际速度的输入口模块，FcOut 是指令驱动力 F_c 的输出模块．

4）构造完整的仿真模型

在一个新建的模型窗口内，对图 4.27 的初步模型与图 4.28 的速度控制模型作适当的连接，就成为如图 4.29 所示的完整的汽车速度控制模型．

（1）删去图 4.27 模型的 FcIn 输出口和图 4.28 模型的 FcOut 输入口，将两个断点相接；删去图 4.27 模型的 SaOut 输出口和图 4.28 模型的 SaIn 输入口，将两个断点相接．

（2）删去图 4.28 模型的 ScIn 输入口，将滑动增益 Slider Gain 模块的输出与该断点相接，接受指定速度（期望速度）信号．本例中将该模块的下限设为 0，上限设为 100，指定的期望速度为 62.5，Constant 模块输入的衡值 1 作为 Slider Gain 模块的激励信号．

（3）删去图 4.27 的 TimeIn 模块，将 Clock 信号源的输出与此断点相接．

（4）为方便观察，速度值还同时被送到数值显示器 Display 和示波器 Scope，可以读出汽车的实际速度，完整的汽车速度控制仿真模型如图 4.29 所示．

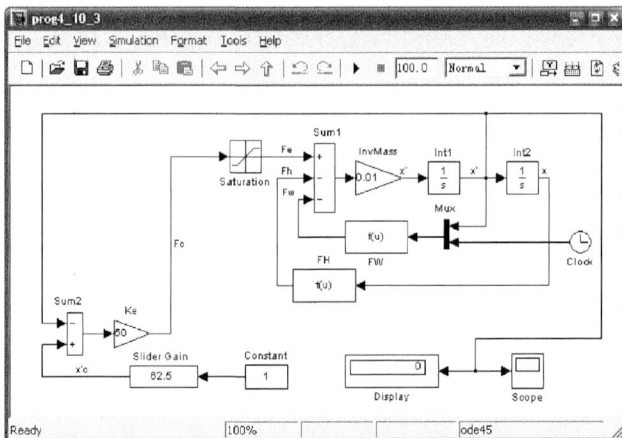

图 4.29 完整的汽车速度控制仿真模型

（5）按"汽车运动模块"和"汽车速度控制模块"分别包装成两个子系统的完整仿真模型如图 4.30 所示.

5）仿真操作说明

双击滑动增益 Slider Gain 模块，可以看到有滑动键的对话框.用鼠标移动滑动键，就可以改变期望车速的值，这一变化也在模型的图标上反映出来.在仿真过程中，数值显示器所显示的实际车速，在控制器作用下不断地接近期望车速.

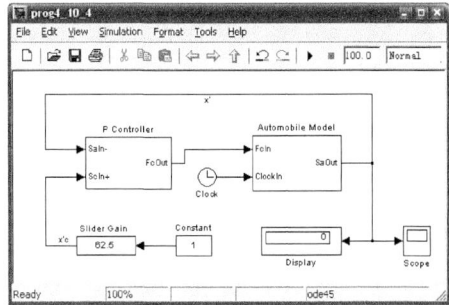

图 4.30 采用子系统结构的完整仿真模型

上 机 练 习

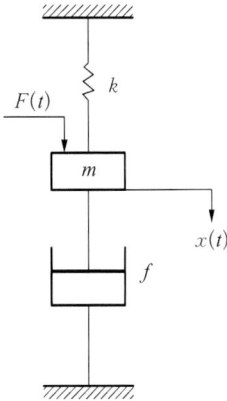

图 4.31

1. 设有一个弹簧，它的上端固定，下端挂一个质量为 m 的物体，物体下端连接一个阻尼器，构成弹簧-质量-阻尼位移系统.取 x 轴铅直向下，取物体的平衡位置为坐标原点（图 4.31）.请建立此系统的 Simulink 仿真模型，分析该系统在外力 $F(t)$ 作用下质量块的位移 $x(t)$.其中，质量块的质量 $m = 5\,\text{kg}$，阻尼器的阻尼系数 $f = 0.5$，弹簧的劲度系数 $k = 5$；并设质量块的初始位移与初始速度均为零，外力 $F(t)$ 由读者自定.（提示：由牛顿运动定律建立系统的方程 $m\dfrac{\mathrm{d}^2 x}{\mathrm{d}t^2} + f\dfrac{\mathrm{d}x}{\mathrm{d}t} + kx(t) = F(t)$ 建立系统模型，将系统方程转化成如下的形式：$\dfrac{\mathrm{d}^2 x}{\mathrm{d}t^2} = \dfrac{F(t)}{m} - \dfrac{k}{m}x(t) - \dfrac{f}{m}\dfrac{\mathrm{d}x}{\mathrm{d}t}$，再以此式为核心建立系统模型.）

2. 研究蹦极系统在下述情况下是否安全，并绘制相应的曲线：

（1）蹦极者体重 80 kg，弹力绳索的劲度系数为 30；

（2）蹦极者体重 70 kg，弹力绳索的劲度系数为 20.

3. 在蹦极者体重为 70 kg 的条件下，用命令方式对蹦极系统在不同的劲度系数下进行仿真分析，求出符合安全要求的弹力绳索的最小劲度系数.

第5章 线性回归问题

在现实世界中,存在着这样的情况:变量 x 和 y 有某种依赖关系.由 x 可以部分地决定 y 的值,但这种决定往往不很确切.例如,若用 x 表示某人的身高,用 y 表示他的体重,一般说来,当 x 大时,y 也倾向于大,但由身高 x 并不能严格地决定体重 y.又如,城市生活用水量 y 与气温 x 也有很大的关系,在夏天气温较高时用水量就增加;当气温下降天气转凉后用水量就减少.用水量 y 是一个随机变量,我们不能由气温 x 准确地决定用水量 y.变量间的这种关系称为"相关关系".回归模型是研究统计相关关系的一个有力工具.

一般地,因变量 y 与 p 个自变量 x_1,x_2,$\cdots$,x_p 具有某种相关关系.y 的值由两部分构成:一部分是系统性的因素,它往往可以表示为变量 x_1,x_2,$\cdots$,x_p 的函数 $f(x_1$,x_2,$\cdots$,$x_p)$;另一方面,y 值的变化受众多未知的随机因素的影响,它们的综合效果记为 ε,称为随机误差,并且有理由要求它的均值 $E(\varepsilon) = 0$.于是,变量 y 与的 x 关系可以表示成 $y = f(x_1$,x_2,$\cdots$,$x_p)+\varepsilon$.即在变量 x_1,x_2,$\cdots$,x_p 值给定的条件下,$E(y \mid x_1$,x_2,$\cdots$,$x_p) = f(x_1$,x_2,$\cdots$,$x_p)$,称 $f(x_1$,x_2,$\cdots$,$x_p)$ 为回归函数.回归分析就是利用 y 与 x 的观测数据,在误差项的某些假定下确定回归函数,并使用统计推断方法分析函数的合理性,进一步应用于预测、控制等问题.

本章只讨论回归函数为线性函数时的情况,处理该问题的 Matlab 命令主要是两个——polyfit 和 regress,前者用于多项式拟合,后者是处理线性回归模型的主要命令.作为更深入一点的问题,本章还介绍了岭回归和逐步回归的原理,以及处理这些问题的 Matlab 命令.

5.1 预测披萨饼店的年销售额

Armand 披萨饼连锁店是经营意大利食品的餐馆,它在美国的几个州都建有分店.Armand 披萨饼店成功的重要经验之一就是:店址的最佳位置是在大学校园附近.

在新建立一家餐馆之前,管理层需要对它的年销售额做出预测,预测的结论用于确定新建餐馆的规模.

管理人员认为,设在某校园附近餐馆的年销售额与该校学生的人数有关.初步的看法是,设在规模大、学生人数多的学校附近的餐馆的年销售额高于设在规模小、学生人数少的学校附近的餐馆的年销售额.为研究餐馆的年销售额 y 随当地学

生人数 x 的变化规律,Armand 披萨饼店收集了它的 10 个坐落在校园附近的营销分店的年销售额与其所在地学生人数的数据,这些数据都归纳在表 5.1 中.

表 5.1　10 家分店的年销售额及分店所在地学生人数

餐馆序号 I	学生人数 x_i/千人	年销售额 y_i/千美元
1	2	58
2	6	105
3	8	88
4	8	118
5	12	117
6	16	137
7	20	157
8	20	169
9	22	149
10	26	202

例如,对第一个分店,$x_1 = 2$,$y_1 = 58$ 表示该店坐落在有 2000 名学生的一所学校附近,年销售额为 58 000 美元;第二个分店附近的一所学校有 6000 名学生,它的年销售额达 105 000 美元;余类推.

以学生人数为横轴,年销售额为纵轴,10 个分店数据的散点图(图 5.1)可以帮助我们粗略地了解变量 x 与 y 之间的关系.从图 5.1 可见,数据点大致落在一条直线附近,这显示 x,y 这两个变量具有统计学上的线性关系.

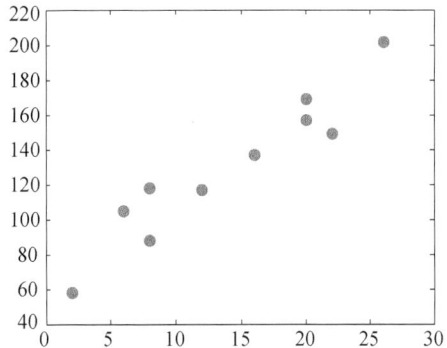

图 5.1　学生人数与餐馆年销售额关系散点图

5.1.1　一元线性回归模型

Armand 披萨饼店的年销售额与学生人数之间存在的近似线性关系就是一种相关关系,观察表 5.1,餐馆 3 和餐馆 4 都坐落在有 8000 名学生的校园附近,但它们的年销售额却分别是 88 000 美元和 118 000 美元,这种情况在餐馆 7 和 8 的数据上也可以看到.由于有随机因素的影响,变量 y 的值并不能被变量 x 的值完全确定,年销售额 y 是随机变量.这种线性相关关系常用线性回归模型来描述.

设因变量 y 与自变量 x 之间存在某种线性相关关系.这里,y 是随机变量,而 x 是可以控制的变量,如年龄、时间、人数等,设

$$y = \beta_0 + \beta_1 x + \varepsilon \quad (\varepsilon \sim N(0, \sigma^2)) \tag{5.1}$$

其中,称参数 β_0, β_1 为回归系数,ε 为随机误差,σ^2 为误差方差.若忽略 ε,这就是一个通常的直线方程,称(5.1)为一元线性回归模型.常数项 β_0 是直线的截距,β_1 是直线的斜率.在实据应用中,β_0 和 β_1 需要通过观测数据来估计.

按上述假设,对于一个给定的 x,随机变量 y 的条件期望为

$$E(y \mid x) = \beta_0 + \beta_1 x \tag{5.2}$$

(5.2)式表明了一个重要的统计思想:给定了 x 后,由于随机误差的影响,因变量 y 的值不可确定,它在其概率分布的范围内都有可能取值,但是,其平均水平却与 x 有准确的关系.这就用数学的方式解释了人们在大量感性认识中所看到的统计关系.

假设自变量 x 取值分别为 x_1, x_2, $\cdots$, x_n 时,因变量 y 对应的观测值分别为 $y_1 y_2$, $\cdots$, y_n,于是我们有样本 (x_i, y_i) $(i = 1, 2, \cdots, n)$. 如果由样本得到(5.1)式中回归系数 β_0, β_1 的估计 $\hat{\beta}_0$, $\hat{\beta}_1$,则称方程

$$\hat{y} = \hat{\beta}_0 + \hat{\beta}_1 x \tag{5.3}$$

为 y 关于 x 的经验回归方程或回归方程,其图形称为回归直线.利用回归方程,可由变量 x 的观测值求得随机变量 y 的拟合值,用 $\hat{y}$ 表示,当然,$\hat{y}$ 就是 $E(y|x)$ 的估计.

1. 回归系数 β_0, β_1 的最小二乘估计

取 x 的 n 个不全相同的值 x_1, x_2, $\cdots$, x_n 作独立试验,相应地有观测值 y_1, y_2, $\cdots$, y_n,样本数据 (x_i, y_i) 满足关系

$$y_i = \beta_0 + \beta_1 x_i + \varepsilon_i \quad (\varepsilon_i \sim N(0, \sigma^2); i = 1, 2, \cdots, n) \tag{5.4}$$

系数 β_0, β_1 的估计分别为 $\hat{\beta}_0$ 和 $\hat{\beta}_1$,其最理想的选择是能使回归直线 $\hat{y} = \hat{\beta}_0 + \hat{\beta}_1 x$ 经过所有的点 (x_i, y_i),这在实际上是不可能的,因为每个 y_i 都有随机误差 ε_i. 因此,只能要求选取这样的 $\hat{\beta}_0$ 和 $\hat{\beta}_1$,使得观测值与拟合值的偏差平方和最小,即使

$$Q(\beta_0, \beta_1) = \sum_{i=1}^{n} (y_i - \hat{y}_i)^2 = \sum_{i=1}^{n} (y_i - \hat{\beta}_0 - \hat{\beta}_1 x_i)^2$$

达到最小,这种根据偏差平方和为最小的条件来选择常数 $\hat{\beta}_0$, $\hat{\beta}_1$ 的方法称为最小二乘法.

求出 Q 分别关于 β_0 和 β_1 的偏导数,并令它们等于零,解此方程组,可以得到

$$\hat{\beta}_1 = \frac{\sum_{i=1}^{n} (x_i - \bar{x})(y_i - \bar{y})}{\sum_{i=1}^{n} (x_i - \bar{x})^2}, \qquad \hat{\beta}_0 = \bar{y} - \hat{\beta}_1 \bar{x} \tag{5.5}$$

其中,$\bar{x} = \frac{1}{n} \sum_{i=1}^{n} x_i$, $\bar{y} = \frac{1}{n} \sum_{i=1}^{n} y_i$. 若将 $\hat{\beta}_0 = \bar{y} - \hat{\beta}_1 \bar{x}$ 代入(5.3)式,则经验回归方程变成

$$\hat{y} = \bar{y} + \hat{\beta}_1 (x - \bar{x}) \tag{5.6}$$

(5.6)式表明,对于样本观测值 (x_1, y_1), (x_2, y_2), $\cdots$, (x_n, y_n),回归直线通过散

点图的几何中心$(\bar{x}, \bar{y})$.

2. 回归系数估计值的计算

系数 $\hat{\beta}_0$, $\hat{\beta}_1$ 的计算可用 Matlab 的多项式拟合命令实现.

```
a = polyfit(x, y, n)
```

其中,输入 x 和 y 是被拟合数据向量,n 是多项式次数,输出向量 a 是拟合多项式系数的最小二乘估计.

回到 Armand 设立新分店的问题. 从对图 5.1 的观察了解到,餐馆的年销售额 y 与所在地的学生人数 x 有近似的线性关系,用表 5.1 中的数据可以获得相应的回归系数的最小二乘估计,计算过程由程序 5.1 完成.

程序 5.1 披萨饼店的数据拟合

```
x = [2 6 8 8 12 16 20 20 22 26];
y = [58 105 88 118 117 137 157 169 149 202];
B = polyfit(x,y,1)
```

计算结果:

```
B =
        5.00          60.00
```

因此,用最小二乘法求得的经验回归方程为 $\hat{y} = 60 + 5x$. 回归直线如图 5.2 所示,可以看到它与所有的数据点都很接近.

如果有充足的理由相信这个方程真实地反映了 x 与 y 之间的关系,对于给定的 x 的值我们就能够预测出可以信赖的 y 的值,例如,若一个新建的披萨饼店坐落在一所有 16 000 名学生的学校附近,那么,$\hat{y} = 60 + 5 \times 16 = 140$. 即这家分店的年销售额大概会达到 140 000 美元.

图 5.2 中显示的回归直线由命令 lsline 完成.

Matlab 的命令 polyval(B, x) 可以

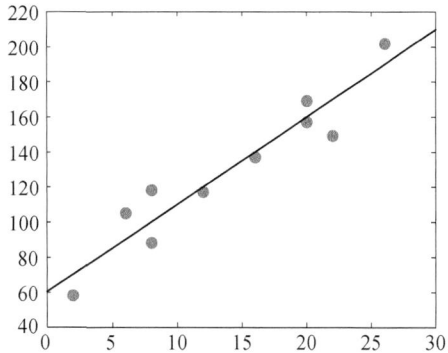

图 5.2 回归直线图像

计算回归的拟合值 $\hat{y}$,变量 B 和 x 分别是前例中的回归系数和学生人数值,年销售额的实际值与拟合值见表 5.2.

表 5.2 年销售额的实际值与拟合值

餐馆序号 I	学生人数 x_i/千人	年销售额 y_i/千美元	年销售额拟合值 $\hat{y}_i$/千美元
1	2	58	70
2	6	105	90

餐馆序号 I	学生人数 x_i/千人	年销售额 y_i/千美元	年销售额拟合值 $\hat{y}_i$/千美元
3	8	88	100
4	8	118	100
5	12	117	120
6	16	137	140
7	20	157	160
8	20	169	160
9	22	149	170
10	26	202	190

5.1.2 判定系数

在 Armand 披萨饼店的例子中, 我们得到了学生人数 x 与年销售额 y 之间关系的经验回归方程 $\hat{y} = 60 + 5x$, 这里出现了一个问题, 由方程表示的回归直线与观测数据的配合是否一致呢? 这就是所谓拟合优度问题. 如果所有的观测值都在回归直线上, 那自然是完美的拟合. 这在一般情况下是不可能的, 总会有一些正值的偏差和负值的偏差存在. 这样, 就需要引入判定系数的概念.

若记
$$SSE = \sum_{i=1}^{n} (y_i - \hat{y}_i)^2 \tag{5.7}$$

差 $y_i - \hat{y}_i$ 表示用拟合值 $\hat{y}_i$ 代替观测值 y_i 所产生的误差, 它是由随机因素造成的, 称为残差, 且称 SSE 为残差平方和(Sum of Squares Due to Error), 它的大小是观测数据点与估计回归直线的偏离程度的度量.

$$SSR = \sum_{i=1}^{n} (\hat{y}_i - \bar{y})^2 \tag{5.8}$$

称 SSR 为回归平方和(Sum of Squares Due to Regression), 它表示回归拟合值与其平均值之间的偏离程度的度量, 与变量 x 的取值有关.

$$SST = \sum_{i=1}^{n} (y_i - \bar{y})^2 \tag{5.9}$$

表示观测值与其样本平均值的离差平方和, 称 SST 为总平方和(Total Sum of Sqares), 它描述了变量 y 的变异程度.

由简单代数推导可知
$$SST = SSR + SSE \tag{5.10}$$

即变量 y 的变异是由两个方面构成的: 一方面是由于 x_1, x_2, $\cdots$, x_n 的取值不同而给 y 带来的系统性变异; 另一方面是由随机性因素的影响造成的.

回归平方和 SSR 越大, 用回归方程来解释 y 变异的比例越高, 回归方程对原始数据的解释就越好; 残差平方和 SSE 越小, 观测值 y_i 与回归直线的偏离程度越低,回归方程对原始数据的拟合效果就越好.

这样,可以用比式 SSR/SST 的值表示回归拟合的优劣程度. 记

$$R^2 = \frac{\text{SSR}}{\text{SST}} \tag{5.11}$$

称 R^2 为判定系数,显然 $0 \leqslant R^2 \leqslant 1$.

计算可知,Armand 披萨饼店一例中的判定系数 $R^2 = 0.9027$,很接近于 1,表明经验回归方程的拟合是比较好的.

计算三个平方和不需要复杂的程序,用如下的命令就可以完成:设变量 B,x 和 y 分别是前例中的回归系数、学生人数和年销售额数值,则

残差平方和:

```
SSE = sum((y - polyval(B,x)).^2)
```

回归平方和:

```
SSR = sum((mean(y) - polyval(B,x)).^2)
```

总平方和:

```
SST = sum((y - mean(y)).^2)
```

用计算结果可以验证(5.10)式的正确性.

5.1.3　线性假设的显著性检验

上面我们引进了判定系数 R^2 来度量经验回归方程拟合优劣程度,较大的 R^2 的值对应较好的拟合,但只有这样的检验还是不够的. 前面说过,变量 y 与 x 之间的线性关系是统计意义上的,因此必须要对这种线性关系作统计检验.

假定 y 关于 x 的回归具有 $E(y \mid x) = \beta_0 + \beta_1 x$ 的形式. 如果变量 y 与 x 之间确有这样的关系,即 x 的值对 y 的值施加了影响,则 β_1 不会为零. 因此,应该检验假设

$$H_0: \beta_1 = 0, \qquad H_1: \beta_1 \neq 0 \tag{5.12}$$

1. t 检验

经推导可知,β_1 的估计 $\hat{\beta}_1$ 服从正态分布,即

$$\hat{\beta}_1 \sim N(\beta_1, \sigma^2/s_{xx}) \tag{5.13}$$

而 $s_{xx}^2 = \sum_{i=1}^{n} (x_i - \bar{x})^2$,$s_{xx} = \sqrt{s_{xx}^2}$,误差方差 σ^2 的无偏估计:

$$\hat{\sigma}^2 = \frac{\text{SSE}}{n-2} \tag{5.14}$$

标准差 σ 的估计常用 $\hat{\sigma} = \sqrt{\hat{\sigma}^2}$.

当 H_0 为真时,检验统计量

$$t = \frac{\hat{\beta}_1}{s_{xx}} \sim t(n-2) \tag{5.15}$$

设 t_0 为由样本数据通过(5.15)式所求得统计量 t 的观测值,则假设检验(5.12)的 p 值为

$$p_0 = P_{H_0}(|t| > |t_0|) = 2P(t(n-2) > |t_0|)$$

对于给定的 α 为显著性水平 α,若 $p_0 < \alpha$,则拒绝假设 H_0,认为回归效果是显著的;否则不能拒绝 H_0,认为回归效果不显著.

2. F 检验

t 检验用来对零假设 $H_0 : \beta_1 = 0$ 进行检验,F 检验也是用作同一假设进行检验的检验方法.在回归模型中只有一个独立变量的情况下,t 检验和 F 检验产生同样的结论,也就是说,若用 t 检验法拒绝 H_0,改用 F 检验法同样会得到拒绝 H_0 的结论.Matlab 软件就是用 F 检验法来完成这一检验的.

当 H_0 为真时,统计量

$$F = \frac{\text{SSR}}{\text{SSE}/(n-2)} \sim F(1, n-2) \tag{5.16}$$

设由样本数据通过(5.16)式所求得统计量 F 的观测值为 F_0,则假设检验(5.12)的 p 值为

$$p_0 = P_{H_0}(F > F_0) = P(F(1, n-2) > F_0)$$

给定显著性水平 α,若 $p_0 < \alpha$,则拒绝假设 H_0,认为回归效果是显著的;否则不能拒绝 H_0,认为回归效果不显著.

上述检验法称为 F 检验法.

5.1.4 回归系数的区间估计

当回归效果显著时,常需要对回归系数 $\beta_i (i = 0, 1)$ 作区间估计.

β_1 的置信水平为 $1 - \alpha$ 的置信区间为

$$\hat{\beta}_1 \pm t_{1-\alpha/2}(n-2) \frac{\hat{\sigma}}{s_{xx}} \tag{5.17}$$

β_0 的置信水平为 $1 - \alpha$ 的置信区间为

$$\hat{\beta}_0 \pm t_{1-\alpha/2}(n-2) \cdot \hat{\sigma} \cdot \sqrt{\frac{1}{n} + \frac{\bar{x}^2}{s_{xx}^2}} \tag{5.18}$$

其中,$t_{1-\alpha/2}(n-2)$ 表示自由度为 $n-2$ 的 t 分布的 $1 - \frac{\alpha}{2}$ 下侧分位数.

5.1.5 用 regress 命令完成回归计算

线性回归命令 regress 的功能比拟合命令 polyfit 更强,今后我们只用前者完成最小二乘回归的计算.

设变量 y 与变量 x 之间存在由(5.1)式确定的线性关系.对于样本观测值 $(x_1, y_1), (x_2, y_2), \cdots, (x_n, y_n)$,引进矩阵

$$\boldsymbol{y} = \begin{pmatrix} y_1 \\ y_2 \\ \vdots \\ y_n \end{pmatrix}, \qquad \boldsymbol{X} = \begin{pmatrix} 1 & x_1 \\ 1 & x_2 \\ \vdots & \vdots \\ 1 & x_n \end{pmatrix}, \qquad \boldsymbol{\beta} = \begin{pmatrix} \beta_0 \\ \beta_1 \end{pmatrix}, \qquad \boldsymbol{\varepsilon} = \begin{pmatrix} \varepsilon_1 \\ \varepsilon_2 \\ \vdots \\ \varepsilon_n \end{pmatrix} \qquad (5.19)$$

则方程组(5.4)可以表示为

$$\boldsymbol{y} = \boldsymbol{X\beta} + \boldsymbol{\varepsilon} \qquad\qquad (5.20)$$

线性回归命令 regress 使用.

方式一:

```
b = regress(y, x)
```

其中,y,x 是按(5.19)式排列的数据矩阵,输出的向量 b 是回归系数的最小二乘估计值.

方式二:

```
[b, bint, r, rint,stats] = regress (y, x, alpha)
```

输出:b,r 分别是回归系数及残差向量的估计值;bint,rint 分别是回归系数及残差向量的 $100(1-\text{alpha})\%$ 置信区间;stats 是检验回归模型的统计量,它包含 4 个数值:第 1 个数值是判定系数 R^2,第 2 个是 F 统计量的值,第 3 个是相应于 F 统计量的概率 p 值,当 $p < \text{alpha}$ 时认为回归效果显著,最后一个是误差方差的估计值.

输入:y, x 同前;alpha 是显著性水平(缺省值 alpha＝0.05).

以披萨饼店的数据作为实例,取显著性水平 $\alpha = 0.01$,计算程序如下:

程序 5.2 披萨饼店数据的回归计算

```
clear
alpha = 0.01;
x = [2,6,8,8,12,16,20,20,22,26]';
x = x2fx(x);              % 构造(5.19)式中的矩阵 x
y = [58,105,88,118,117,137,157,169,149,202]';
[b,bint,r,rint,stats] = regress(y,x,alpha);
b = b'
bint
stats
```

这里要求只显示三个变量的值.计算结果:

```
b =
    60.0000     5.0000
bint =
    29.0431    90.9569
     3.0530     6.9470
stats =
    0.9027    74.2484    0.0000    191.2500
```

即① 回归系数 $\hat{\beta}_0 = 60.0$，$\hat{\beta}_1 = 5.0$；② 它们的 99％ 的置信区间分别是 $[29.0431, 90.9569]$ 和 $[3.0530, 6.9470]$；③ 判定系数 $R^2 = 0.9027$；④ 误差方差 σ^2 的估计值 $= 191.25$；⑤ $F = 74.2484$，$p < 10^{-4}$．可知经验回归方程是 $\hat{y} = 60 + 5x$．

当然，可以用上述的结果作为中间值计算出需要的其他结果，例如，由

$$残差值\ r = 观测值\ y - 拟合值\ \hat{y}$$

用已知的残差值 r 值可计算回归拟合值 $\hat{y}$．

5.1.6 用回归模型对年销售额作出预测

在 Armand 披萨饼店的例中，得到了经验回归方程 $\hat{y} = 60 + 5x$，经过检验知 y 与 x 之间的线性关系是显著的．下面我们利用这一方程处理在给定学生数的前提下相应年销售额的预测区间．

当回归模型 $\hat{y} = \hat{\beta}_0 + \hat{\beta}_1 x$ 通过检验后，可由给定的 $x = x_0$，预测 y_0 的值，其预测值（点估计）为 $\hat{y}_0 = \hat{\beta}_0 + \hat{\beta}_1 x_0$．由于 y_0 的随机性，不可能认为 y_0 的预测值恰好就是 $\hat{y}_0$，所以应该以一定的置信度构造 y_0 的预测区间．

若记
$$s_{\text{ind}}^2 = \hat{\sigma}^2 \left[1 + \frac{1}{n} + \frac{(x_0 - \bar{x})^2}{\sum\limits_{i=1}^{n} (x_i - \bar{x})^2} \right] \tag{5.21}$$

可以得到 y_0 的置信度为 $1 - \alpha$ 预测区间的端点为
$$\hat{y}_0 \pm t_{1-\alpha/2}(n-2) \cdot s_{\text{ind}} \tag{5.22}$$

其中，$t_{1-\alpha/2}(n-2)$ 表示自由度为 $n-2$ 的 t 分布的 $1 - \dfrac{\alpha}{2}$ 下侧分位数．

同上例，对 $x_0 = 10$，$\hat{y}_0 = 110$，$\hat{\sigma}^2 = 191.25$，$\alpha = 0.01$，由 (5.21) 及 (5.22) 式，得

$$s_{\text{ind}} = 14.6889, \qquad t_{1-\alpha/2}(n-2) s_{\text{ind}} = 49.2868$$

故置信度为 99％ 的预测区间为 $(60.7132, 159.2868)$．

5.2 多元线性回归问题

5.2.1 多元线性回归模型

在许多实际问题中，影响因变量 y 的因素往往不止一个，这就需要考虑多个自变量的回归问题．假设因变量 y 与 p 个自变量 x_1，x_2，$\cdots$，x_p 之间有如下关系：
$$y = \beta_0 + \beta_1 x_1 + \beta_2 x_2 + \cdots + \beta_p x_p + \varepsilon \tag{5.23}$$

其中 β_0，β_1，β_2，$\cdots$，β_p 为未知参数，ε 为随机误差，同一元线性回归一样，假定 $\varepsilon \sim$

$N(0, \sigma^2)$，称(5.23)式为多元线性回归模型，一元线性回归模型就是 $p = 1$ 的特例.

设对 y 及 $x_1, x_2, \cdots, x_p$ 进行了 n 次观测，得到 n 组观测值 $(y_i, x_{i1}, x_{i2}, \cdots, x_{ip})$ $(i = 1, 2, \cdots, n)$，它们满足方程组

$$y_i = \beta_0 + \beta_1 x_{i1} + \beta_2 x_{i2} + \cdots + \beta_p x_{ip} + \varepsilon_i \quad (i = 1, 2, \cdots, n) \tag{5.24}$$

用矩阵形式记为

$$\boldsymbol{Y} = \begin{pmatrix} y_1 \\ y_2 \\ \vdots \\ y_n \end{pmatrix}, \qquad \boldsymbol{X} = \begin{pmatrix} 1 & x_{11} & x_{12} & \cdots & x_{1p} \\ 1 & x_{21} & x_{22} & \cdots & x_{2p} \\ \vdots & \vdots & \vdots & & \vdots \\ 1 & x_{n1} & x_{n2} & \cdots & x_{np} \end{pmatrix}, \qquad \boldsymbol{\beta} = \begin{pmatrix} \beta_0 \\ \beta_1 \\ \vdots \\ \beta_p \end{pmatrix}, \qquad \boldsymbol{\varepsilon} = \begin{pmatrix} \varepsilon_1 \\ \varepsilon_2 \\ \vdots \\ \varepsilon_n \end{pmatrix}$$

则(5.24)式可以写成

$$\boldsymbol{Y} = \boldsymbol{X\beta} + \boldsymbol{\varepsilon} \tag{5.25}$$

其中，$\varepsilon_1, \varepsilon_2, \cdots, \varepsilon_n$ 独立同分布于正态 $N(0, \sigma^2)$. 称(5.25)为线性回归模型的矩阵形式，其中 $\boldsymbol{Y}$ 称为观测向量，$\boldsymbol{X}$ 为设计矩阵，且假定它是列满秩的，即 $\mathrm{rank}(\boldsymbol{X}) = p + 1$.

最小二乘法来估计未知参数 $\boldsymbol{\beta}$，考虑

$$Q = \boldsymbol{\varepsilon}^{\mathrm{T}} \boldsymbol{\varepsilon} = (\boldsymbol{Y} - \boldsymbol{X\beta})^{\mathrm{T}} (\boldsymbol{Y} - \boldsymbol{X\beta}) \tag{5.26}$$

Q 是 $\boldsymbol{\beta}$ 的函数，在(5.26)式中对 $\boldsymbol{\beta}$ 求偏导，得 $\dfrac{\partial Q}{\partial \boldsymbol{\beta}} = -2\boldsymbol{X}^{\mathrm{T}}\boldsymbol{Y} + 2\boldsymbol{X}^{\mathrm{T}}\boldsymbol{X\beta}$. 设 $\hat{\boldsymbol{\beta}} = (\hat{\beta}_0, \hat{\beta}_1, \hat{\beta}_2, \cdots, \hat{\beta}_p)^{\mathrm{T}}$ 是 $\boldsymbol{\beta}$ 的最小二乘解，则其满足方程

$$\boldsymbol{X}^{\mathrm{T}}\boldsymbol{X}\hat{\boldsymbol{\beta}} = \boldsymbol{X}^{\mathrm{T}}\boldsymbol{Y} \tag{5.27}$$

称其为正则方程，由于 $\mathrm{rank}(\boldsymbol{X}^{\mathrm{T}}\boldsymbol{X}) = \mathrm{rank}(\boldsymbol{X}) = p + 1$，故矩阵 $\boldsymbol{X}^{\mathrm{T}}\boldsymbol{X}$ 可逆，于是，解线性方程组(5.27)即得回归参数 $\boldsymbol{\beta}$ 的最小二乘估计为

$$\hat{\boldsymbol{\beta}} = (\boldsymbol{X}^{\mathrm{T}}\boldsymbol{X})^{-1}\boldsymbol{X}^{\mathrm{T}}\boldsymbol{Y} \tag{5.28}$$

解此方程计算 $\boldsymbol{\beta}$ 的估计 $\hat{\boldsymbol{\beta}}$ 的工作都可以交由 regress 命令完成.

将 $\hat{\boldsymbol{\beta}}$ 代回原模型得到 y 的拟合值

$$\hat{y} = \hat{\beta}_0 + \hat{\beta}_1 x_1 + \hat{\beta}_2 x_2 + \cdots + \hat{\beta}_p x_p \tag{5.29}$$

而自变量 $x_1, x_2, \cdots, x_p$ 的原数据的拟合值为计 $\hat{\boldsymbol{Y}} = \boldsymbol{X}\hat{\boldsymbol{\beta}}$，拟合误差 $\boldsymbol{Y} - \hat{\boldsymbol{Y}} = \boldsymbol{Y} - \boldsymbol{X}\hat{\boldsymbol{\beta}}$ 称为残差向量，记为

$$\hat{\boldsymbol{\varepsilon}} = \boldsymbol{Y} - \boldsymbol{X}\hat{\boldsymbol{\beta}} \tag{5.30}$$

若用 $\boldsymbol{x}_i$ 表示设计矩阵 $\boldsymbol{X}$ 的第 i 行，则上式用分量形式写出来就是

$$\hat{\varepsilon}_i = y_i - \boldsymbol{x}_i\hat{\boldsymbol{\beta}} \quad (i = 1, 2, \cdots, n) \tag{5.31}$$

衡量以拟合值 $\hat{\boldsymbol{Y}}$ 代替真值 $\boldsymbol{Y}$ 所产生误差的残差平方和就是

$$\mathrm{SSE} = \hat{\boldsymbol{\varepsilon}}^{\mathrm{T}}\boldsymbol{\varepsilon} = \sum_{i=1}^{n} \hat{\varepsilon}_i^2 = \sum_{i=1}^{n} (y_i - \hat{y}_i)^2 \tag{5.32}$$

可以说,回归参数的最小二乘估计就是使残差平方和达到最小的估计.

需要指出的是,线性回归模型(5.23)本质是:它不要求变量 y 与变量 x_1, x_2, $\cdots$, x_p 之间呈线性关系,它只要求变量 y 关于未知参数 β_0, β_1, β_2, $\cdots$, β_p 是线性的.

5.2.2　统计分析结论

无论从理论上还是从应用上,最小二乘估计都是最重要的估计,其原因是这种估计具有许多优良性质,我们将不加证明地介绍下面的结论.

(1) $E(\hat{\boldsymbol{\beta}}) = \boldsymbol{\beta}$. 这一结论表明,最小二乘估计 $\hat{\boldsymbol{\beta}}$ 是 $\boldsymbol{\beta}$ 的无偏估计,这就是说,我们的估计没有系统偏差.当我们用 $\hat{\boldsymbol{\beta}}$ 去估计 $\boldsymbol{\beta}$ 时,有时可能会偏高,有时则可能偏低,但这些正负偏差在概率上平均起来等于零.从(5.28)式知,每一个 $\hat{\beta}_i$ 都是 y_1, y_2, $\cdots$, y_n 的线性组合,因而 $\hat{\beta}_i$ 是 β_i 的线性估计量,即 $\hat{\boldsymbol{\beta}}$ 是 $\boldsymbol{\beta}$ 的线性无偏估计.

(2) 在 $\boldsymbol{\beta}$ 的所有线性无偏估计中,$\hat{\boldsymbol{\beta}}$ 是具有最小方差的估计量.我们知道,对于无偏估计,方差愈小愈好,因此以上两点说明,$\hat{\boldsymbol{\beta}}$ 是 $\boldsymbol{\beta}$ 的最优线性无偏估计量.这个事实奠定了最小二乘估计在线性回归估计中的地位.

(3) 每一个 $\hat{\beta}_i (i = 1, 2, \cdots, p)$ 都服从正态分布

$$\hat{\beta}_i \sim N(\beta_i, c_{ii}\sigma^2) \tag{5.33}$$

其中,c_{ii} 是矩阵 $(\boldsymbol{X}^{\mathrm{T}}\boldsymbol{X})^{-1}$ 对角线上第 i 个元素,并且,σ^2 的无偏估计量为

$$\hat{\sigma}^2 = \frac{\mathrm{SSE}}{n - p - 1} \tag{5.34}$$

σ 的无偏估计为 $\hat{\sigma} = \sqrt{\hat{\sigma}^2}$. 显然,(5.14)式就是这里 $p = 1$ 的特例.

(4) 将变量 y 的总变异 $\mathrm{SST} = \sum_{i=1}^{n} (y_i - \bar{y})^2$ 进行分解,与一元回归有相同的结论,即

$$\mathrm{SST} = \mathrm{SSR} + \mathrm{SSE} \tag{5.35}$$

其中,回归平方和 $\mathrm{SSR} = \sum_{i=1}^{n} (\hat{y}_i - \bar{y})^2$,残差平方和由(5.32)式定义,而 $\bar{y} = \frac{1}{n} \sum_{i=1}^{n} y_i$.

(5) 与一元回归线性模型相同,用(5.11)式定义的 R^2 为判定系数,R^2 愈接近 1,表明因变量 y 与自变量 x_1, x_2, $\cdots$, x_p 之间相关关系愈密切.

5.2.3　线性回归模型的显著性检验

因变量 y 与自变量 x_1, x_2, $\cdots$, x_p 之间是否存在如(5.23)式所示的关系就是检验假设

$$H_0: \beta_1 = \beta_2 = \cdots = \beta_p = 0, \qquad H_1: 存在 1 \leqslant k \leqslant p, 使 \beta_k \neq 0 \qquad (5.36)$$

如果 H_0 被接受,则 $y = \beta_0 + \varepsilon$,即 $x_1, x_2, \cdots, x_p$ 不能描述变量 y 的任何变化,其变化均来自误差项 ε;如果得到拒绝 H_0 的结论,就表示 y 线性依赖于至少某一个 x_k,从而误差项 ε 所描述的 y 的变化相对减少.

可以证明,在 H_0 为真时,构造检验统计量

$$F = \frac{\mathrm{SSR}/p}{\mathrm{SSE}/(n-p-1)} \sim F(p, n-p-1) \qquad (5.37)$$

设由样本数据通过(5.37)式所求得统计量 F 的观测值为 F_0,则假设检验(5.36)的 p 值为

$$p_0 = P_{H_0}(F > F_0) = P(F(p, n-p-1) > F_0) \qquad (5.38)$$

给定显著性水平 α,若 $p_0 < \alpha$,则拒绝假设 H_0,认为回归效果是显著的;否则不能拒绝 H_0,认为回归效果不显著.

5.2.4 回归系数的显著性检验和区间估计

回归方程的显著性检验是对回归方程整体的检验,若经检验后拒绝了假设 H_0,这并不意味着每个 β_k 都不等于零. 我们要从方程中剔除那些对变量 y 没有作用的变量,重新建立更为简单的回归方程. 因此,对每个 $1 \leqslant k \leqslant p$ 做如下检验:

$$H_{0k}: \beta_k = 0, \qquad H_{1k}: \beta_k \neq 0 \qquad (5.39)$$

检验统计量:

$$t_k = \frac{\hat{\beta}_k}{\sqrt{c_{kk}}\hat{\sigma}} \sim t(n-p-1) \qquad (5.40)$$

设 t_{0k} 为由样本数据通过(5.40)式所求得统计量 t_k 的观测值,则假设检验(5.39)的 p 值为

$$p_{0k} = P_{H_{0k}}(|t_k| > |t_{0k}|) = 2P(t(n-p-1) > |t_{0k}|) \qquad (5.41)$$

对于给定的 α 为显著性水平 α,若 $p_{0k} < \alpha$,则拒绝假设 H_{0k},认为 x_k 对 y 的回归效果是显著的;否则不能拒绝 H_{0k},认为 x_k 对 y 的影响不显著.

对回归系数作显著性检验后发现应接受某个 $\beta_k = 0$ 的假设,就应该剔除相应的变量 x_k,重新用最小二乘法估计回归系数,建立回归方程. 在剔除变量时,每次只能剔除一个,如果有几个变量经检验都不显著,则先剔除其中 $|t|$ 值最小的一个,然后再对求得的新回归方程进行检验,有不显著者再剔除,直到保留的变量都显著为止.

利用(5.40)式可以对 $\beta_k (k = 1, 2, \cdots, p)$ 作区间估计,在 $1-\alpha$ 置信水平下,将 β_k 的置信区间简记为

$$\hat{\beta}_k \pm t_{1-\alpha/2}(n-p-1)\hat{\sigma}\sqrt{c_{kk}} \qquad (5.42)$$

其中, $t_{1-a/2}(n-p-1)$ 表示自由度为 $n-p-1$ 的 t 分布的 $1-a/2$ 下侧分位数.

5.2.5 多元回归的预测区间

与一元回归相同,通过对回归模型和回归系数的检验后,可由给定的 $x_0 = (x_{01}, \cdots, x_{0p})$,得到 y 的预测值为 $\hat{y}_0 = \hat{\beta}_0 + \hat{\beta}_1 x_{01} + \cdots + \hat{\beta}_p x_{0p}$. y_0 的置信度为 $1-a$ 预测区间的端点为

$$\hat{y}_0 \pm \hat{\sigma}\sqrt{1 + x_0^{\mathrm{T}}(\boldsymbol{X}^{\mathrm{T}}\boldsymbol{X})^{-1}x_0} \cdot t_{1-a/2}(n-p-1)$$

5.2.6 Butler 汽车公司运货耗费时间的分析

Butler 汽车公司是一家专营货物运输业务的公司. 为了制定一个更加完善的工作计划,该公司决定利用回归分析方法以帮助他们对自己的运货耗费时间作出预测. 根据经验,运货耗费时间 y 与运输距离 x_1 及运货次数 x_2 有关,为此,Butler 公司收集的数据见表 5.3.

表 5.3 Butler 汽车运输公司运货耗费时间数据

序 号	运货距离 x_1/mile	运货次数 x_2	耗费时间 y/h
1	100	4	9.3
2	50	3	4.8
3	100	4	8.9
4	100	2	6.5
5	50	2	4.2
6	80	2	6.2
7	75	3	7.4
8	65	4	6.0
9	77	3	8.9
10	90	3	7.6
11	90	2	6.1

注: 1 mile = 1.609 km.

考虑使用下面的回归模型:

$$y = \beta_0 + \beta_1 x_1 + \beta_2 x_2 + \varepsilon \tag{5.43}$$

输入表 5.3 数据,取显著性水平 $\alpha = 0.01$,用 regress 命令编程计算.

程序 5.3 Butler 汽车运输公司数据的回归计算

```
clear
x1 = [100,50,100,100,50,80,75,65,77,90,90]';
x2 = [4,3,4,2,2,2,3,4,3,3,2]';
x = x2fx([x1,x2]);          % 构造设计矩阵
```

```
y = [9.3,4.8,8.9,6.5,4.2,6.2,7.4,6.0,8.9,7.6,6.1]';
[B,bint,r,rint,stats] = regress(y,x,0.01);
b = B'
bint
stats
```

计算结果：

```
b =
    - 0.6043      0.0591      0.9610
bint =
    - 5.8199      4.6114
      0.0048      0.1133
    - 0.2530      2.1750
stats =
      0.7509     12.0558      0.0039      0.8813
```

即① 回归系数 $\hat{\beta}_0 = -0.6043$，$\hat{\beta}_1 = 0.0591$，$\hat{\beta}_2 = 0.9610$；② 它们 99% 的置信区间分别是 $[-5.8199, 4.6114]$，$[0.0048, 0.1133]$ 和 $[-0.2530, 2.1750]$；③ 判定系数 $R^2 = 0.7509$；④ 误差方差 σ^2 的估计值 $= 0.8813$；⑤ $F = 12.0558$，$p = 0.0039 < 0.01$. 可知模型(5.43)成立.

用 rcoplot(r, rint)作出回归残差图，它将 regress 计算回归后输出的残差向量 r 的置信区间 rint 绘制成误差条形图(图 5.3). 若某个残差的置信区间不包含零点，则认为这个数据是异常的，可予以剔除.

观察图 5.3 所示的残差分布，第 9 个数据的残差置信区间不包含零点，该点应视为异常点，将其剔除后再重新计算，可得：

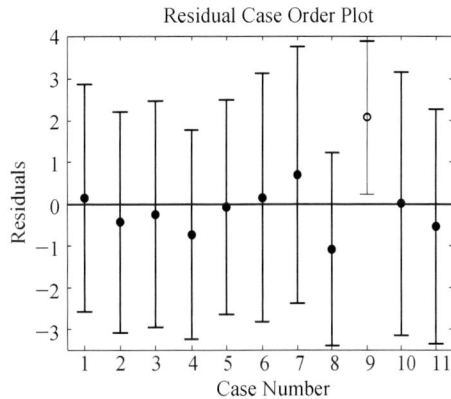

图 5.3　回归残差条形图

```
b =
    - 0.8687      0.0611      0.9234
bint =
    - 4.1986      2.4612
      0.0265      0.0957
      0.1496      1.6972
stats =
      0.9038     32.8784      0.0003      0.3285
```

可以看到，回归系数 $\hat{\beta}_0$，$\hat{\beta}_1$，$\hat{\beta}_2$ 的变化不大，但其置信区间明显缩小，R^2 和 F 值明显增大，所以，经验回归方程为

$$\hat{y} = -0.8687 + 0.0611x_1 + 0.9234x_2.$$

下面的程序 5.4 用于完成回归系数的 t 检验,检验统计量源于 (5.40) 式,其中变量 x, B 的含意同程序 5.3,其值来自剔除异常值以后的运算结果.

程序 5.4 回归系数的 t 检验

```
n = 10;p = 2;
A = diag(inv(x' * x));              % 计算对角元素 c_kk
SSE = sum(r.^2);                    % 计算残差平方和
S = SSE/(n - p - 1);                % 计算误差方差的估计值
Aa = A(2:3,:);Bb = B(2:3,:);        % 摈弃对常数项 β_0 的考虑
t = Bb./(sqrt(Aa. * S))             % 计算检验统计量的值
p0 = 2 * (1 - tcdf(abs(t),n - p - 1))   % 按(5.41)式计算检验的 p 值
```

所得统计量的值为 $t_1 = 6.1824$,$t_2 = 4.1763$. 相应的检验 p 值为 $p_{01} = 0.0005 < \alpha = 0.01$,$p_{02} = 0.0042 < \alpha = 0.01$. 因此认为每个回归系数在 $\alpha = 0.01$ 的水平下都是显著的.

读者可将该程序放在回归计算程序的后面,回归系数计算及 F 检验和 t 检验一次完成.

5.3 其他回归分析方法介绍

5.3.1 岭回归

当人们有能力处理含较多回归自变量的大型线性回归问题后,发现最小二乘估计并不总是令人满意. 例如,有时回归系数的估计值的绝对值异常大,有时回归系数估计值的符号与问题的实际背景相违背等. 研究结果表明,产生这些问题的原因之一是回归自变量 x_1, x_2, $\cdots$, x_p 之间存在着近似线性关系,称为复共线性.

由于自变量或是设计矩阵存在复共线性关系时,会导致最小二乘估计的性质变差,参数估计的结果甚至变得使人无法接受. 岭回归即是解决这一问题的新的回归参数估计方法,它的理论得到了世人的广泛应用.

以下先讨论回归自变量复共线性的判断方法.

在回归分析的应用中,常常要把原始观测数据做中心化和标准化处理,这对于我们的统计分析将是有益的. 记 $z_{ij} = \dfrac{x_{ij} - \bar{x}_j}{s_j}$,$\bar{x}_j = \dfrac{1}{n} \sum\limits_{i=1}^{n} x_{ij}$,$s_j^2 = \sum\limits_{i=1}^{n} (x_{ij} - \bar{x}_j)^2$,$s_j = \sqrt{s_j^2}$ $(j = 1, 2, \cdots, p)$. 将 (5.24) 式改写成

$$y_i = \alpha + \frac{x_{i1} - \bar{x}_1}{s_1}\beta_1 + \cdots + \frac{x_{ip} - \bar{x}_p}{s_p}\beta_p + \varepsilon_i \quad (i = 1, 2, \cdots, n) \quad (5.44)$$

这里的 α 与 β_0 是不同的, 用矩阵形式, 模型 (5.44) 就是 $\boldsymbol{Y} = \alpha \boldsymbol{1}_n + \boldsymbol{Z}\boldsymbol{\beta} + \boldsymbol{\varepsilon}$

即
$$\boldsymbol{Y} = (\boldsymbol{1}_n, \boldsymbol{Z}) \begin{pmatrix} \alpha \\ \boldsymbol{\beta} \end{pmatrix} + \boldsymbol{\varepsilon} \tag{5.45}$$

其中, $\boldsymbol{1}_n$ 表示所有分量皆为 1 的 $n \times 1$ 向量, $\boldsymbol{Z} = (z_{ij})_{n \times p}$, $\boldsymbol{\beta} = (\beta_{ij})_{p \times 1}$. 这个模型与前面模型不同之处是: 回归常数项 α 与回归系数 $\boldsymbol{\beta}$ 分离开了, 且矩阵 $\boldsymbol{Z}$ 就是将原来的设计矩阵 $\boldsymbol{X}$ 经过中心化和标准化后得到的新设计矩阵, 设计矩阵 $\boldsymbol{Z}$ 有如下性质:

(i) $\boldsymbol{1}^{\mathrm{T}}\boldsymbol{Z} = \boldsymbol{0}$;

(ii) $\boldsymbol{Z}^{\mathrm{T}}\boldsymbol{Z} = (r_{ij})$, $\qquad r_{ij} = \dfrac{\sum\limits_{k=1}^{n} (x_{ki} - \bar{x}_i)(x_{kj} - \bar{x}_j)}{s_i s_j}$ $\quad (i, j = 1, 2, \cdots, p)$

$$\tag{5.46}$$

性质 (i) 是中心化的作用, 它使设计矩阵每列之和都为零; 性质 (ii) 是中心化后再施以标准化后的结果. 若将回归自变量都视为随机变量, $\boldsymbol{X}$ 的第 j 列为第 j 个自变量的 n 个随机样本, 那么 $\boldsymbol{R} = \boldsymbol{Z}^{\mathrm{T}}\boldsymbol{Z}$ 的第 (i, j) 元正是回归自变量 $\boldsymbol{X}_i$ 与 $\boldsymbol{X}_j$ 的样本相关系数, 因此 $\boldsymbol{R}$ 是回归自变量的相关阵, 于是 $r_{ii} = 1$, 对一切 i 都成立. 于是, 正则方程 (5.27) 变形为

$$\begin{pmatrix} n & 0 \\ 0 & \boldsymbol{Z}^{\mathrm{T}}\boldsymbol{Z} \end{pmatrix} \begin{pmatrix} \alpha \\ \boldsymbol{\beta} \end{pmatrix} = \begin{pmatrix} \boldsymbol{1}^{\mathrm{T}}\boldsymbol{Y} \\ \boldsymbol{Z}^{\mathrm{T}}\boldsymbol{Y} \end{pmatrix} \tag{5.47}$$

或
$$\begin{cases} n\alpha = \boldsymbol{1}^{\mathrm{T}}\boldsymbol{Y} \\ \boldsymbol{Z}^{\mathrm{T}}\boldsymbol{Z}\boldsymbol{\beta} = \boldsymbol{Z}^{\mathrm{T}}\boldsymbol{Y} \end{cases} \tag{5.48}$$

因此回归参数的最小二乘估计为

$$\begin{cases} \alpha = \bar{y} \\ \hat{\boldsymbol{\beta}} = (\boldsymbol{Z}^{\mathrm{T}}\boldsymbol{Z})^{-1} \boldsymbol{Z}^{\mathrm{T}}\boldsymbol{Y} \end{cases} \tag{5.49}$$

若只做中心化变换, 回归参数的最小二乘估计也有类似的结论.

考虑线性回归模型
$$\boldsymbol{Y} = \alpha \boldsymbol{1}_n + \boldsymbol{X}\boldsymbol{\beta} + \boldsymbol{\varepsilon}, \qquad E(\boldsymbol{\varepsilon}) = 0, \qquad \mathrm{Cov}(\boldsymbol{\varepsilon}) = \sigma^2 \boldsymbol{I} \tag{5.50}$$
这里假定 $n \times p$ 的设计矩阵 $\boldsymbol{X}$ 已经中心化和标准化变换, 秩为 p.

度量复共线性严重程度的一个量是方阵 $\boldsymbol{X}^{\mathrm{T}}\boldsymbol{X}$ 的条件数. 定义 $\boldsymbol{X}^{\mathrm{T}}\boldsymbol{X}$ 的条件数为

$$k = \lambda_1 / \lambda_p \tag{5.51}$$

其中, λ_1 和 λ_p 分别是 $\boldsymbol{X}^{\mathrm{T}}\boldsymbol{X}$ 的最大特征根与最小特征根.

如果 $k < 100$, 就认为自变量 $x_1, x_2, \cdots, x_p$ 之间不存在复共线性关系; 如果 $100 \leqslant k \leqslant 1000$, 就认为自变量 $x_1, x_2, \cdots, x_p$ 之间存在中等程度或较强的复共线性关系; 如果 $k > 1000$, 就认为自变量 $x_1, x_2, \cdots, x_p$ 之间存在着严重的复共线性.

考虑下面的一个经济分析问题.

法国经济工作者通过国内总产值 x_1、存储量 x_2 和总消费量 x_3 来预测进口总额 y,他们收集了 1949～1959 年共 11 年的数据(表 5.4),拟建立回归方程.

表 5.4　外贸经济数据表

年　份	x_1	x_2	x_3	y
1949	149.3	4.2	108.1	15.9
1950	161.2	4.1	114.8	16.4
1951	171.5	3.1	123.2	19.0
1952	175.5	3.1	126.9	19.1
1953	180.8	1.1	132.1	18.8
1954	190.7	2.2	137.7	20.4
1955	202.1	2.1	146.0	22.7
1956	212.4	5.6	154.1	26.5
1957	226.1	5.0	162.3	28.1
1958	231.9	5.1	164.3	27.6
1959	239.0	0.7	167.6	26.3

用最小二乘法建立的关于变量 x_1，x_2，x_3 的方程为
$$y = -10.1280 - 0.0514x_1 + 0.5869x_2 + 0.2868x_3$$
其中 x_1 的系数为负数,这表示当存储量 x_2 和消费量 x_3 不变时,国内产值 x_1 每增加一个单位,进口额 y 相应地减少约 0.05 个单位,这是不符合实际情况的.法国是一个原料进口国,国内产值增加时,进口额也应该增加,所以该系数的符号应该为正.

将原始数据中心化和标准化,计算得到
$$\boldsymbol{X}^{\mathrm{T}}\boldsymbol{X} = \begin{pmatrix} 1 & 0.026 & 0.997 \\ 0.026 & 1 & 0.036 \\ 0.997 & 0.036 & 1 \end{pmatrix}$$

其三个特征值分别为 $\lambda_1 = 1.999$，$\lambda_2 = 0.998$，$\lambda_3 = 0.003$. 于是 $\boldsymbol{X}^{\mathrm{T}}\boldsymbol{X}$ 的条件数 $k = 1.999/0.003 = 666.3 > 100$,可见回归自变量之间存在较强的复共线性.

当回归自变量或是设计矩阵存在多重共线性关系时,最小二乘估计的性质不够理想,岭估计是替代它的一种新的回归参数估计方法.

对于线性回归模型(5.50),回归系数 $\boldsymbol{\beta}$ 的岭估计定义为
$$\hat{\boldsymbol{\beta}}(k) = (\boldsymbol{X}^{\mathrm{T}}\boldsymbol{X} + k\boldsymbol{I})^{-1}\boldsymbol{X}^{\mathrm{T}}\boldsymbol{Y} \tag{5.52}$$
用 $\boldsymbol{\beta}$ 的岭估计建立的回归方程称为岭回归方程,其中 $k > 0$ 称为岭参数.式中的矩阵 $\boldsymbol{X}$ 和 $\boldsymbol{Y}$ 都经中心化和标准化变换.

岭估计(5.52)随 k 值改变而变化.若记 $\hat{\beta}_i(k)$ 为 $\hat{\boldsymbol{\beta}}(k)$ 的第 i 个分量,当 k 在 $[0, +\infty)$ 上变化时,$\hat{\boldsymbol{\beta}}(k)$ 的图像称为岭迹.

选择 k 值的岭迹法是:将 $\hat{\beta}_1(k)$，$\cdots$，$\hat{\beta}_p(k)$ 的岭迹画在同一个图上,根据岭迹

的变化趋势选择 k 值,使得各个回归系数的岭估计大体上稳定,并且各个回归岭系数估计的符号比较合理.

最小二乘估计是使残差平方和达到最小的估计,但对岭估计而言,k 愈大,岭估计与最小二乘估计偏离愈大.因此,它对应的残差平方和也随着 k 的增加而增加.当我们用岭迹法选择 k 值时,还应考虑使得残差平方和不要上升太多.在实际处理上,上述几点原则有时可能会有些互相不一致,顾此失彼的情况也经常出现,这就要根据不同情况灵活处理.

用岭估计来计算上述的经济问题.先对原始变量中心化和标准化,计算各变量的均值和偏差平方和的算术根.

各变量的平均值分别为 $\bar{x}_1 = 194.591$,$\bar{x}_2 = 3.300$,$\bar{x}_3 = 139.736$,$\bar{y} = 21.891$.相应地,有 $s_1 = 94.867$,$s_2 = 5.215$,$s_3 = 65.252$,$s_y = 14.368$.令

$$u_1 = \frac{x_1 - 194.591}{94.867}, \qquad u_2 = \frac{x_2 - 3.300}{5.215}, \qquad u_3 = \frac{x_3 - 139.736}{65.252} \qquad (5.53)$$

又记

$$v = \frac{y - 21.891}{14.368} \qquad (5.54)$$

对若干个 k 的值,求得的 v 关于 u_1,u_2,u_3 的线性回归方程中回归系数的岭估计见表 5.5,其岭迹图如图 5.4 所示.表 5.5 的最后一列为与原始变量对应的回归方程的残差平方和,随着 k 增加,岭估计与最小二乘估计的偏离就愈大,因此它的残差平方和也就愈大.

表 5.5　外贸经济回归方程的岭估计

k	$\beta_1(k)$	$\beta_2(k)$	$\beta_3(k)$	SSE
0.000	-0.3393	0.2130	1.3027	1.6729
0.001	-0.1174	0.2150	1.0802	1.7278
0.002	0.0097	0.2161	0.9525	1.8090
⋮	⋮	⋮	⋮	⋮
0.01	0.3043	0.2174	0.6541	2.1424
0.02	0.3786	0.2161	0.5751	2.2756
0.03	0.4060	0.2144	0.5430	2.3515
0.04	0.4196	0.2127	0.5249	2.4156
0.05	0.4271	0.2109	0.5128	2.4798
⋮	⋮	⋮	⋮	⋮
0.09	0.4363	0.2038	0.4858	2.7941
0.1	0.4364	0.2021	0.4813	2.8899

从岭迹图上可以看到,岭估计 $\hat{\beta}_1(k)$ 随 k 的增大而快速增加,大约在 $k = 0.01$ 从负值变为正值.而岭估计 $\hat{\beta}_2(k)$ 相对比较稳定,但 $\hat{\beta}_3(k)$ 随 k 的增大骤然减少.大约在 $k = 0.04$ 处以后就稳定下来.总体看来,可取 $k = 0.04$,对应的岭估计为

$$\hat{\beta}_1(0.04) = 0.4196, \qquad \hat{\beta}_2(0.04) = 0.2127, \qquad \hat{\beta}_3(0.04) = 0.5249$$

对应的岭回归方程为 $\hat{v} = 0.4196u_1 + 0.2127u_2 + 0.5249u_3$. 将(5.53)和(5.54)式代入,通过化简得到岭回归方程:

$$\hat{y} = -8.5583 + 0.0635x_1 + 0.5859x_2 + 0.1156x_3$$

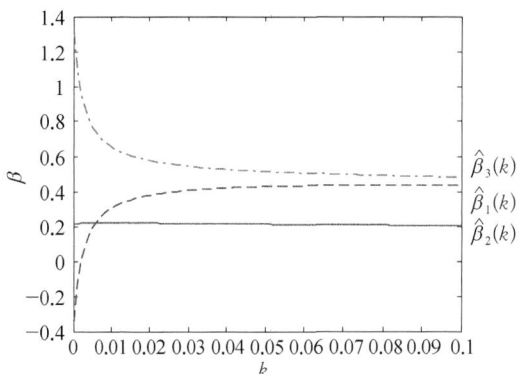

图 5.4 岭迹图

这样就避免了不符合经济意义的符号.

程序 5.5 用于计算上述外贸经济岭回归系数并绘制岭迹图. 程序中的 x 和 y 分别是自变量和因变量的观测数据矩阵,为减少篇幅,这里免去数据的输入过程.

程序的前一部分是矩阵 $\boldsymbol{Y}$ 的标准化,矩阵 $\boldsymbol{X}$ 的标准化是在命令 ridge 的内部完成的. 由于标准化变换的分母使用了命令 std,为了抵消因子 $1/(n-1)$ 的影响,用 $(n-1)$ 乘以参数 k.

程序中的 ridge 为 Matlab 内部命令,调用方式如下:

    b = ridge(y, x, k)

返回线性模型 $\boldsymbol{Y} = \boldsymbol{X\beta} + \boldsymbol{\varepsilon}$ 的岭回归系数 b,其中 x 为 $n \times p$ 的自变量数据矩阵;y 为 $n \times 1$ 的因变量数据矩阵;k 为岭参数.

程序 5.5 回归系数的岭估计

```
n = length(y);
YY = (y - mean(y))./std(y);
k = 0:0.001:0.1;                          %岭参数 k
b = ridge(YY,x,(n-1)*k);                  %回归系数 b
[k',b']
plot(k',b(1,:)','b- -',k',b(2,:)','r',k',b(3,:)','m-.')
xlabel('\itk'),ylabel('\it\\beta')
```

5.3.2 逐步回归

1. 逐步回归的基本思想和做法

在多元线性回归的实际应用中,人们考虑的自变量常常包括所有可能影响因变量 y 的因素. 在这样众多的自变量中,有些对因变量 y 有显著性影响,有些对因变量的影响很小甚至没什么影响. 这些对 y 影响小的自变量留在回归方程中,不仅增加了收集数据和分析数据的负担,还会降低回归模型的精度和稳定性. 这就产生了怎样从众多可能有关的自变量中挑选出对因变量有显著影响的部分变量的问题.

　　也就是说,这里讨论的是:从与因变量有关系的自变量集合中,选择一个"最优"的自变量子集,以建立一个既合理又简单的线性回归方程.

　　对线性回归方程的选取方法,一种是从所有可能的自变量子集中选取"最优"回归方程,称之为穷举法.假设与因变量有线性回归关系的自变量有 M 个,穷举法就是从这 M 个自变量的所有可能子集所拟合的回归方程中,按照一定的准则,逐一对其进行比较,选取最优的一个.

　　选取线性回归方程的另一常用的方法就是逐步回归法.逐步回归的基本思想是,将自变量一个一个逐步引入,引入变量的条件是其经检验是显著的.同时,每引入一个新变量后,再对已经入选方程的原变量逐个进行检验,将经检验认为不显著的变量剔除,以保证所得的自变量子集中的每个变量都是显著的.此过程经若干步直到既无自变量可被引入也无自变量可被剔除为止.这时,回归方程中所有自变量对因变量 y 都是显著的,而不在回归方程中的变量对 y 都是不显著的.

　　认定某个自变量 x_k 与因变量 y 的关系是否显著,就是要考虑回归系数的假设检验问题:

$$H_{0k}:\beta_k = 0, \qquad H_{1k}:\beta_k \neq 0$$

若拒绝 H_{0k},就认为该自变量对因变量的影响是否显著的,该自变量就可以被引入(或保留在)回归方程内;否则,该自变量就不得被引入(或保留在)回归方程内.

　　用以完成上述检验的是偏 F 统计量,或是 t 统计量,由于两种统计量有人所共知的关系,所以检验的效果是一致的.Matlab 软件使用的是 t 统计量,由(5.40)式描述,式中的 $\hat{\beta}_k$ 是已被选入回归方程的自变量和待选入自变量 x_k 的回归方程中关于 β_k 的最小二乘估计.可以证明,当 H_{0k} 为真时(即 $\beta_k = 0$ 时),有 $t_k^2 \sim F(1, n-l-2)$.其中,l 是已经选入回归方程的自变量的个数.下面简单叙述逐步回归法的基本步骤:

　　首先给定两个显著水平,一个用作引入某个自变量,记为 α_{in};另一个用作从回归方程中剔除某个自变量,记为 α_{out}($\alpha_{in} \leqslant \alpha_{out}$).然后按下列步骤进行:

　　第一步　对每个自变量 $x_k(1 \leqslant k \leqslant M)$,拟合仅包含 x_k 的回归模型:$y = \beta_0 + \beta_k x_k + \varepsilon$.计算 t 检验统计量的值 $t_k^{(1)}$ 及其相应的 p 值 $p_k^{(1)}(k = 1, 2, \cdots, M)$.记 $\max\limits_{1 \leqslant k \leqslant M}\{|t_k^{(1)}|\} = t_{k_1}^{(1)}$ 且其对应的 p 值为 $p_{k_1}^{(1)}$.若 $p_{k_1}^{(1)} \geqslant \alpha_{in}$,则所有自变量对 y 的影响在水平 α_{in} 下均不显著,选择过程结束;若 $p_{k_1}^{(1)} < \alpha_{in}$,则选择含 x_{k_1} 的回归方程,即

$$y = \beta_0 + \beta_{k_1} x_{k_1} + \varepsilon \tag{5.55}$$

　　第二步　若第一步选择了模型为(5.55),再将其余 $M-1$ 个自变量逐个添加到此模型中,拟合相应模型并计算 t 检验统计量的值 $t_k^{(2)}$ 及其相应的 p 值 $p_k^{(2)}$,$k \neq k_1$.记 $\max\limits_{1 \leqslant k \leqslant M}\{|t_k^{(2)}|\} = t_{k_2}^{(2)}$ 且其对应的 p 值为 $p_{k_2}^{(2)}$.若 $p_{k_2}^{(2)} \geqslant \alpha_{in}$,则这 $M-1$ 个

自变量对 y 的影响在水平 α_{in} 下均不显著,选择过程结束;若 $p_{k_2}^{(2)} < \alpha_{in}$,则将 x_{k_2} 添加到第 1 步所选出的回归方程(5.55)中,即

$$y = \beta_0 + \beta_{k_1} x_{k_1} + \beta_{k_2} x_{k_2} + \varepsilon \tag{5.56}$$

进一步考察模型(5.56)中是否有自变量可被剔除.为此,拟合模型(5.56)并计算相应 t 统计量的值 $t_{k_1}^{(2)}$, $t_{k_2}^{(2)}$ 及其 p 值,记 $t_{k_1}^{(2)}$ 和 $t_{k_2}^{(2)}$ 绝对值最小者所对应的 p 值为 $p_{\min}$.若 $p_{\min} \geqslant \alpha_{out}$,则从模型(5.56)中剔除 $t_{k_1}^{(2)}$ 和 $t_{k_2}^{(2)}$ 绝对值最小者所对应的自变量,再进一步考察剩余的那个自变量可否能被剔除;若 $p_{\min} < \alpha_{out}$,则无自变量能被剔除,(5.56)为当前模型.

第三步 在第二步所选出模型的基础上,再将未在模型中的自变量逐个添加到该模型中,利用 t 统计量值的绝对值最大者所对应的 p 值与 α_{in} 比较,以决定是否还有其他自变量可被引入到当前模型之中.若无自变量可被引入,则选择过程结束;若有新的自变量进入模型,再拟合相应的模型,并利用 t 统计量值的绝对值最小者所对应的 p 值与 α_{out} 比较,以决定模型中的某个自变量可否被剔除.若有自变量被剔除,再重新拟合新模型,按上述方法再考察有否自变量还可被剔除,直再到无自变量可被剔除为止.

重复以上步骤,直到在水平 α_{in} 下没有新的自变量可进入模型,同时模型中的自变量在水平 α_{out} 下均不能被剔除,则选择过程结束.

拟合最终模型便是逐步回归法所选出的最优回归方程.

2. 用 Matlab 完成逐步回归

在 Matlab 统计工具箱中用作逐步回归的是命令 stepwise,它提供了一个交互式界面,通过使用这个计算工具,人们可以方便地完成回归变量的筛选工作.逐步回归命令的使用方法是:

    stepwise(x,y)

或

    stepwise(x,y,inmodel,penter,premove)

其中,x 和 y 分别是自变量、因变量数据矩阵;后面一种用法是指定了模型的初始状态和检验的显著性水平,inmodel 是自变量的指标向量,指定事先引入初始模型中的自变量(缺省时无自变量事先引入),penter 是引入自变量的最大显著性水平,缺省值为 0.05,premove 是剔除自变量的最小显著性水平,缺省值为 0.10.

3. 应用实例

为了对某种肝脏手术病人的术后生存时间作预测,医院随机选取了 54 位需做此类手术的病人.手术前对每位病人化验和评估了如下四个指标:x_1 为凝血值;x_2 为预后指标(与年龄有关);x_3 为酵素化验值;x_4 为肝功能化验值.手术后跟踪记录各位病人的生存时间 y(经过了某种变换),得各变量的观测值见表 5.6.

表 5.6 54 位肝手术病人的观测数据

序　号	x_1	x_2	x_3	x_4	y
1	6.7	62	81	2.59	6.414 46
2	5.1	59	66	1.70	5.447 80
3	7.4	57	83	2.16	6.443 18
4	6.5	73	41	2.01	5.447 80
5	7.8	65	115	4.30	7.813 26
6	5.8	38	72	1.42	5.128 43
7	5.7	46	63	1.91	5.128 43
8	3.7	68	81	2.57	5.766 77
9	6.0	67	93	2.50	6.428 89
10	3.7	76	94	2.40	6.436 05
11	6.3	84	83	4.13	7.148 41
12	6.7	51	43	1.86	4.848 29
13	5.8	96	114	3.95	8.582 77
14	5.8	83	88	3.95	7.152 96
15	7.7	62	67	3.40	6.163 36
16	7.4	74	68	2.40	6.533 01
17	6.0	85	28	2.98	5.242 76
18	3.7	51	41	1.55	3.999 73
19	7.3	68	74	3.56	6.519 52
20	5.6	57	87	3.02	6.197 07
21	5.2	52	76	2.85	5.553 38
22	3.4	83	53	1.12	5.863 11
23	6.7	26	68	2.10	4.947 81
24	5.8	67	86	3.40	6.553 03
25	6.3	59	100	2.95	6.886 47
26	5.8	61	73	3.50	5.943 89
27	5.2	52	86	2.45	6.270 33
28	11.2	76	90	5.59	7.999 96
29	5.2	54	56	2.71	4.985 77
30	5.8	76	59	2.58	6.246 29
31	3.2	64	65	0.74	4.966 91
32	8.7	45	23	2.52	4.696 28
33	5.0	59	73	3.50	5.640 01
34	5.8	72	93	3.30	6.985 36
35	5.4	58	70	2.64	5.627 93
36	5.3	51	99	2.60	6.293 99
37	2.6	74	86	2.05	5.663 86
38	4.3	8	119	2.85	5.687 35
39	4.8	61	76	2.45	6.011 22

序　号	x_1	x_2	x_3	x_4	y
40	5.4	52	88	1.81	5.982 72
41	5.2	49	72	1.84	5.363 38
42	3.6	28	99	1.30	5.040 92
43	8.8	86	88	6.40	7.732 31
44	6.5	56	77	2.85	6.029 92
45	3.4	77	93	1.48	6.347 85
46	6.5	40	84	3.00	5.721 90
47	4.5	73	106	3.05	7.064 15
48	4.8	86	101	4.10	7.435 98
49	5.1	67	77	2.86	6.075 70
50	3.9	82	103	4.55	7.059 34
51	6.6	77	46	1.95	5.733 24
52	6.4	85	40	1.21	5.744 50
53	6.4	59	85	2.33	6.399 90
54	8.8	78	72	3.20	7.073 74

用逐步回归法选择生存时间 y 与 x_1, x_2, x_3, x_4 之间的最优回归方程.

这个问题有四个自变量,共有 $C_4^1 + C_4^2 + C_4^3 + C_4^4 - 1 = 15$ 个不同的自变量子集. 假设 x 和 y 分别是自变量和因变量的观测数据,键入命令 stepwise(x, y),即刻生成图 5.5 所示的图形界面. 右方窗口内的圆点位置表示回归系数的最小二乘估计值,蓝色表示对应的自变量已进入模型,红色表示该自变量未进入模型,水平条形线表示 90%(彩色)或 95%(黑色)置信区间. 左方的窗口列出的是回归系数估计值、t 值和对应的 p 值. 点击"Next Step"按钮,就可以完成逐步回归的计算工作.

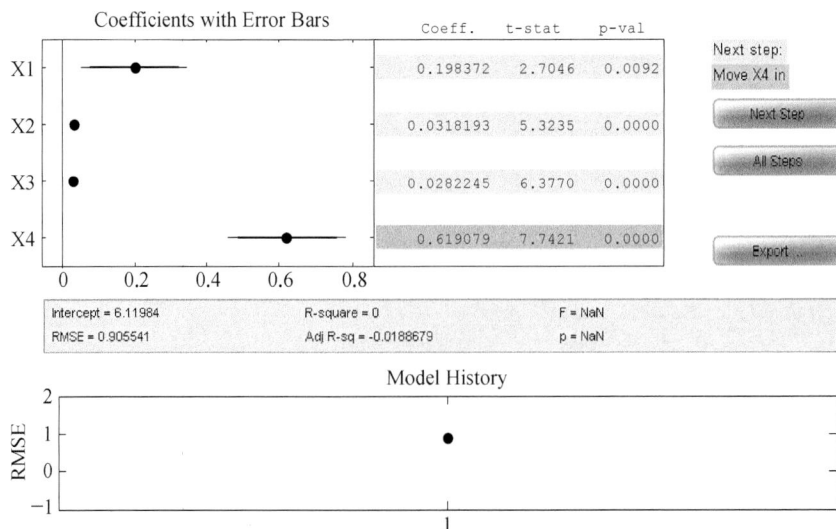

图 5.5　生存时间模型的逐步回归法计算界面

以下我们对计算过程作详细解释.

第一步 四个自变量的圆点都是红色,表示它们都未进入模型.变量 x_4 所对应 t 的绝对值最大(为 7.7421),且其 p 值为 $0.000 < 0.05 = \alpha_{in}$,故 x_4 首先进入模型,其圆点成为蓝色(图 5.6).

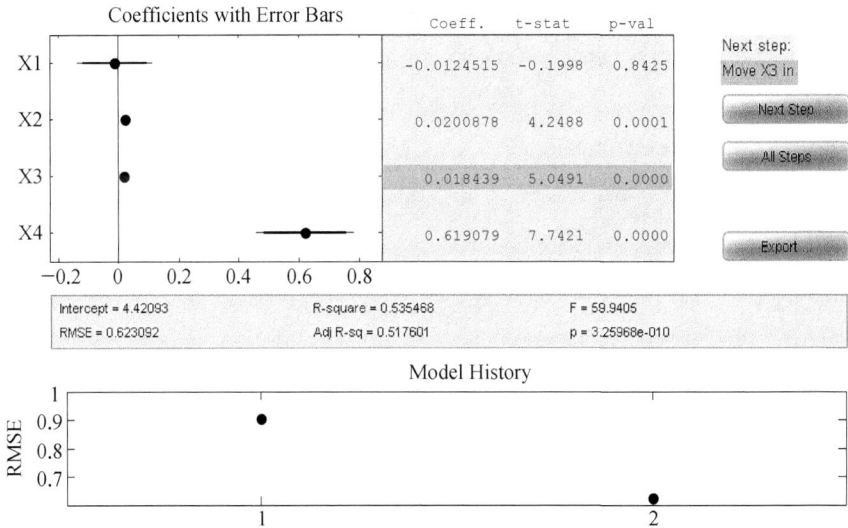

图 5.6 当前模型为含 x_4 的模型

第二步 不在模型中的自变量为 x_1,x_2,x_3,变量 x_3 所对应 t 的绝对值最大(为 5.0491),且其 p 值为 $0.000 < 0.05 = \alpha_{in}$,选择 x_3 进入模型,其圆点成为蓝色,模型含变量为 x_3 和 x_4,如图 5.7 所示.这二者所对应 t 的绝对值最小者为变量 x_3

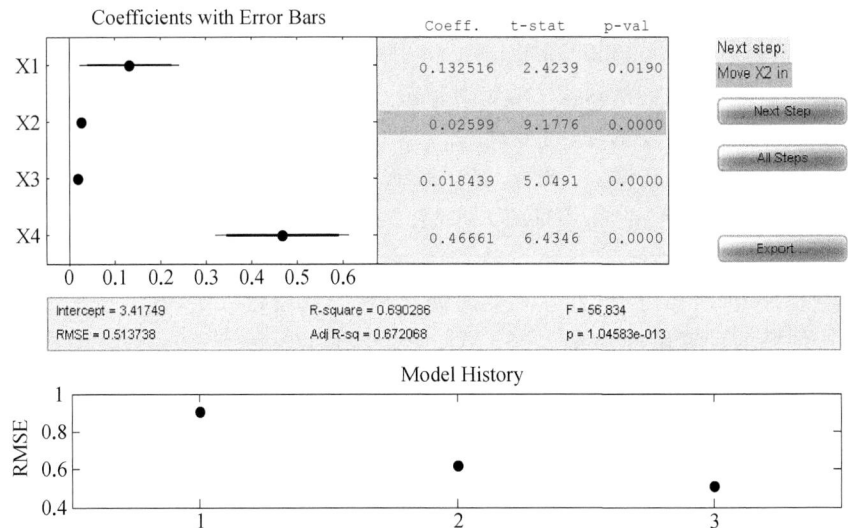

图 5.7 当前模型为含 x_3 和 x_4 的模型

（为 5.0491），其 p 值为 $0.000 < 0.10 = \alpha_{\text{out}}$，故 x_3 和 x_4 均不能被剔除，当前模型为含 x_3 和 x_4 的回归模型.

第三步 不在模型中的自变量为 x_1，x_2，变量 x_2 所对应 t 的绝对值最大（为 9.1776），且其 p 值为 $0.000 < 0.05$，点击 x_2 的圆使其变成蓝色，模型含变量 x_2、x_3 和 x_4，如图 5.8 所示. 它们所对应 t 的绝对值最小者为变量 x_4（为 5.6636），其 p 值为 $0.000 < 0.10$，故 x_2，x_3 和 x_4 均不能被剔除，当前模型为含 x_2，x_3 和 x_4 的回归模型.

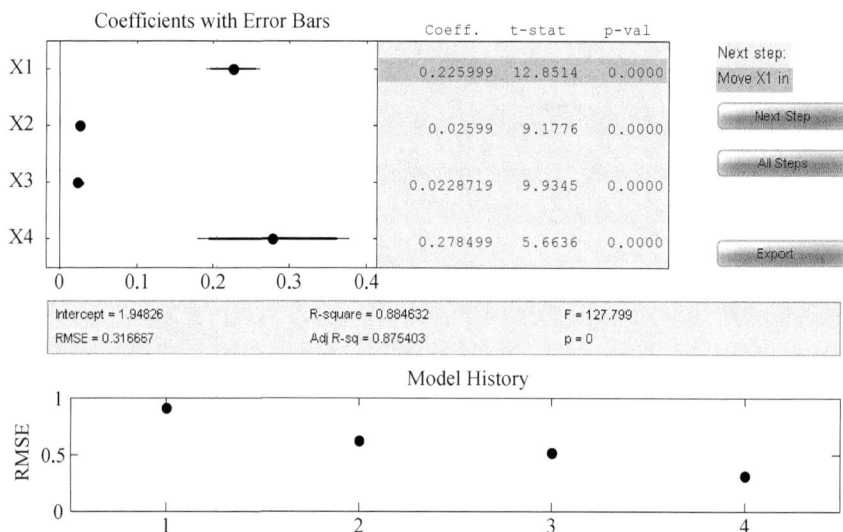

图 5.8 当前模型含变量 x_2、x_3 和 x_4

第四步 计算不在当前模型中的唯一自变量 x_1 的 t 统计量的绝对值为 12.8514，且其 p 值为 $0.000 < 0.05$，将 x_1 引入，模型含四个自变量 x_1，x_2，x_3 和 x_4，如图 5.9 所示. 它们所对应 t 的绝对值最小者为变量 x_4（为 0.4746），其 p 值为 $0.6372 > 0.10 = \alpha_{\text{out}}$，故 x_4 将被剔除.

第五步 由于不在模型中的 x_4 的 t 的绝对值为 0.4746，且其 p 值为 $0.6372 > 0.05 = \alpha_{\text{in}}$（图 5.10），故 x_4 不能进入模型. 又由上一步知，当前模型无变量可被剔除，至此选择过程结束.

按照"Next Step"按钮上方文字的提示，点击该按钮数次，直到按钮变成灰白色，逐步回归的计算就告完成（图 5.10）. 三个蓝色点表示含 x_1，x_2，x_3 的回归方程为所选出的最优回归方程. 回归系数的估计值用蓝色数字显示，常数项 intercept＝0.412 729，选出的最优回归方程为

$$y = 0.4127 + 0.2315x_1 + 0.0308x_2 + 0.0314x_3$$

并且，$R^2 = 0.9735$，当前模型的均方残差平方根（RMSE）＝0.1518，观察 Model History 框，可以看到 RMSE 的值在选择变量的过程中逐步下降.

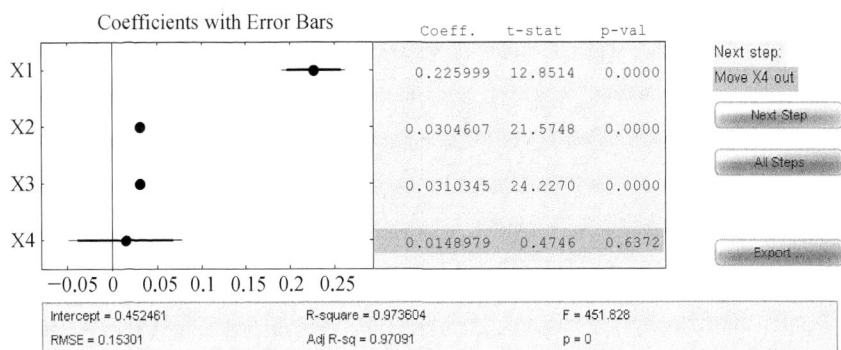

图 5.9 当前模型含变量 x_1，x_2，x_3 和 x_4

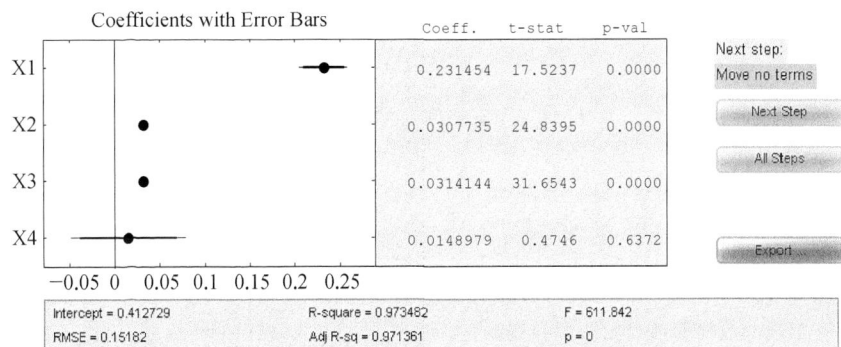

图 5.10 当前模型含变量 x_1，x_2，x_3

点击"All Step"按钮，即可一次完成计算. 点击"Export"按钮，可将计算结果传送至 Matlab 的工作空间.

上 机 练 习

1. 作为研究交通运输安全这一课题的一个部分，美国交通部收集了 42 个城市某年内重大交通事故的数据，该数据显示了每 1000 个驾驶执照持有者发生严重交通事故的次数以及驾照持有者中年龄为 21 岁以下人群所占百分比,数据见表 5.7.

表 5.7 42 个城市重大交通事故的数据

21 岁以下驾照 持有者所占比例/%	每 1000 个驾照 持有者发生事故次数	21 岁以下驾照 持有者所占比例/%	每 1000 个驾照 持有者发生事故次数
13	2.962	17	4.100
12	0.708	8	2.190
8	0.885	16	3.623
12	1.652	15	2.623
11	2.091	9	0.835
17	2.627	8	0.820
18	3.830	14	2.890
8	0.368	8	1.267
13	1.142	15	3.224
8	0.645	10	1.014
9	1.028	10	0.493
16	2.801	14	1.443
12	1.405	18	3.614
9	1.433	10	1.926
10	0.039	14	1.643
9	0.338	16	2.943
11	1.849	12	1.913
12	2.246	15	2.814
14	2.855	13	2.634
14	2.352	9	0.926
11	1.294	17	3.256

(1) 作出表中数据的散点图及拟合直线;

(2) 运用回归分析方法对致命交通事故的次数以及年龄在 21 岁以下驾驶者之间的关系作出分析,讨论你的结论;

(3) 从你的分析中,能够得到什么结论,你能否提出什么建议?

2. (煤的净化问题)表 5.8 给出了煤净化过程的一组数据,这里 x_1 表示输入净化过程的溶液所含的煤与杂质之比,x_2 是溶液的 pH 值,x_3 表示溶液流量,y 为净化后煤溶液中所含杂质的重量,这是衡量净化效率的指标.

表 5.8 煤净化过程的数据

x_1	x_2	x_3	y
1.50	6.00	1315	243
1.50	6.00	1315	261
1.50	9.00	1890	244
1.50	9.00	1890	285

x_1	x_2	x_3	y
2.00	7.50	1575	202
2.00	7.50	1575	180
2.00	7.50	1575	183
2.00	7.50	1575	207
2.50	9.00	1315	216
2.50	9.00	1315	160
2.50	6.00	1890	104
2.50	6.00	1890	110

(1) 建立净化效率 y 与其他几个变量的经验回归方程;

(2) 取 $\alpha = 0.05$,对回归方程与回归系数作显著性检验;

(3) 作出回归残差图,观察是否存在异常的样本点;

(4) 取 $\alpha = 0.05$,考察当 $x_1 = 1.5$, $x_2 = 7.50$, $x_3 = 1315$ 时,净化效率的预测区间.

3. (关于消费者调查有限公司的案例研究)消费者调查有限公司是一个独立的中介机构,它为很多不同的企业调查消费者意向和消费者行为. 在一项调查中,某个客户为了预测信用卡用户的支付数额,要求调查消费者的行为特性.下面收集的数据显示了一个由 50 个消费者所组成的样本的年收入、家庭成员的人数以及信用卡年支付数额.统计数据见表 5.9.

表 5.9　消费者行为调查数据

年收入/千美元	家庭人数	信用卡年支付额/美元	年收入/千美元	家庭人数	信用卡年支付额/美元
54	3	4016	54	6	5573
30	2	3159	30	1	2583
32	4	5100	48	2	3866
50	5	4742	34	5	3586
31	2	1864	67	4	5037
55	2	4070	50	2	3605
37	1	2731	67	5	5345
40	2	3348	55	6	5370
66	4	4764	52	2	3890
51	3	4110	62	3	4705
25	3	4208	64	2	4157
48	4	4219	22	3	3579
27	1	2477	29	4	3890
33	2	2514	39	2	2972
65	3	4214	35	1	3121
63	4	4965	39	4	4183

年收入 /千美元	家庭人数	信用卡年 支付额/美元	年收入 /千美元	家庭人数	信用卡年 支付额/美元
42	6	4412	54	3	3730
21	2	2448	23	6	4127
44	1	2995	27	2	2921
37	5	4171	26	7	4603
62	6	5678	61	2	4273
21	3	3623	30	2	3067
55	7	5301	22	4	3074
42	2	3020	46	5	4820
41	7	4828	66	4	5149

(1) 用描述统计学的方法(如用直方图 hist、饼图 pie 或是条形图 bar 等)对各项数据进行整理、总结,并评论统计结果.

(2) 建立经验回归方程,首先利用年收入作为自变量,然后再利用家庭人数作为自变量.哪一个变量能够更好地预测信用卡年支付额?

(3) 建立一个经验回归方程,以年收入和家庭人数作为自变量,预测信用卡年支付额.对你的发现进行讨论.

(4) 某个家庭,其人数为 3 个人,年收入 40 000 美元,则这个家庭信用卡年支付额的预测值是多少?

第6章 LINGO 与优化问题

在这一章,我们先介绍优化建模软件 LINGO 的使用方法,然后通过实例来完成本章实验内容.

学习本章时,除掌握基本的 LINGO 建模语言外,还应结合其他外部应用软件如 MS Office 等,掌握它们相互间数据传输功能,为处理和解决具有较大数据量的实际问题打好基础.

6.1 LINGO 软件介绍

LINGO(Linear INteractive and General Optimizer)是由美国芝加哥大学的 Linus Schrage 教授于 1980 年开发,现属 Lindo System 公司的专门用于求解最优化问题的工具软件包,它可以求解线性规划、二次规划、非线性规划、整数规划、图论及网络最优化、排队论模型中最优化等问题,与同类软件相比有着绝对优势. LINGO 软件除免费使用的演示版(Demo)外,正式版包括 Solve Suit(求解包)、Super(高级版)、Hyper(超级版)、Industrial(工业版)、Extended(扩展版)等,不同版本对于求解问题的规模(问题中的变量数和约束数)的限制不同.

6.1.1 LINGO 的使用界面

在 Windows 操作系统下运行 LINGO11.0,所得的界面如图 6.1 所示,界面外层是主框架窗口,包含了所有菜单命令和工具条,其他所有的窗口将被包含在主窗口之下. 在主窗口内的标题为 LINGO Model-LINGO1 的窗口是 LINGO 的默认模型窗口,建立的模型将在该窗口内编程实现;当模型窗口中程序编写完毕,运行程序后,可得到 LINGO 解算器状态界面(Solver Status)和主框架下的解报表(Solution Report). 此外,通过菜单还能对程序或运行结果进行统计或分析,得到其他报表.

例 6.1 在模型窗口中输入以下程序代码:

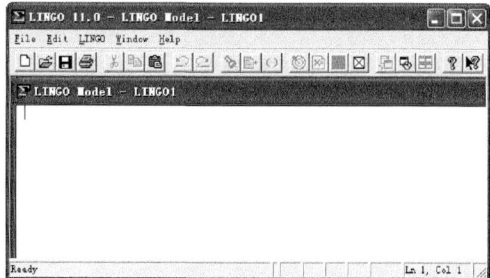

图 6.1 界面图

```
model:

max = 72 * x1 + 64 * x2;

x1 + x2 < 50;

12 * x1 + 8 * x2 < 480;

3 * x1 < 100;

end
```

并通过运行 LINGO 菜单各选项,观察模型程序运行结果和报表.

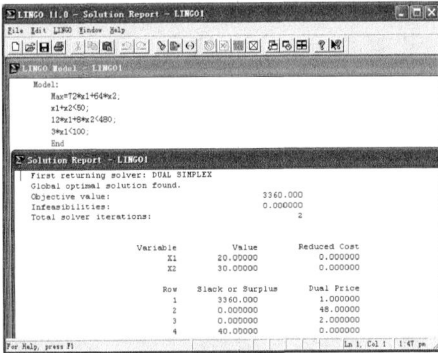

图 6.2　模型和报表

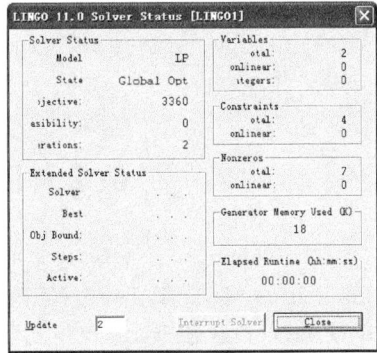

图 6.3　求解器状态

6.1.2　LINGO 程序框架

LINGO 是用来求解线性和非线性优化问题的简易工具. LINGO 内置了一种建立最优化模型的语言,可以简便地表达大规模问题,利用 LINGO 高效的求解器可快速求解并分析结果.

LINGO 程序一般由以下五个部分(段)组成,配合完成优化功能.

(1) 集合段:集合段是 LINGO 模型的可选部分. 在 LINGO 模型中使用集之前,必须在集合段事先定义. 集合段以关键字"sets:"开始(注意,关键字不包括引号,必须有冒号),以"endsets"结束. 在一个 LINGO 模型中,可以没有集合段,也可以有一个或多个集合段,并且各集合段可以安置于 LINGO 模型程序的任何地方,但必须在一个集及其属性在模型约束中被引用之前先定义.

(2) 数据段:可选部分,数据段以"data:"开始,以"enddata"结束,用于在 LINGO 模型求解之前为集合段所定义的某些元素指定值.

(3) 初始段:可选部分,以"init:"开始,以"endinit"结束,它的作用是对集合段的属性定义一个初值. 因为一般迭代算法求解 LINGO 模型时,一个接近最优解的初始值,会大大减少程序进行时间.

(4) 计算段:可选部分,以"calc:"开始,以"endcalc"结束,这部分的作用是将原始数据处理成程序需要的数据,这位于数据段输入完成而求解模型开始之前进行,程序语句按顺序执行.

（5）目标和约束段：这部分用来定义目标函数和约束条件，没有开始和结束标记.这部分主要是用到 LINGO 的内部函数，特别是与集合有关的求和、循环、判定等函数.

6.1.3 LINGO 中的集

对实际问题建模的时候，总会遇到一群或多群相联系的对象，如工厂、消费者群体、交通工具和雇工等.通常地，如果有一个约束适用于集合的一个成员，那么它常常也同样适合于这个集合中每一确定的其他成员.因此，一旦把对象聚合成集，利用 LINGO 所拥有的一套循环功能，将能最大限度地发挥 LINGO 建模语言的优势.

总的来说，LINGO 可识别的集只有两种类型：原始集和派生集.

一个原始集是由一些最基本的对象组成的.原始集中，必须详细说明集的名称，而集的成员和相应的属性是可选的，集成员要用"/ /"括起来，集的属性前要用"："声名，语法为：

> Setname/member_list/:attrbute_list;

Setname 是你选择的来标记集的名字，最好具有较强的可读性.集名字必须严格符合标准命名规则：以拉丁字母或下划线为首字符，其后由拉丁字母、下划线、阿拉伯数字组成的总长度不超过 32 个字符的字符串，且不区分大小写.

注 该命名规则同样适用于集成员名和属性名等的命名.

Member_list 是集成员列表.如果集成员放在集定义中，那么对它们可采取显式罗列和隐式罗列两种方式.如果集成员不放在集定义中，那么可以在随后的数据段定义它们.

集成员的显式罗列：为每个元素输入一个不同的名字，中间用空格或逗号（允许混合使用）隔开.不同集中元素可以同名，但使用时要注意（见集合操作函数部分）.

例 6.2 分别定义有三个女孩 debble、sue、alice 和四个男孩 bob、joe、sue、fred 的两个集合.

> sets:
>
> girls/debble,sue,alice/;
>
> boys/bob,joe,sue,fred/;
>
> endsets

集成员的隐式罗列：采用语法

> setname/member1..memberN/:attribute_list;

的形式，将自动产生中间的所有成员名称.LINGO 也接受一些特定的首成员名和末成员名，用于创建一些特殊的集，见表 6.1.

表 6.1　特殊集表示方法

隐式成员列表格式	示　　例	所产生集成员
1..n	1..5	1,2,3,4,5
StringM..StringN	Car2..car14	Car2,Car3,Car4,…,Car14
DayM..DayN	Mon..Fri	Mon,Tue,Wed,Thu,Fri
MonthM..MonthN	Oct..Jan	Oct,Nov,Dec,Jan
MonthYearM..MonthYearN	Oct2001..Jan2002	Oct2001,Nov2001,Dec2001,Jan2002

其他集成员描述方式:集成员不放在集定义中,而在随后的数据段来定义.

例6.3　用数据段定义集成员:

```
! 集合段;
sets:
students:sex,age;
endsets
! 数据段;
data:
students,sex,age =  John 1 16
                    Jill 0 14
                    Rose 0 17
                    Mike 1 13;
enddata
```

注　开头用感叹号(!),末尾用分号(;)表示注释,可跨多行.

在集合段只定义了一个集 students,并未指定成员.在数据段罗列了集成员 John、Jill、Rose 和 Mike,并对属性 sex 和 age 分别给出了值.

LINGO 内置的建模语言是一种描述性语言,用它可以描述现实世界中的一些问题,然后再借助于 LINGO 求解器求解.因此,集属性的值一旦在模型中被确定,就不可能再更改.在 LINGO 中,只有在初始段中给出的集属性值在以后的求解中可更改.这与前面并不矛盾,初始段是 LINGO 求解器的需要,并不是描述问题所必需的.

一个派生集是用一个或多个其他集来定义的,也就是说,它的成员来自其他已存在的集.为了定义一个派生集,必须详细说明集的名称、父集的名称,可选的有集成员和集属性.定义派生集的语法为:

```
setname(parent_set_list)/member_list/:attribute;
```

setname 是集的名字.parent_set_list 是已定义的集的列表,多个时必须用逗号隔开.如果没有指定成员列表,那么 LINGO 会自动创建父集成员的所有组合作为派生集的成员.派生集的父集既可以是原始集,也可以是其他的派生集.

例6.4　输入代码:

```
sets:
```

```
produce/A,B/;
machine/M,N/;
week/1..2/;
allowed(produce,machine,week):x;
endsets
```

　　LINGO 生成了三个父集的所有组合共八组作为 allowed 集的成员,见表 6.2.

表 6.2　派生集按编号顺序的成员

编号	1	2	3	4	5	6	7	8
成员	(A, M, 1)	(A, M, 2)	(A, N, 1)	(A, N, 2)	(B, M, 1)	(B, M, 2)	(B, N, 1)	(B, N, 2)

　　成员列表被忽略时,派生集成员由父集成员所有的组合构成,这样的派生集成为稠密集.如果限制派生集的成员,使它成为父集成员所有组合构成的集合的一个子集,这样的派生集成为稀疏集.同原始集一样,派生集成员的声明也可以放在数据段.一个派生集的成员列表有两种方式生成:① 显式罗列;② 设置成员资格过滤器.当采用方式①时,必须显式罗列出所有要包含在派生集中的成员,并且罗列的每个成员必须属于稠密集.使用前面的例子,显式罗列派生集的成员:

```
allowed(product,machine,week)/A M 1,A N 2,B N 1/;
```

如果需要生成一个大的、稀疏的集,那么显式罗列就很讨厌.幸运的是许多稀疏集的成员都满足一些条件以和非成员相区分.我们可以把这些逻辑条件看作过滤器,在 LINGO 生成派生集的成员时把使逻辑条件为假的成员从稠密集中过滤掉.

　　例 6.5　输入代码:

```
sets:
    ! 学生集:性别属性 sex,1 表示男性,0 表示女性;年龄属性 age;
    students/John,Jill,Rose,Mike/:sex,age;
    ! 男学生和女学生的联系集:友好程度属性 friend,[0,1]之间的数;
    linkmf(students,students)|sex(&1) #eq# 1 #and# sex(&2) #eq# 0:friend;
    ! 男学生和女学生的友好程度大于 0.5 的集;
    linkmf2(linkmf) | friend(&1,&2) #ge# 0.5 :x;
endsets
data:
    sex,age = 1 16
            0 14
            0 17
            0 13;
    friend = 0.3 0.5 0.6;
enddata
```

用竖线(|)来标记一个成员资格过滤器的开始.#eq# 是逻辑运算符,用来判

断是否"相等".&1 可视为派生集的第 1 个原始父集的索引,它取遍该原始父集的所有成员;&2 可视为派生集的第 2 个原始父集的索引,它取遍该原始父集的所有成员;以此类推.注意如果派生集 B 的父集是另外的派生集 A,那么上面所说的原始父集是集 A 向前回溯到最终的原始集,其顺序保持不变,并且派生集 A 的过滤器对派生集 B 仍然有效.因此,派生集的索引个数是最终原始集的个数,索引的取值是从原始父集到当前派生集所作限制的总和.

在一个模型中,原始集是基本的对象,不能再被拆分成更小的组分.原始集可以由显式罗列和隐式罗列两种方式来定义.当用显式罗列方式时,需在集成员列表中逐个输入每个成员.当用隐式罗列方式时,只需在集成员列表中输入首成员和末成员,而中间的成员由 LINGO 产生.

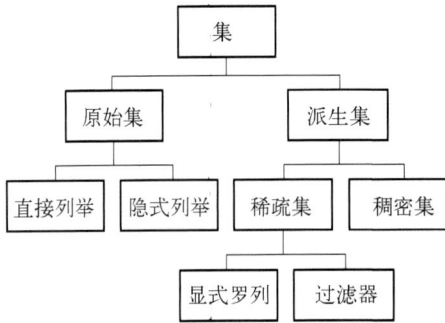

图 6.4 集的类型

另一方面,派生集是由其他的集来创建.这些集被称为该派生集的父集(原始集或其他的派生集).一个派生集既可以是稀疏的,也可以是稠密的.稠密集包含了父集成员的所有组合(有时也称为父集的笛卡儿乘积).稀疏集仅包含了父集的笛卡儿乘积的一个子集,可通过显式罗列和成员资格过滤器这两种方式来定义.显式罗列方法就是逐个罗列稀疏集的成员.成员资格过滤器方法通过使用稀疏集成员必须满足的逻辑条件从稠密集成员中过滤出稀疏集的成员.不同集类型的关系如图 6.4 所示.

6.1.4 LINGO 模型的数据段、初始段和计算段

在处理模型的数据时,需要为集指派一些成员并且在 LINGO 求解模型之前为集的某些属性指定值.为此,LINGO 为用户提供了两个可选部分:输入集成员和数据的数据段(Data Section)和为决策变量设置初始值的初始段(Init Section).

1. 数据段

LINGO 模型中,数据段用来指定集成员和集属性的,其语法为:

    object_list = value;

对象列(object_list)包含要指定值的属性名、要设置集成员的集名,用逗号或空格隔开.一个对象列中至多有一个集名,而属性名可以有任意多.如果对象列中有多个属性名,那么它们的类型必须一致.如果对象列中有一个集名,那么对象列中所有的属性的类型就是这个集.

数值列(value_list)包含要分配给对象列中的对象的值,用逗号或空格隔开.

注 属性值的个数必须等于集成员的个数.

例 6.6　输入代码：

```
! 以下是集合段；
sets：
set1/A,B,C/：X,Y;
endsets
! 以下是数据段
data：
X = 1,2,3；
Y = 4,5,6；
enddata
```

在集 set1 中定义了两个属性 X 和 Y. X 的三个值是 1, 2 和 3, Y 的三个值是 4, 5 和 6. 也可采用如下例子中的复合数据声明(data statement)实现同样的功能.

例 6.7　输入代码：

```
sets：
set1/A,B,C/：X,Y;
endsets
data：
X,Y = 1 4
      2 5
      3 6；
enddata
```

看到这个例子,可能会认为 X 被指定了 1, 4 和 2 三个值,因为它们是数值列中前三个,而正确的答案是 1, 2 和 3. 假设对象列有 n 个对象,LINGO 在为对象指定值时,首先在 n 个对象的第 1 个索引处依次分配数值列中的前 n 个对象,然后在 n 个对象的第 2 个索引处依次分配数值列中紧接着的 n 个对象,以此类推.

在数据段也可以指定一些标量变量(scalar variables). 当一个标量变量在数据段确定时,称之为参数. 看一例,假设模型中用利率 8.5% 作为一个参数,就可以像下面一样输入一个利率作为参数.

例 6.8　输入代码：

```
data：
interest_rate = .085；
enddata
```

也可以同时指定多个参数.

例 6.9　输入代码：

```
data：
interest_rate,inflation_rate = .085 .03；
enddata
```

在某些情况,对于模型中的某些数据并不是定值. 例如,模型中有一个通货膨胀率的参数,我们想在 2%～6% 范围内,对不同的值求解模型,来观察模型的结果对通货膨胀的依赖有多么敏感. 我们把这种情况称为实时数据处理(what if analysis). LINGO 有一个特征可方便地做到这件事,就是在本该放数的地方输入一个问号(?).

例 6.10 输入代码:

```
data:
interest_rate,inflation_rate = .085  ?;
enddata
```

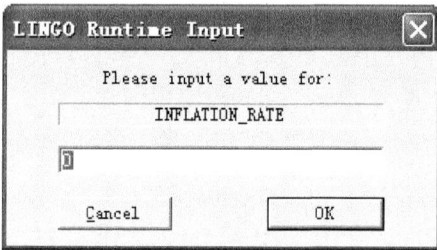

图 6.5 实时输入值对话框

每一次求解模型时,LINGO 都会提示为参数 inflation_rate 输入一个值. 在 WINDOWS 操作系统下,将会接收到一个类似图 6.5 所示的对话框,直接输入一个值再点击 OK 按钮,LINGO 就会把输入的值指定给 inflation_rate,然后继续求解模型.

除了参数之外,也可以实时输入集的属性值,但不允许实时输入集成员名.

可以在数据声明的右边输入一个值来把所有的成员的该属性指定为一个值. 看下面的例子.

例 6.11 输入代码:

```
sets:
  days /MO,TU,WE,TH,FR,SA,SU/:needs;
endsets
data:
  needs = 20;
enddata
```

LINGO 将用 20 指定 days 集的所有成员的 needs 属性. 对于多个属性的情形,见下例.

例 6.12 输入代码:

```
sets:
days /MO,TU,WE,TH,FR,SA,SU/:needs,cost;
endsets
data:
needs cost = 20 100;
enddata
```

有时只想为一个集的部分成员的某个属性指定值,而让其余成员的该属性保持未知,以便让 LINGO 去求出它们的最优值. 在数据声明中输入两个相连的逗号表示该位置对应的集成员的属性值未知. 两个逗号间可以有空格.

例 6.13 输入代码：

```
sets:
years/1..5/: capacity;
endsets
data:
capacity = ,34,20,,;
enddata
```

属性 capacity 的第 2 个和第 3 个值分别为 34 和 20, 其余的未知.

2. 初始段

在 LINGO 的另一个可选部分——初始段中, 我们就像在数据段中输入数据一样地可以在初始段输入初始化语句. 在初始段中输入的值并不起到描述模型的作用, 而是为求解 LINGO 模型时作为迭代的初始值使用, 并且只对非线性模型有用. 与数据段指定变量的值不同的是, LINGO 求解器可以自由地改变初始段初始化的值.

初始段的初始声明规则和数据段的数据声明规则相同. 也就是说, 我们可以在声明的左边同时初始化多个集属性, 可以把集属性初始化为一个值, 可以用问号实现实时数据处理, 还可以用逗号指定未知数值.

好的初始点会减少模型的求解时间. 我们仅带大家接触了一些基本的数据输入和初始化概念, 不过现在你应该可以轻松的为自己的模型加入原始数据和初始段啦.

3. LINGO 的计算段

在许多情况下, 你的模型的原始输入数据, 将需要额外的信息变换成适当的形式. 举个例子, 假设您的原始数据由每天观测得到的证券的收盘价组成. 此外, 我们假设你的模型最终需要从收盘价的原始数据计算出证券的协方差矩阵. 你当然可以在把计算协方差矩阵作为你的模型中约束段一部分来计算. 然而, 这种简单的计算会人为增大你的模型. 另一种不是很方便的选择, 就是在 LINGO 之外计算好协方差矩阵, 再作为 LINGO 外部数据传回到 LINGO 中. LINGO 设置了一个能在不增加最终优化模型的大小而实现上述要求数据操作的部分, 这就是受人真爱的计算段.

在计算段内, 可以用一系列赋值语句, 引用数据段或计算段中已定义好的变量的值.

例 6.14 利用计算段, 完成对 x 求算术平均值 avg 和标准差 st.

程序 6.1 利用计算段计算算术平均值和标准差

```
model:
sets:
```

```
set/1..3/:x;

endsets

data:

x = 1,2,3;

enddata

calc:

avg = @sum(set:x)/3;

st = @sqrt(@sum(set:(x - avg)^2)/2);

endcalc

end
```

注 @sum()与@sqrt()都是 LINGO 的标准数学函数.

在 LINGO 的计算段中所得到的量,在后续程序中将作为常量被调用.

6.1.5 LINGO 的运算符和函数

LINGO 根据优化模型的需要,提供了许多用于数学建模的运算符和函数.根据用途,我们可以将其分类如下:

1. 基本运算符

LINGO 中的运算符包括算术运算符、逻辑运算符和关系运算符.

算术运算符是针对数值进行操作的. LINGO 提供了 5 种二元运算符:

　　　　^(乘方)　　　*(乘)　　　/(除)　　　+(加)　　　-(减)

LINGO 唯一的一元算术运算符是取反函数"-".运算符的优先级遵从通常的算术运算法则.

逻辑运算符主要用于集循环函数的条件表达式中,来控制在函数中哪些集成员被包含,哪些被排斥.在创建稀疏集时用在成员资格过滤器中,LINGO 具有 9 种逻辑运算符,这些运算符的优先级由高到低为:

#not#(非)	#eq#(等于)	#ne#(不等于)
#gt#(大于)	#ge#(大于或等于)	#lt#(小于)
#le#(小于或等于)	#and#(与)	#or#(或)

例 6.15 逻辑运算符示例:

　　2#gt#3#and#4#gt#2

其结果为假(0).

在 LINGO 中,关系运算符主要是被用在模型中,来指定一个表达式的左边是否等于、小于等于、或者大于等于右边,形成模型的一个约束条件.关系运算符与逻辑运算符#eq#、#le#、#ge#截然不同,前者是模型中该关系运算符所指定关系的为真描述,而后者仅仅判断一个该关系是否被满足:满足为真,不满足为假. LINGO 有三种关系运算符:"="、"<="和">=". LINGO 中还能用"<"表示小于等于关系,">"表示大于等于关系. LINGO 并不支持严格小于和严格大于关系

运算符.然而,如果需要严格小于和严格大于关系,比如让 A 严格小于 B:

A < B

那么可以把它变成如下的小于等于表达式:

A + ε < = B,

这里 ε 是一个小的正数,它的值依赖于模型中 A 小于 B 多少才算不等.

2. 数学函数

LINGO 提供了大量的标准函数,如绝对值函数@ABS,反三角函数@ACOS、@ASIN、@ATAN,指数函数@EXP,对数函数@LOG,平方根函数@SQRT,三角函数@SIN,@TAN 等.除此外,LINGO 还提供了一些金融函数、概率函数等.

例 6.16 (贷款买房问题)贷款金额 50 000 元,贷款年利率 5.31%,采取分期付款方式(每年年末还固定金额,直至还清).问拟贷款 10 年,每年需偿还多少元?

LINGO 代码如下:

```
50000 = x * @fpa(.0531,10);
```

答案是 x=6573.069 元.

本例中,@fpa(I, N)是净现值函数,它用于计算 $\sum_{k=1}^{n} (1+I)^{-n} = \frac{1-(1+I)^{-n}}{I}$.

例 6.17 利用@rand 产生 15 个标准正态分布的随机数和自由度为 2 的 t 分布的随机数.

这要用到一个简单的引理:如果 X 服从 0~1 上的均匀分布,且 F 是某个分布 A 的分布函数,那么,满足函数关系 $X = F(Y)$ 的随机变量 Y 就是满足分布 A 的随机变量.

程序 6.2 产生随机数

```
model:
sets:
series/1..15/: u, znorm, zt;
endsets
u( 1) = @rand( .1234);
@for(series( I)| I #GT# 1:
u( I) = @rand( u( I - 1))
);
@for( series( I):
@psn( znorm( I)) = u( I);
@ptd( 2, zt( I)) = u( I);
@free( znorm( I)); @free( zt( I));
);
end
```

3. 变量界定函数

变量界定函数实现对变量取值范围的附加限制,共 5 种:

227

@bin(x)	限制 x 为 0 或 1(0-1 变量)
@bnd(L,x,U)	限制 L≤x≤U
@free(x)	取消对变量 x 的默认下界为 0 的限制,即 x 可以取任意实数(自由变量)
@gin(x)	限制 x 为整数(整型变量)
@semic(L,x,U)	限制 x 为 0,或是在 L 与 U 之间(半连续变量)

在默认情况下,LINGO 规定变量是非负的,也就是说下界为 0,上界为 $+\infty$. @free 取消了默认的下界为 0 的限制,使变量也可以取负值. @bnd 用于设定一个变量的上下界,它也可以取消默认下界为 0 的约束.

4. 集操作函数

LINGO 提供了几个函数帮助处理集.

(1) @in(set_name,primitive_index_1 [,primitive_index_2,…])

如果元素在指定集中,返回 1;否则返回 0.

例 6.18 全集为 PLANTS,CLOSED 是 PLANTS 的一个子集,OPEN 是 CLOSED 的补集.

```
SETS:
    PLANTS /SEATTLE, DENVER, CHICAGO, ATLANTA/:X;
    CLOSED( PLANTS) /DENVER/:Y;
    OPEN( PLANTS) | #NOT# @IN( CLOSED, &1):Z;
ENDSETS
```

在这里,定义了属性 X(SEATTLE)、X(DENVER)、X(CHICAGO)、X(ATLANTA)、Y(DENVER)和 Z(SEATTLE)、Z(CHICAGO)、Z(ATLANTA).

(2) @index([set_name,] primitive_set_element)

该函数返回在集 set_name 中原始集成员 primitive_set_element 的索引.如果 set_name 被忽略,那么 LINGO 将返回与 primitive_set_element 匹配的第一个原始集成员的索引.如果找不到,则产生一个错误.

例 6.19 如何确定集成员(B,Y)属于派生集 S3.

```
sets:
S1/A B C/;
S2/X Y Z/;
S3(S1,S2)/A X, A Z, B Y, C X/;
endsets
X = @in(S3,@index(S1,B),@index(S2,Y));
```

例 6.20 有时为 @index 指定集是必要的.

```
sets:
girls/debble,sue,alice/;
boys/bob,joe,sue,fred/;
endsets
I1 = @index(sue);
```

I2 = @index(boys,sue);

I1 的值是 2,I2 的值是 3.我们建议在使用@index 函数时最好指定集.

(3) @wrap(index,limit)

该函数返回 j＝index－k * limit,其中 k 是一个整数,取适当值保证 j 落在区间 [1,limit]内.该函数相当于 index 模 limit 再加 1.该函数在循环、多阶段计划编制中特别有用.

(4) @size(set_name)

该函数返回集 set_name 的成员个数.在模型中明确给出集大小时最好使用该函数.它的使用使模型更加数据中立,集大小改变时也更易维护.

5. 集循环函数

集循环函数遍历整个集进行操作.其语法为:

@function(setname[(set_index_list)[|conditional_qualifier]]:

expression_list);

@function 相应于下面罗列的四个集循环函数之一;setname 是要遍历的集;set_index_list 是集索引列表;conditional_qualifier 是用来限制集循环函数的范围,当集循环函数遍历集的每个成员时,LINGO 都要对 conditional_qualifier 进行评价,若结果为真,则对该成员执行@function 操作,否则跳过,继续执行下一次循环.expression_list 是被应用到每个集成员的表达式列表,当用的是@for 函数时,expression_list 可以包含多个表达式,其间用逗号隔开.这些表达式将被作为约束加到模型中.当使用其余的三个集循环函数时,expression_list 只能有一个表达式.如果省略 set_index_list,那么在 expression_list 中引用的所有属性的类型都是 setname 集.

(1) @for

该函数用来产生对集成员的约束.基于建模语言的标量需要显式输入每个约束,不过@for 函数允许只输入一个约束,然后 LINGO 自动产生每个集成员的约束.

例 6.21 产生序列{1,4,9,16,25}.

程序 6.3 生成序列

```
model:
sets:
number/1..5/:x;
endsets
@for(number(I): x(I) = I^2);
end
```

(2) @sum 与 @prod

该函数返回遍历指定的集成员的一个表达式的和与乘积.

例 6.22 求向量[5,1,3,4,6,10]前 5 个数的和.

程序 6.4 集合中元素求和程序

```
model：
data：
N = 6；
enddata
sets：
number/1..N/:x；
endsets
data：
x = 5 1 3 4 6 10；
enddata
s = @sum(number(I) | I #le# 5：x)；
end
```

(3) @min 或 @max

返回指定的集成员的一个表达式的最小值或最大值.

例 6.23 求向量$[5,1,3,4,6,10]$前 5 个数的最小值,后 3 个数的最大值.

程序 6.5 集合中元素求最值程序

```
model：
data：
N = 6；
enddata
sets：
number/1..N/:x；
endsets
data：
x = 5 1 3 4 6 10；
enddata
minv = @min(number(I) | I #le# 5：x)；
maxv = @max(number(I) | I #ge# N - 2：x)；
end
```

下面看一个稍微复杂一点的例子.

例 6.24 (职员时序安排模型)一项工作一周 7 天都需要有人(比如护士工作),每天(周一至周日)所需的最少职员数为 20,16,13,16,19,14 和 12,并要求每个职员一周连续工作 5 天,试求每周所需最少职员数,并给出安排.注意这里我们考虑稳定后的情况.

程序 6.6 职员时序安排模型 1

```
model：
sets：
```

```
        days/mon..sun/: required,start;
    endsets
    data：
      ! 每天所需的最少职员数；
      required = 20 16 13 16 19 14 12;
    enddata
    ! 最小化每周所需职员数；
      min = @sum(days：start);
      @for(days(J)：
      @sum(days(I) | I #le# 5：
        start(@wrap(J + I + 2,7))) > = required(J));
    end
```

计算的部分结果：

```
Global optimal solution found at iteration：                    0
    Objective value：                        22.00000
                        Variable          Value      Reduced Cost
                    REQUIRED( MON)      20.00000        0.000000
                    REQUIRED( TUE)      16.00000        0.000000
                    REQUIRED( WED)      13.00000        0.000000
                    REQUIRED( THU)      16.00000        0.000000
                    REQUIRED( FRI)      19.00000        0.000000
                    REQUIRED( SAT)      14.00000        0.000000
                    REQUIRED( SUN)      12.00000        0.000000
                       START( MON)      8.000000        0.000000
                       START( TUE)      2.000000        0.000000
                       START( WED)      0.000000        0.3333333
                       START( THU)      6.000000        0.000000
                       START( FRI)      3.000000        0.000000
                       START( SAT)      3.000000        0.000000
                       START( SUN)      0.000000        0.000000
```

从而解决方案是：每周最少需要 22 个职员，周一安排 8 人，周二安排 2 人，周三无需安排人，周四安排 6 人，周五和周六都安排 3 人，周日无需安排人.

6. 输入和输出函数

输入和输出函数可以把模型和外部数据比如文本文件、数据库和电子表格等连接起来.

1）@file 函数

该函数用从外部文件中输入数据，可以放在模型中任何地方. 该函数的语法格式为

@file('filename')

这里 filename 是文件名,可以采用相对路径和绝对路径两种表示方式.

例 6.25 使用 LINGO 软件计算 6 个发点 8 个收点的最小费用运输问题.产销单位运价见表 6.3.

表 6.3 产销单位运价表

单位运价 \ 销地 产地	B_1	B_2	B_3	B_4	B_5	B_6	B_7	B_8	产量
A_1	6	2	6	7	4	2	5	9	60
A_2	4	9	5	3	8	5	8	2	55
A_3	5	2	1	9	7	4	3	3	51
A_4	7	6	7	3	9	2	7	1	43
A_5	2	3	9	5	7	2	6	5	41
A_6	5	5	2	2	8	1	4	3	52
销 量	35	37	22	32	41	32	43	38	

可用以下程序 6.7 求解.

程序 6.7 运输模型 1

```
model:
! 6 发点 8 收点运输问题;
sets:
    warehouses/wh1..wh6/: capacity;
    vendors/v1..v8/: demand;
    links(warehouses,vendors): cost, volume;
endsets
! 目标函数;
 min = @sum(links: cost * volume);
! 需求约束;
 @for(vendors(J):
    @sum(warehouses(I): volume(I,J)) = demand(J));
! 产量约束;
 @for(warehouses(I):
    @sum(vendors(J): volume(I,J)) < = capacity(I));
! 这里是数据;
data:
    capacity = 60 55 51 43 41 52;
    demand = 35 37 22 32 41 32 43 38;
```

```
      cost = 6 2 6 7 4 2 9 5
             4 9 5 3 8 5 8 2
             5 2 1 9 7 4 3 3
             7 6 7 3 9 2 7 1
             2 3 9 5 7 2 6 5
             5 5 2 2 8 1 4 3;
    enddata
    end
```

注意以上编码中有两处涉及数据. 第一个地方是集合段的 6 个 warehouses 集成员和 8 个 vendors 集成员; 第二个地方是数据段的 capacity, demand 和 cost 数据.

为了使数据和我们的模型完全分开, 我们把它们移到外部的文本文件中. 修改模型代码以便于用 @file 函数把数据从文本文件中拖到模型中来. 修改后 (修改处代码黑体加粗) 的模型代码为程序 6.8.

程序 6.8 运输模型 2

```
model:
! 6 发点 8 收点运输问题;
sets:
  warehouses/@file('transportation.txt') /: capacity;
  vendors/@file(' transportation.txt') /: demand;
  links(warehouses,vendors): cost, volume;
endsets
! 目标函数;
 min = @sum(links: cost * volume);
! 需求约束;
 @for(vendors(J):
 @sum(warehouses(I): volume(I,J)) = demand(J));
! 产量约束;
 @for(warehouses(I):
 @sum(vendors(J): volume(I,J)) < = capacity(I));
! 这里是数据;
data:
  capacity = @file(' transportation.txt ') ;
  demand = @file(' transportation.txt ') ;
  cost  = @file(' transportation.txt ') ;
enddata
end
```

模型的所有数据来自 transportation. txt 文件. 其内容如下:

```
! warehouses 成员;
```

WH1 WH2 WH3 WH4 WH5 WH6 ～

! vendors 成员;

V1 V2 V3 V4 V5 V6 V7 V8 ～

! 产量;

60 55 51 43 41 52 ～

! 销量;

35 37 22 32 41 32 43 38 ～

! 单位运输费用矩阵;

6 2 6 7 4 2 5 9

4 9 5 3 8 5 8 2

5 2 1 9 7 4 3 3

7 6 7 3 9 2 7 1

2 3 9 5 7 2 6 5

5 5 2 2 8 1 4 3

把记录结束标记(～)之间的数据文件部分称为记录.如果数据文件中没有记录结束标记,那么整个文件被视为单个记录.注意到除了记录结束标记外,模型的文本和数据同它们直接放在模型里是一样的.

我们来看一下在数据文件中的记录结束标记连同模型中@file 函数调用是如何工作的.这里采用的是相对路径调用文件方式.当在模型中第一次调用@file 函数时,LINGO 打开数据文件,然后读取第一个记录;第二次调用@file 函数时,LINGO 读取第二个记录等.文件的最后一条记录可以没有记录结束标记,当遇到文件结束标记时,LINGO 会读取最后一条记录,然后关闭文件.如果最后一条记录也有记录结束标记,那么直到 LINGO 求解完当前模型后才关闭该文件.如果多个文件保持打开状态,可能就会导致一些问题,因为这会使同时打开的文件总数超过允许同时打开文件的上限 16.

当使用@file 函数时,可把记录的内容(除了一些记录结束标记外)视为替代模型中@file('filename')位置的文本.这也就是说,一条记录可以是声明的一部分,整个声明,或一系列声明.在数据文件中注释被忽略.注意在 LINGO 中不允许嵌套调用@file 函数.

2) @text 函数

该函数被用在数据段用来把解输出至文本文件中.它可以输出集成员和集属性值.其语法为

@text(['filename'])

这里 filename 是文件名,可以采用相对路径和绝对路径两种表示方式.如果忽略 filename,那么数据就被输出到标准输出设备(大多数情形都是屏幕).@text 函数仅能出现在模型数据段的一条语句的左边,右边是集名(用来输出该集的所有成员名)或集属性名(用来输出该集属性的值).

我们把用接口函数产生输出的数据声明称为输出操作. 输出操作仅当求解器求解完模型后才执行, 执行次序取决于其在模型中出现的先后.

例 6.26 借用例 6.24, 说明 @text 的用法.

程序 6.9 职员时序模型 2

```
model:
sets:
    days/mon..sun/: required,start;
endsets
data:
    ! 每天所需的最少职员数;
    required = 20 16 13 16 19 14 12;
    @text('d:\out.txt') = days '  至少需要的职员数为' start;
enddata
! 最小化每周所需职员数;
    min = @sum(days: start);
    @for(days(J):
    @sum(days(I) | I #le# 5:
        start(@wrap(J + I + 2,7))) > = required(J));
end
```

这里, 文件的路径采用的是绝对路径. 运行后, 将会在 D 盘根目录下产生一个名为 out. txt 的文件, 打开这个文件如图 6.6 所示.

3) @ole 函数

@OLE 是从 EXCEL 中引入或输出数据的接口函数, 它是基于传输的 OLE 技术. OLE 传输直接在内存中传输数据,

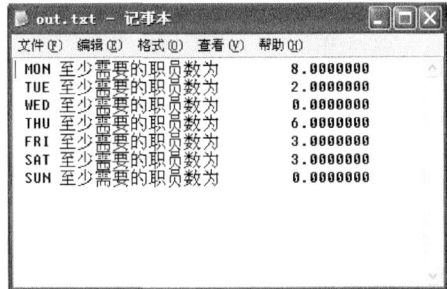

图 6.6 输出得到文件内容

并不借助于中间文件. 当使用 @OLE 时, LINGO 先装载 EXCEL, 再通知 EXCEL 装载指定的电子数据表, 最后从电子数据表中获得 Ranges. 为了使用 OLE 函数, 必须有 EXCEL5 及其以上版本.

OLE 函数可在数据段和初始段引入数据, 而在数据段中输出数据.

读取数据语句格式为:

```
object_list = @OLE(['spreadsheet_file'][, range_name_list]);
```

其中, object_list 或 o_l 是指模型的对象列表; spreadsheet_file 或 s_f 是将 EXCEL 电子表格文件的名称, 我们就是将从这个文件来读取数据, 它也可加上绝对路径指明文件的存放位置; range_name_list 或 r_n_l 是 EXCEL 工作表中存放数据的区域名称列表.

输出数据语句格式有两种,分别为:

@OLE(['s_f'][,r_n_l]) = o_l;

和

@OLE(['s_f'],r_n_l) = @WRITEFOR(s[(s_i_l)[|c_q]]:o_o_1[,…, o_o_n]);

这里,涉及另一个 LINGO 操作函数@WRITEFOR()的使用(见下面的报告函数).

@OLE 可以同时读集成员和集属性,集成员最好用文本格式,集属性最好用数值格式.原始集每个集成员需要一个单元(cell),而对于 n 元的派生集每个集成员需要 n 个单元,这里第一行的 n 个单元对应派生集的第一个集成员,第二行的 n 个单元对应派生集的第二个集成员,依此类推.

@OLE 只能读或写一维、二维的 Ranges(在单个的 EXCEL 工作表(sheet)中),但不能读间断的或三维的 Ranges.Ranges 是自左而右、自上而下来读.以下例来说明@OLE 函数的用法.

例 6.27 对例 6.25 中的数据,使用@OLE 函数来读取并输出数据.

程序 6.10 运输模型 3

```
model:
!6 发点 8 收点运输问题;
SETS:
! 从 EXCEL 中读取发点和收点;
  WAREHOUSES: CAPACITY;
  VENDORS  : DEMAND;
  LINKS( WAREHOUSES, VENDORS): COST, VOLUME;
ENDSETS
! 目标函数;
  MIN = @SUM( LINKS( I, J):
  COST( I, J) * VOLUME( I, J));
! 需求约束;
  @FOR( VENDORS( J):
    @SUM( WAREHOUSES( I):
      VOLUME( I, J)) = DEMAND( J));
! 产量约束;
  @FOR( WAREHOUSES( I):
    @SUM( VENDORS( J): VOLUME( I, J))
        < = CAPACITY( I));
DATA:
! 从 Excel 中读入数据;
  WAREHOUSES, VENDORS, CAPACITY, DEMAND, COST =
    @OLE( 'WIDGETS.XLS',
```

```
        'WAREHOUSES', 'VENDORS', 'CAPACITY',
            'DEMAND', 'COST');
```

！输出结果到 Excel 中；

```
    @OLE( 'WIDGETS.XLS',
        'VOLUME') = VOLUME;
```

ENDDATA

现在,将以上模型保存好,并在这个文件同一目录下建立一个 Excel 电子数据表 WIDGETS.XLS,并把相关数据输入电子数据表中,如图 6.7 所示.

除了输入数据之外,我们也必须定义 Ranges 名.下面,我们在电子数据表中 Sheet1 中定义以下 6 个单元格区域:WAREHOUSES,VENDORS,CAPACITY,COST,DEMAND,以及 VOLUME.

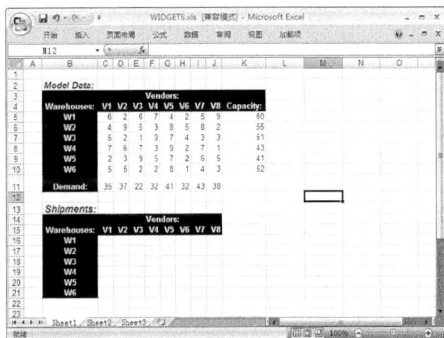

图 6.7　WIDGETS.XLS 内容

明确的,以 Excel2007 为例,我们需要在 Sheet1 中定义如下的 Ranges 名:

Name	Range
WAREHOUSES	$B$5:$B$10
VENDORS	$C$4:$J$4
CAPACITY	$K$5:$K$10
COST	$C$5:$J$10
DEMAND	$C$11:$J$11
VOLUME	$C$16:$J$21

可按如下操作进行:① 在电子表中按鼠标左键拖拽出所要的选择的区域 Range;② 释放鼠标按钮;③ 鼠标右键单击所选区域,在弹出的右键菜单中选择"命名单元格区域";④ 在弹出的"新建名称"窗中"名称"栏中填入对应的 Ranges 名;⑤ 点击"确定"按钮.然后,我们可以在 Excel 窗口左上角附近的"名称框"中看到定义好的单元格区域名称.点击名称时,可见电子表格自动定位对应单元格区域.

我们发现,按上述方式输出的 VOLUME 中有很多单元格中的数据是 0.特别是在数据量非常大的时候,我们就应采取过滤方法避免这种发生.因此,我们在电子数据表 Sheet2 中重新定义了一个单元格区域,命名为 SHIPMENTS,并将例 6.27 中数据的输出语句改变为:

```
@OLE('WIDGETS.XLS','SHIPMENTS') = @WRITEFOR( LINKS(I,J)|VOLUME( I,J)#GT#0:
WAREHOUSES(I),VENDORS(J), VOLUME(I,J));
```

运行模型后,可在 Excel 电子数据表 Sheet2 中得到如图 6.8 所示的输出数据.

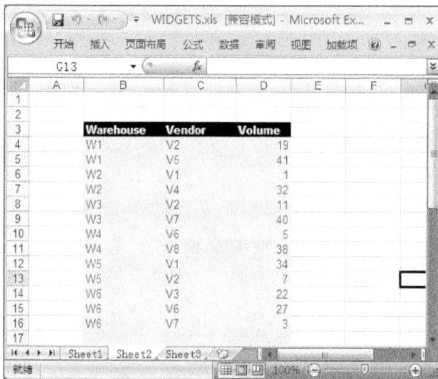

图 6.8　输出数据到电子表格

7. 报告函数

报告函数是用于构建基于模型结果的报告,并且在计算段和数据段时才有效.把报告函数与数据段中的数据输入输出接口函数结合起来,就能够将运行结果报告导出文本文件,电子表格,数据库,或用户自己的调用应用程序中.

(1) @ranged(variable_or_row_name)

为了保持最优基不变,变量的费用系数或约束行的右端项允许减少的量.

(2) @rangeu(variable_or_row_name)

为了保持最优基不变,变量的费用系数或约束行的右端项允许增加的量.

(3) @status()

返回 LINGO 求解模型结束后的状态,@status()的值的相应含义见表 6.4.

表 6.4　@status()的值、含义对照表

状态值	含　义	解　释
0	Global Optimum	全局最优
1	Infeasible	不可行
2	Unbounded	无界
3	Undetermined	不确定
4	Feasible	可行
5	Infeasible or Unbounde	不可行或无界,通常应关闭预算理选项重新求解
6	Local Optimum	局部最优
7	Locally Infeasible	局部不可行
8	Cutoff	目标函数截断值被达到
9	Numeric Error	求解器因在某约束中遇到无定义的算术运算而停止

通常,如果返回值不是 0,4 或 6 时,那么解将不可信,几乎不能用.该函数仅用在模型的数据段来输出数据.

(4) @dual

@dual(variable_or_row_name)返回变量的判别数(检验数)或约束行的对偶(影子)价格(dual prices).

(5) @FORMAT

@FORMAT(value, format_descriptor)用于在使用@write 和@writefor 语句输出报告格式文本时申明数据的格式的,其中,value 是将输出的数量,format_

238

descriptor 用于描述 value 输出格式的一个字符串,该格式描述的解释与使用 C 语言编程时的规定相同.例如,'12.2fImport_Export_Functions'格式描述将导致输出的数量用在 12 个字符伴有小数点后 2 位数字.读者可以参考 C 语言上的格式进行设置.

但要注意,@FORMAT 是将数值转换成文本后输出的,因此,不能在需要数值类型数据的程序中直接调用这样的输出数据.

(6) @ITERS

@ITERS()是迭代次数函数,它返回所需要的解决模型的迭代总数,只能在数据段和预处理段使用而不得出现在目标和约束段内.

(7) @NAME

@NAME(var_or_row_reference)用于返回变量或文本行的名称,只能在数据段和预处理段内使用.

(8) @NEWLINE

使用@NEWLINE(n)是表示输出时换行 n 次.

例 6.28 在例 6.24 的数据段中如果加入语句:

@TEXT() = @WRITEFOR(days:'   ', @NAME(start), ' ', start, @NEWLINE(1));

那么,运行后报告将有类似于以下的内容:

```
START( MON) = = > 8
START( TUE) = = > 2
START( WED) = = > 0
START( THU) = = > 6
START( FRI) = = > 3
START( SAT) = = > 3
START( SUN) = = > 0
```

(9) @OBJBND()

@OBJBND()返回目标值的范围.

(10) @STRLEN

使用@STRLEN(string)以获取指定字符串的长度,这在格式化报告时是有用的功能.例如,@STRLEN('123')将返回值 3.@STRLEN 仅适用于数据段和计算段,而不允许在一个模型中的约束部分使用.

(11) @TIME

@TIME 返回生成和运行模型总运行时间.

(12) @WRITE 和@WRITEFOR

使用@WRITE(obj1[, …, objn])实现一个或多个对象的输出到一个文件、电子数据表、或数据库,确切的目标将取决于在输出语句左侧所使用的接口函数.它只能用于数据段和计算段,而不能在一个模型中的约束部分使用.确切的目标将取决于对左手侧的输出语句所使用的接口功能. @WRITE 也可以用来显示一个

计算的结果. 例如, 我们想得到两个数 X 和 Y 的比值 X/Y 的结果, 就可以在数据段上用语句

@TEXT() = @WRITE('The ratio of X to Y is: ', X / Y);

来给出.

(13) @WRITEFOR

@WRITEFOR

(setname[(set_index_list)[|cond_qualifier]]:obj1[,......objn]);

使用方法与 @WRITE 类似. 不同的是, @WRITE 的第一个参数设定了将要被输出的对象将按集循环方式进行.

(14) @TABLE

@TABLE(attr|set) 函数用于以表格格式显示属性或集成员.

例 6.29 给出杨辉三角表格形式

程序 6.11 杨辉三角

```
DATA:
n = 15;
ENDDATA
SETS:
r/1..n/:;
co(r,r)|&1 # GE # &2:b;
ENDSETS
```

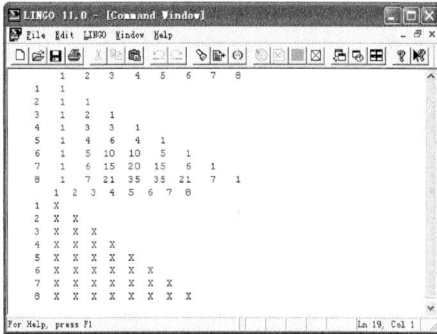

图 6.9 解的报告中的显示结果

```
CALC:
@for(r(i):b(i,1) = 1;b(i,i) = 1);
@for(co(i,j)|i # GT # 1 # AND # j # GT #
   1 # AND # j # LT # i:
b(i,j) = b(i-1,j-1) + b(i-1,j));
ENDCALC
DATA:
@text() = @table(b);
@text() = @table(co);
ENDDATA
```

结果在解的报告中显示(图 6.9).

8. 辅助函数

(1) @if(logical_condition,true_result,false_result)

@if 函数将评价一个逻辑表达式 logical_condition, 如果为真, 返回 true_result, 否则返回 false_result.

例 6.30 求解最优化问题:

$$\min f(x) + g(x)$$

$$\text{s.t.} \begin{cases} f(x) = \begin{cases} 100 + 2x, & x > 0 \\ 2x, & x \leqslant 0 \end{cases} \\ g(y) = \begin{cases} 60 + 3y, & y > 0 \\ 2y, & y \leqslant 0 \end{cases} \\ x + y \geqslant 30 \\ x, y \geqslant 0 \end{cases}$$

程序 6.12 分段函数处理

```
model：
min = fx + fy;
fx = @if(x #gt# 0, 100,0) + 2 * x;
fy = @if(y #gt# 0,60,0) + 3 * y;
x + y > = 30;
end
```

显然,用@if定义的函数不是线性的,但,如果这是分段线性的,我们是可以通过一些方法(如引进 O - 1 变量)将它线性化的. 这需要我们在 LINGO 选项(Options)中要求解算器能先线性化伴有@IF 函数的 LINGO 模型,并试用全局优化求解器以期获得全局最优解.

(2) @warn('text',logical_condition)

如果逻辑条件 logical_condition 为真,则产生一个内容为'text'的信息框.

例 6.31 输入代码:

```
model：
  x = 1;
  @warn('x是正数',x #gt# 0);
end
```

(3) @user(user_determined_arguments)

用户可以用外部动态链接库(DLL)或目标代码文件来为 LINGO 提供用户自定义函数.

6.1.6 窗口命令简介

在本节中,我们将讨论 LINGO 在 Windows 版本中的命令. 在 Windows 下,可以通过选择窗口下拉菜单、点击命令工具栏上的按钮、或是键盘快捷键方式访问命令.

1. 窗口菜单

LINGO 的命令菜单组中有以下五个菜单. 它们和它们的下一级菜单分别为:

(1) FILE(文件菜单). 包括子菜单有:新建(New)、打开(Open)、保存(Save)、另存为...(Save As...)、关闭(Close)、打印(Print)、打印设置(Print Setup...)、

打印预览(Print Preview)、输出到日志文件(Log Output...)、提交 LINGO 命令脚本文件(Take Commands...)、引入 LINGO 文件(Import LINGO File...)、退出(Exit).

（2）Edit(编辑菜单). 包括子菜单有：恢复(Undo)、重做(Redo)、剪切(Cut)、复制(Copy)、粘贴(Paste)、粘贴特定..(Paste Special..)、全选(Select All)、寻找(Find)、寻找下一个(Find Next)、替换(Replace)、移动到行(Go To Line)、匹配小括号(Match Parenthesis)、链接(Links)、对象属性(Object Properties)、粘贴函数(Paste Function)、插入新对象(Insert New Object).

（3）LINGO(LINGO 菜单). 包括的子菜单有：求解模型(Slove)，求解当前窗口中的模型；求解结果...(Solution...)，生成当前模型的解报告窗口；查看...(Look...)，生成当前窗口简捷报告；灵敏性分析(Range，Ctrl＋R)，生成当前模型的灵敏性分析报告；模型通常形式...(Generate...)，生成当前模型代数表示；选项...(Options...)，设置系统选项；调试(Debug)，调试程序；模型统计(Model Statistice)，显示模型的专业内容的简要报告.

（4）Window(窗口菜单). 包括子菜单有：Command Window，打开命令行窗口；Status Window，打开求解器状态窗口；Send to Back，把当前窗口放到其他打开窗口的背后；Close All，关闭所有打开的窗口；Tile，平铺打开的窗口；Cascade，将打开的窗口阶梯状叠排；Arrange Icons，将极小化成图标后的窗口排列到主框架窗口的底部.

（5）Help(帮助菜单). 包括子菜单有：帮助主题(Help Menu)，打开 LINGO 的帮助文件；关于 LINGO(About LINGO)，关于当前 LINGO 的版本信息等.

2. 工具栏和快捷键

在默认的情况下，工具栏位于 LINGO 窗口界面紧贴菜单栏的下方，用一组如图 6.10 的图标组成，为便于说明，我们在各图标下给出了图标编号：

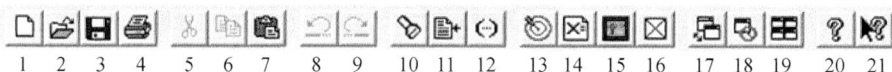

图 6.10

这些工具栏中各图标所对应的操作和快捷键列表见表 6.5.

表 6.5　工具栏操作与快捷键对照表

图标编号	操　作	快　捷　键	图标编号	操　作	快　捷　键
1	新建模型	F2	4	打印	F7
2	打开文件	Ctrl+0	5	剪切	Ctrl+X
3	保存文件	Ctrl+S	6	拷贝	Ctrl+C

图标编号	操 作	快捷键	图标编号	操 作	快捷键
7	粘贴	Ctrl+V	15	矩阵格式显示模型	Ctrl+K
8	恢复	Ctrl+Z	16	选项	Ctrl+I
9	重做	Ctrl+Y	17	窗口移至底层	Ctrl+B
10	寻找	Ctrl+F	18	关闭所有窗口	Ctrl+3
11	移动到行	Ctrl+T	19	平铺打开的窗口	Ctrl+4
12	匹配括号	Ctrl+P	20	帮助主题	F1
13	求解模型	Ctrl+U	21	帮助	
14	解的结果	Ctrl+0			

6.1.7 LINGO 中的灵敏性分析(Range)

用该命令产生当前模型的灵敏性分析报告:研究当目标函数的费用系数和约束右端项在什么范围(此时假定其他系数不变)时,最优基保持不变.灵敏性分析是在求解模型时作出的,因此在求解模型时灵敏性分析是激活状态,但是默认是不激活的.为了激活灵敏性分析,运行 LINGO|Options...,选择 General Solver Tab,在 Dual Computations 列表框中,选择 Prices and Ranges 选项.灵敏性分析耗费相当多的求解时间,因此当速度很关键时,就没有必要激活它.

我们用下面的例子来加以说明.

例 6.32 在 LINGO 模型窗口输入如图 6.11 所示模型(线性规划问题):求解并作灵敏性分析.

第一步 编制 LINGO 模型代码.

第二步 在 LINGO 菜单中设置好选项,然后求解模型,得到如下解的报告(图 6.12).

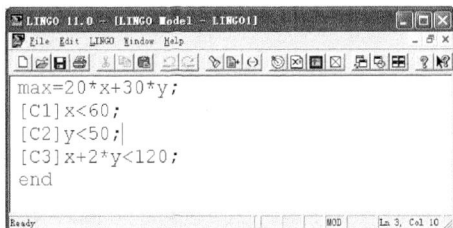

图 6.11 线性规划问题

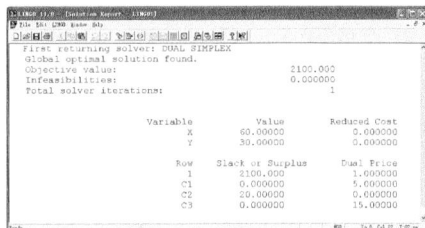

图 6.12 解的报告

第三步 回到模型界面,在 LINGO 菜单中选择 Range 子菜单作灵敏性分析,如图 6.13 所示.解的报告(Solution Report)根据模型以及选项的不同,内容稍有不同.

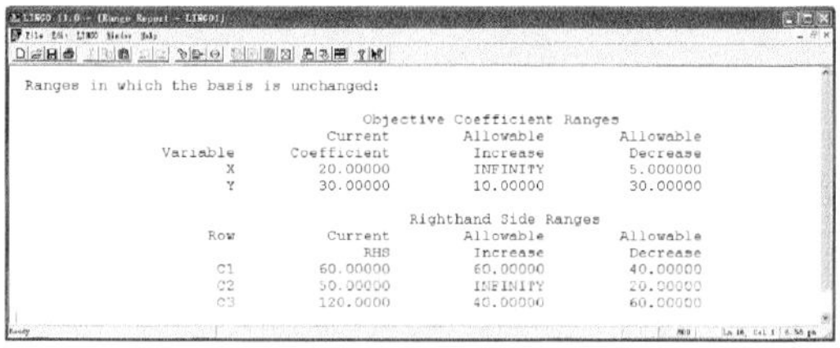

图 6.13　灵敏性分析

结果解释　这个解报告中前半段描述了：多核并行处理线性规划时按照设定的不同求解方法是对偶单纯形(Dual Simplex)方法，获得模型的全局最优解，最优目标值为 2100.000，最优不满足约束条件的个数为 0，求解器迭代步数为 1.

中间一段用于描述模型所涉及的量的取值，分为三列：变量(Variable)、值(Value)、检验数(Reduced Cost). 解的报告表明，模型中两个决策变量 X、Y 最优解值分别为 60、30，且检验数都是 0.（对于线性规划单纯形解法中检验数的具体含意，参见第二节中有关内容.）

解的报告后半段中列出的是目标、约束方程所在的行号(Row)、松弛变量的值(Slack or Surplus)以及各约束的对偶价格(Dual Price). 报告显示，最优解处，行号为 C1、C2 的两个约束都达到了（不等式两边相等，两边差为 0）. 因此，这两个约束都是紧约束. 在每一个紧约束处，如果将右侧的常数变化一个单位（其他约束不变），最优目标也会相应地变化，这个变化量就是对偶价格. 即将 C1 行的约束不等式右侧常数增加 1 个单位，目标值将相应地增加 5；C2 行的约束的对偶价格为 15. 而 C2 的松弛变量值为 20，这个约束不是紧的，对偶价格当然为 0 了.（有关松弛变量的含义，参见 6.2 中内容.）

灵敏性分析报告包括两部分.

灵敏性分析报告前一部分列出了当约束条件不变，要使最优解也不变时，目标函数中各决策变量的变化范围. 例如，决策变量 X 在目标函数中当前系数(Current Coefficient)为 20，允许增加(Allowable Increase)和减少(Allowable Decrease)的量分别为无穷大()和 5，即 X 的系数在 15 到无穷大(INFINITY)范围内时，最优解的位置不会改变. 同样地，决策变量 Y 在目标函数中当前系数为 30，允许增加和减少的量分别为 10 和 30，也就是说，目标函数中 Y 的系数在 0 到 40 之间变化时，这个线性规划的最优解不会改变.

我们知道，一个线性规划在最优解处，各约束都有对偶价格. 当一个约束的右端常数在一个范围内有一个微小的改变时（因约束的变化会相应得到另一个线性规划），最优解也会相应地发生微小的变化，但规划约束在最优解处对偶价格仍保持相同水平. 但如果右端常数的变化超出了这个范围，那么，新的规划的约束在最优解处对偶价格就会发生变化. 灵敏性分析报告后一部分正是用来分析各个约束右端常数的范围，使各约束的对偶价格不发生变化. 对于本问题中有三个约束，行号对应为 C1，C2，C3. 它们右端常数当前值(Current RHS)分别为 60，50，120，允许增加(Allowable Increase)和允许减少(Allowable Decrease)的值分别为 {60，40}，{INFINITY，20}，{40，60}，也就是说，当将 C1 右边常数在 20 到 120 之间变化,或将 C2 右边常数在 30 到无穷大之间变化,或将 C3 右边常数在 60 到 160 之间变化时,规划的各约束的对偶价格不会改变.

可见,线性规划的灵敏性分析,就是能将一个线性规划问题作动态地分析了.由于线性规划的特殊性,这里所用的灵敏性分析也仅限于这种规划问题.对于非线性的或是整数规划,这些方法是失效的.

6.2 生产计划的制定与安排

在企业经营管理的实际问题,常常需要解决一些优化问题.这些问题虽然有不同的背景,但是它们的数学模型却有着完全相同的形式.

例 6.33 (玻璃公司的生产规划)Wyndor 公司是一家生产高级玻璃制品的公司,其属下有甲、乙、丙三家工厂,该公司计划在这三家工厂生产 A, B 两种产品,每件产品每分钟消耗的生产能力、各厂现有生产能力(件数)和生产各种产品每分钟可获利润(元)见表 6.6.

表 6.6 Wyndor 公司生产数据

工 厂	产品 A	产品 B	现有生产能力
甲	1	0	4
乙	0	2	12
丙	3	2	18
每分钟获利	3 元	5 元	

问如何安排生产计划,可以使该公司每分钟获得的利润(元)最大?

下面建立描述这一问题的数学模型.

设 x_1 和 x_2(决策变量)分别表示两种产品 A 和 B 每分钟的产量(件),用 z 表示该公司每分钟所获利润,那么,$z = 3x_1 + 5x_2$. 显然,我们的目标是在不超过所有资源限量的条件下,如何确定产量 x_1, x_2 以获得最大利润. 这样,该计划问题可用数学模型表示:

目标函数 $$\max z = 3x_1 + 5x_2$$
约束条件
$$x_1 \leqslant 4$$
$$2x_2 \leqslant 12$$
$$3x_1 + 2x_2 \leqslant 18$$
$$x_1 \geqslant 0, \ x_2 \geqslant 0$$

这是一个只含两个变量的线性规划模型,它是求一个线性函数在非负自变量受到线性不等式(或等式)约束时的极值问题,所求极值问题的解称为线性规划的最优解.

在 LINGO 中直接输入：

max = 3 * x1 + 5 * x2;

x1 < 4;

2 * x2 < 12;

3 * x1 + 2 * x2 < 18;

求解结果信息如下：

Global optimal solution found.

Objective value: 36.00000

Total solver iterations: 1

Variable	Value	Reduced Cost
X1	2.000000	0.000000
X2	6.000000	0.000000

以下是讨论影子价格时需要的信息：

Row	Slack or Surplus	Dual Price
1	36.00000	1.000000
2	2.000000	0.000000
3	0.000000	1.500000
4	0.000000	1.000000

结果表明,只经一次迭代就得到了全局最优解,最优值为 36. x_1 和 x_2 都是基变量,取值分别为 2 和 6(影子价格的问题后面讨论).

也就是说,产品 A 和 B 产量分别是每分钟 2 件和 6 件时,该公司每分钟的利润可达到最大值 36 元.

例 6.34 （产品计划一般问题）某工厂要用若干种资源(如原材料、劳动力、机器等)生产某几种产品,资源的供应有一定的限制,要求制定一个产品生产计划,使其在一定数量的资源限制条件下能得到最大的收益. 如果用 B_1, B_2, $\cdots$, B_m 种资源生产 A_1, A_2, $\cdots$, A_n 种产品,单位产品所需资源数、所得利润及可供应的资源总量见表 6.7,问应如何组织生产才能使利润最大？

表 6.7　产品计划问题中资源表

资源 \ 产品	A_1	A_2	$\cdots$	A_n	资源量
B_1	a_{11}	a_{12}	$\cdots$	a_{1n}	b_1
B_2	a_{12}	a_{22}	$\cdots$	a_{2n}	b_2
$\vdots$	$\vdots$	$\vdots$		$\vdots$	$\vdots$
B_m	a_{m1}	a_{m2}	$\cdots$	a_{mn}	b_m
单位利润	c_1	c_2	$\cdots$	c_n	

本例是要制定一个最佳的生产作业计划.使该计划既不超越资源条件的限制,

同时又可使利润达到最大.

如果设生产计划中产品 A_j 的生产量为 $x_j(j=1,2,\cdots,n)$,那么本问题就是要使总利润 $z=\sum_{j=1}^{n}c_jx_j$ 最大化,且生产计划必须服从于每一种资源 $b_i(i=1,2,\cdots,m)$ 的资源量限制:

$$\sum_{j=1}^{n}a_{ij}x_j\leqslant b_i \quad (i=1,2,\cdots,m)$$

其中每个 x_j 都是非负数.

因此,本问题的数学模型为

$$\max z=\sum_{j=1}^{n}c_jx_j,$$

$$\text{s. t.}\begin{cases}\sum_{j=1}^{n}a_{ij}x_j\leqslant b_i, & i=1,2,\cdots,m \\ x_j\geqslant 0, & j=1,2,\cdots,n\end{cases}$$

程序 6.13 *产品生产计划*

```
MODEL:
SETS:
Product/A1..An/:p,x;                !p是产品利润,X是产品的计划生产量;
Resources/B1..Bm/:r;                !r是可用资源数量;
Consume(Resources,Product):c;       !c(i,j)是第j种产品消耗的第i种资源数量;
ENDSETS
DATA:
p = ......;                         !在省略号处依次输入每种产品的利润;
r = ......;                         !输入各种资源的可用量;
c = ......;                         !输入单位产品消耗的资源量;
ENDDATA
[OBJ]MAX = @SUM(Product:p * x);
@FOR(Resources(I):[CON]@SUM(Pruduce(J):c(I,J) * x(J)) < r(I));
END
```

6.3 指 派 问 题

实际生活中经常会遇到这样的问题:若干项任务分给一些候选人来完成,但因每人专长不同,他们完成每项任务需要的资源及获得的效益不同.如何分派任务使总效益最大化,或总资源付出最小化? 也会遇到这栏的问题:若干策略中,不同策略得到的收益或付出的成本不同,且各策略可能相互制约.如何在一定条件下作出抉择,使收益最大或成本最小? 这就是我们需要解决的问题.

对于这类问题,一般采用 0－1 变量作为决策变量,可以化成 0－1 规划模型,然后利用 LINGO 进行求解.

例 6.35　现有 m 个人中去完成 n 项工作 $(m \geqslant n)$,每人至多做其中一项工作.已知第 i 人做第 j 项工作所需要的时间为 $t_{ij}(i = 1, 2, \cdots, m; j = 1, 2, \cdots, n)$,问如何安排工作,可使完成所有工作所需的总时间最少?

对于这一指派问题,可设置 0－1 变量 x_{ij}:

$$x_{ij} = \begin{cases} 1, & \text{第 } i \text{ 人做第 } j \text{ 项工作} \\ 0, & \text{第 } i \text{ 人不做第 } j \text{ 项工作} \end{cases}$$

那么,使完成所有工作所需的总时间为 $T = \sum_{i=1}^{m} \sum_{j=1}^{n} t_{ij} x_{ij}$,且有两类约束要满足:

(1) 每人最多做一项工作:

$$\sum_{j=1}^{n} x_{ij} \leqslant 1 \quad (i = 1, 2, \cdots, m)$$

(2) 每项工作必须由一人来完成:

$$\sum_{i=1}^{n} x_{ij} = 1 \quad (j = 1, 2, \cdots, n)$$

这样,本问题就形成了一个 0－1 规划模型:

$$\min T = \sum_{i=1}^{m} \sum_{j=1}^{n} t_{ij} x_{ij};$$

$$\text{s.t.} \begin{cases} \sum_{j=1}^{n} x_{ij} \leqslant 1, & i = 1, 2, \cdots, m \\ \sum_{i=1}^{n} x_{ij} = 1, & j = 1, 2, \cdots, n \\ x_{ij} = 0 \text{ 或 } 1 \end{cases}$$

程序 6.14　指派问题 0－1 规划模型

```
MODEL:
SETS:
WORKER/1..m/;
TASK/1..n/;
Designate(WORKER,TASK):t,x;
ENDSETS
DATA:
t=......;  ! 运行前,输入每个工人完成各项工作所需要的时间;
ENDDATA
[OBJ]MIN = @SUM(Designate:t * x);
@FOR(WORKER(I):[CON1]@SUM(TASK(J):x(I,J)) < 1);
@FOR(TASK(J):[CON2]@SUM(WORKER(I):x(I,J)) = 1);
```

```
@FOR(Designate:@BIN(x));
END
```

例 6.36　某种电子系统由三种元件组成,为了使系统正常运转,每个元件都必须工作良好.如果一个或多个元件安装备用件将会提高系统的可靠性.已知系统运转的可靠性为各元件可靠性的乘积,而每一元件的可靠性是备用件数的函数,具体数值见表 6.8.

表 6.8　系统元件可靠性及相关数据

备 用 件 数	元 件 可 靠 性		
	1	2	3
0	0.5	0.6	0.7
1	0.6	0.75	0.9
2	0.7	0.95	1
3	0.8	1	1
4	0.9	1	1
5	1	1	1
单价/元	20	30	40
重量/(kg/件)	2	4	6

若全部备用件费用限制为 150 元,重量限制为 20 kg,问每个元件各安装多少备用件可使系统可靠性达到极大值(要求列出这个问题的整数规划模型)?

模型建立　引入 0 - 1 变量 x_{ij},若电子系统中安排第 j 种元件的备用件数为 i 个时,$x_{ij} = 1$;否则,$x_{ij} = 0$.

记 r_{ij} 表示元件 j 备用件数为 i 时该元件的可靠性,c_j,w_j 分别为元件 j 的单价和单位重量.

在 0 - 1 变量引入后可知,对每一种元件,都有约束条件:$\sum_{i=0}^{5} x_{ij} = 1 (j = 1, 2, 3)$,再按系统要求:全部备用件费用限制为 150 元,即

$$\sum_{i=0}^{5} \sum_{j=1}^{3} i c_j x_{ij} \leqslant 150$$

重量限制为 20 kg,即 $\sum_{i=0}^{5} \sum_{j=1}^{3} i w_j x_{ij} \leqslant 20$;且根据系统可靠性定义,电子系统的可靠性为 $T = \prod_{i=0}^{5} \prod_{j=1}^{3} r_{ij}^{x_{ij}}$,将其取对数后可化为线性目标函数:$z = \sum_{i=0}^{5} \sum_{j=1}^{3} x_{ij} \ln r_{ij}$.

从而,本例的数学模型为

$$\max z = \sum_{i=0}^{5} \sum_{j=1}^{3} x_{ij} \ln r_{ij};$$

$$\text{s. t.} \begin{cases} \sum_{i=0}^{5} x_{ij} = 1, \quad j = 1, 2, 3 \\ \sum_{i=0}^{5} \sum_{j=1}^{3} ic_j x_{ij} \leqslant 150 \\ \sum_{i=0}^{5} \sum_{j=1}^{3} iw_j x_{ij} \leqslant 20 \\ x_{ij} = 0 \text{ 或 } 1, \quad i = 0, 1, \cdots, 5; j = 1, 2, 3) \end{cases}$$

程序 6.15 系统可靠性模型

```
MODEL:
SETS:
yuanjian/1 2 3/:c,w;
byjs/b0..b5/:js;  !js是各元件备用件个数;
xitong(byjs,yuanjian):r,x;
ENDSETS
DATA:
c = 20 30 40;
w = 2 4 6;
js = 0 1 2 3 4 5;
```

r =

0.5	0.6	0.7
0.6	0.75	0.9
0.7	0.95	1
0.8	1	1
0.9	1	1
1	1	1

```
;
ENDDATA
[OBJ]MAX = @SUM(xitong:x * @LOG(r));
@FOR(yuanjian(J):@SUM(byjs(I):x(I,J)) = 1);
@SUM(xitong(I,J):js(I) * c(J) * x(I,J)) < 150;
@SUM(xitong(I,J):js(I) * w(J) * x(I,J)) < 20;
@FOR(xitong:@bin(x));
```

```
! T = @ EXP(@ SUM(xitong:x * @
    LOG(r)));
END
```

程序运行后的结果如图 6.14 所示,即元件 1,2,3 使用备用件的个数分别为 4 件,1 件,1 件,可知此时全部备用件总费用为 150 元,总重量为 18 kg,系统可靠性达到 $0.6075(= e^{-0.4984031})$.

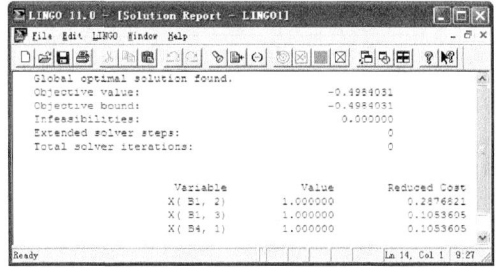

图 6.14　程序运行结果

6.4　钢管的订购与运输

钢管订购和运输要铺设一条 $A_1 \rightarrow A_2 \rightarrow \cdots \rightarrow A_{15}$ 的输送天然气的主管道,如图 6.15(a)所示.经筛选后可以生产这种主管道钢管的钢厂有 S_1,S_2,$\cdots$,S_7.图中粗线表示铁路,单细线表示公路,双细线表示要铺设的管道(假设沿管道或者原来有公路,或者建有施工公路),圆圈表示火车站,每段铁路、公路和管道旁的阿拉伯数字表示里程(单位:km).

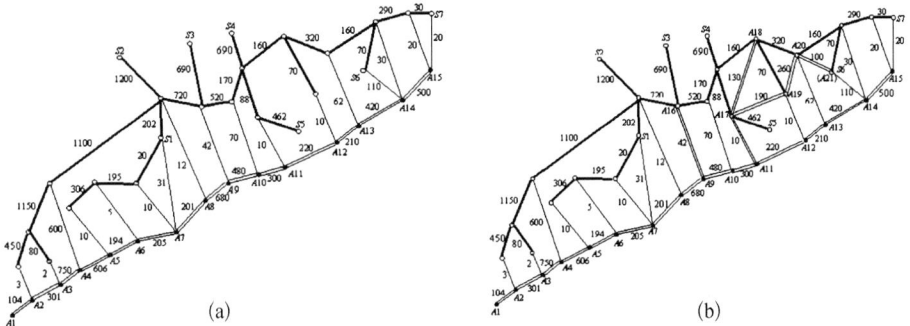

图 6.15　公路、铁路网络图

为方便计,1 km 主管道钢管称为 1 单位钢管.一个钢厂如果承担制造这种钢管,至少需要生产 500 个单位.钢厂 S_i 在指定期限内能生产该钢管的最大数量为 S_i 个单位,钢管出厂销售价 1 单位钢管为 P_i 万元,见表 6.9.每单位钢管的铁路运价见表 6.10.

表 6.9　各钢厂的生产能力与钢管销售价

i	1	2	3	4	5	6	7
S_i	800	800	1000	2000	2000	2000	3000
P_i	160	155	155	160	155	150	160

表 6.10　每单价钢管的运输费

里程/km	≤300	301～350	351～400	401～450	451～500
运价/万元	20	23	26	29	32
里程/km	501～600	601～700	701～800	801～900	901～1000
运价/万元	37	44	50	55	60

1000 km 以上每增加 1～100 km 运价增加 5 万元. 公路运输费用为每单位钢管每公里 0.1 万元(不足整公里部分按整公里计算). 钢管可由铁路、公路运往铺设地点(不只是运到点 A_1, A_2, …, A_{15}, 而是管道全线).

请制定一个主管道钢管的订购和运输计划, 使总费用最小(给出总费用).

假定订购、运输以及铺设管道都是以 1 单位(1 km)管道为最小长度进行.

从钢厂到具体铺设点的道路选择及费用计算. 中间既有铁路运输, 还有公路运输, 单位费用各不相同. 其中, 无向网络最小距离的计算是一个关键.

设一个无向图中有 n 个顶点 A_1, A_2, …, A_n, 其中有若干个顶点有边直接相连, 假如记 e_{ij} 表示直接相连的两个顶点 A_i, A_j 间的长度, 那么, 对于连通的任意两个顶点 A_{i_0}, A_{j_0}, 它们之间的最小距离可按如下算法(Floyd-Warshall 算法)得到:

第一步　把有边相连的顶点 A_i, A_j 间的距离 $d_0(i, j)$ 取值为 e_{ij}, 没有边直接相连的两个顶点间的距离 $d_0(i, j)$ 取为无穷大(可用足够大的数代替).

第二步　以迭代式 $d_{k+1}(i, j) = \min_k (d_k(i, k) + d_k(k, j))$ 进行迭代 n 次.

可以证明, $d_n(i, j)$ 就是连接 A_i, A_j 间的边最小长度. (请读者证明结论)

在本题中, 可先分别计算铁路网、公路网的最小距离, 根据运费计算表给出单位运费, 然后给出从各钢厂到管道铺设的集中点 A_2, A_3, …, A_{15} 的最小单位运费, 最后按运费与铺设费用之和最小给出规划, 计算最优订购和运输计划安排. 本题所形成的规划问题将是一个整数规划问题. (请读者写出各部分的数学模型)

以下是 LINGO 程序代码, 注意其中数据的输入和输出方法. (涉及数据交换的文件有 cost.xls 和 result.xls, 运行程序前, 应先定义好各电子表格中的 Ranges 名:traincost,truckcost,finalcost,result1,result2,result3,TC).

1) 铁路运输网的计算

程序 6.16　钢管购运计划——铁路网

```
model:
TITLE 钢管购运计划——铁路网;
SETS:
! NOTES 表示节点集合;
NODES /S1,S2,S3,S4,S5,S6,S7,
```

```
            A1,A2,A3,A4,A5,A6,A7,A8,A9,A10,A11,A12,A13,A14,A15,
            B1,B2,B3,B4,B5,B6,B7,B8,B9,B10,B11,B12,B13,B14,B15,B16,B17/;
ROADSt(nodes,nodes)/
! 铁路网;
            B1,B3 B2,B3 B3,B5 B4,B6 B6,B7 B7,S1 B5,B8 B8,S1 B8,S2 B8,B9
            B9,S3 B9,B10 B10,B12 B12,B11 B11,S5 B12,S4 B12,B14 B14,B13
            B14,B15 B15,B16 B16,S6 B16,B17 B17,S7/:WOt;
LINK(NODES, NODES):Wt,Dt,Ct;
! 属性 U 表示迭代过程的权矩阵(临时标号);
NNN(Nodes,nodes,nodes):U;
ENDSETS
DATA:
! 针对铁路网计算时,将公路网的距离定为充分大(BIG = 20000);
BIG = 20000;
    WOt =      450      80    1150   306 195     20    1100    202   1200    720
               690    520     170    88   462    690    160    70
               320    160      70   290    30;
! 输出费用 Ct 到文件 Cost.xls 中保存;
@ole(Cost.xls,'traincost') = @writefor(link(i,j): Ct(i,j));
ENDDATA
CALC:
! 无向网络,根据给定的直接距离具有对称性,得到初始距离矩阵;
@FOR(LINK(i,j)|@IN(ROADSt,i,j):
    Wt(i,j) = WOt(i,j);Wt(j,i) = WOt(i,j););
@FOR(LINK(i,j)|i#eq#j:Wt(i,j) = 0);
! 无直接连接的节点间的距离用充分大的数 BIG 代替;
@FOR(LINK(i,j)|i#ne#j#and##not#@IN(ROADSt,i,j)#and#
    #not#@IN(ROADSt,j,i):Wt(i,j) = BIG;Wt(j,i) = BIG;);
! 最短路计算(Floyd-Warshall 算法);
!k = 1 的初值;
@FOR(NNN(i,j,k)|k#eq#1:U(i,j,k) = Wt(i,j));
! 迭代过程;
@For(nodes(k)|k#lt#@size(nodes):@FOR(LINK(i,j):U(i,j,k + 1) =
    @if(U(i,j,k) #le# U(i,k,k) + U(k,j,k),
        U(i,j,k), U(i,k,k) + U(k,j,k))));
! 最后一次迭代得到 Dt;
@FOR(NNN(i,j,k)|k#eq#@size(nodes):Dt(i,j) =
    @if(U(i,j,k) #le# U(i,k,k) + U(k,j,k),
        U(i,j,k), U(i,k,k) + U(k,j,k)));
```

！以下就是按最短路 Dt 查找相应运费 Ct 的计算公式；

```
@FOR(LINK│Dt♯eq♯0：Ct=0);
@FOR(LINK│Dt♯gt♯0    ♯and♯ Dt♯le♯300：Ct=20);
@FOR(LINK│Dt♯gt♯300  ♯and♯ Dt♯le♯350：Ct=23);
@FOR(LINK│Dt♯gt♯350  ♯and♯ Dt♯le♯400：Ct=26);
@FOR(LINK│Dt♯gt♯400  ♯and♯ Dt♯le♯450：Ct=29);
@FOR(LINK│Dt♯gt♯450  ♯and♯ Dt♯le♯500：Ct=32);
@FOR(LINK│Dt♯gt♯500  ♯and♯ Dt♯le♯600：Ct=37);
@FOR(LINK│Dt♯gt♯600  ♯and♯ Dt♯le♯700：Ct=44);
@FOR(LINK│Dt♯gt♯700  ♯and♯ Dt♯le♯800：Ct=50);
@FOR(LINK│Dt♯gt♯800  ♯and♯ Dt♯le♯900：Ct=55);
@FOR(LINK│Dt♯gt♯900  ♯and♯ Dt♯le♯1000：Ct=60);
@FOR(LINK│Dt♯gt♯1000：Ct=60+5*@floor(Dt/100-10)
        +@if(@mod(Dt,100)♯eq♯0,0,5));
ENDCALC
END
```

2）公路运输网的计算

程序 6.17   钢管购运计划——公路网

```
model：
TITLE 钢管购运计划——公路网；
SETS：
! NODES 表示节点集合；
NODES   /S1,S2,S3,S4,S5,S6,S7,
        A1,A2,A3,A4,A5,A6,A7,A8,A9,A10,A11,A12,A13,A14,A15,
        B1,B2,B3,B4,B5,B6,B7,B8,B9,B10,B11,B12,B13,B14,B15,B16,B17/;
ROADSg(nodes,nodes)/
! 要铺设的管道；
  A1,A2 A2,A3 A3,A4 A4,A5 A5,A6 A6,A7 A7,A8 A8,A9 A9,A10 A10,A11
  A11,A12 A12,A13 A13,A14 A14,A15
! 公路网；
  B1,A2 B2,A3 B5,A4 B4,A5 B6,A6 B7,A7 S1,A7 B8,A8 B9,A9,B10,A10,
  B11,A11 B13,A12 B15,A13 S6,A14 B16,A14 B17,A15 S7,A15/:W0g;
!    属性 W 表示基本的权矩阵(直接距离)，
  Dt(i,j)表示节点 i 到 j 的最优行驶路线的路长，
  Ct(i,j)表示节点 i 到 j 铁路运输的最小单位运价(万元)；
LINK(NODES, NODES):Wg,Dg,Cg;
! 属性 U 表示迭代过程的权矩阵(临时标号)；
NNN(Nodes,nodes,nodes):U;
ENDSETS
```

254

DATA:

BIG = 20000;

! 针对公路网计算时,将铁路网的距离定为充分大(BIG = 20000);

| W0g = | 104 | 301 | 750 | 606 | 194 | 205 | 201 | 680 | 480 | 300 |

220 210 420 500

3   2   600 10   5   10   31   12   42   70

10   10   62   110   30   20   20;

! 输出费用 Cg 到文件中,以备后用;

@ole(Cost.xls,'truckcost') = @writefor(link(i,j):Cg(i,j));

ENDDATA

CALC:

! 无向网络,根据给定的直接距离具有对称性,得到初始距离矩阵;

@FOR(LINK(i,j)|@IN(ROADSg,i,j):

Wg(i,j) = W0g(i,j);Wg(j,i) = W0g(i,j););

@FOR(LINK(i,j)|i#eq#j:Wg(i,j) = 0);

! 所有无直接连接的节点间的距离定为充分大;

@FOR(LINK(i,j)|i#ne#j #and# #not# @IN(ROADSg,i,j)

#and# #not# @IN(ROADSg,j,i):Wg(i,j) = BIG;Wg(j,i) = BIG;);

! 以下三个循环语句就是最短路计算公式(Floyd-Warshall 算法);

! k = 1 的初值;

@FOR(NNN(i,j,k)|k#eq#1: U(i,j,k) = Wg(i,j));

! 迭代过程;

@For(nodes(k)|k#lt# @size(nodes): @FOR(LINK(i,j): U(i,j,k+1) =

@if(U(i,j,k) #le# U(i,k,k) + U(k,j,k),

U(i,j,k), U(i,k,k) + U(k,j,k))));

! 最后一次迭代得到 Dg;

@FOR(NNN(i,j,k)|k#eq# @size(nodes): Dg(i,j) =

@if(U(i,j,k) #le# U(i,k,k) + U(k,j,k),

U(i,j,k), U(i,k,k) + U(k,j,k)));

! 以下就是按最短路 Dg 查找相应运费 Cg 的计算公式;

@FOR(LINK: Cg = .1 * Dg);

ENDCALC

3) 混合运输网的计算

程序 6.18 钢管购运计划——混合网

model:

TITLE 钢管购运计划——混合网;

SETS:

! NOTES 表示节点集合;

NODES   /S1,S2,S3,S4,S5,S6,S7,

```
            A1,A2,A3,A4,A5,A6,A7,A8,A9,A10,A11,A12,A13,A14,A15,

            B1,B2,B3,B4,B5,B6,B7,B8,B9,B10,B11,B12,B13,B14,B15,B16,B17/;

    ！属性 W 表示基本的权矩阵(直接距离)，
      Dt(i,j)表示节点 i 到 j 的最优行驶路线的路长,
      Ct(i,j)表示节点 i 到 j 铁路运输的最小单位运价(万元);
    LINK(NODES, NODES):Ct,Cg,W,C；  ！属性 U 表示迭代过程的权矩阵(临时标号);
    NNN(Nodes,nodes,nodes):U；

    ENDSETS
    DATA：
    ！读出前面刚刚计算得到的结果;
    Ct = @ole(cost.xls,'TrainCost');
    Cg = @ole(cost.xls,'TruckCost');
    ！输出费用 C 到文本文件中,以备后用;
    @ole(cost.xls,'FinalCost') = @writefor(nodes(i)|i#le#7：
          @writefor(nodes(j)|j#ge#8 #and# j#le#22：
              @format(c(i,j),'6.1f')));

    ENDDATA
    CALC：
    ！得到初始距离矩阵;
    @FOR(LINK：W =   @if(Ct#le#Cg, Ct,Cg)  );
    @FOR(LINK(i,j)|i#eq#j：W(i,j) =   0  );
    ！以下三个循环语句就是最短路计算公式(Floyd-Warshall 算法);
    ！k = 1 的初值;
    @FOR(NNN(i,j,k)|k#eq#1：U(i,j,k) = W(i,j) );
    ！迭代过程;
    @For(nodes(k)|k#lt#@size(nodes)：@FOR(LINK(i,j)：U(i,j,k + 1) =
          @if(U(i,j,k) #le# U(i,k,k) + U(k,j,k),
              U(i,j,k), U(i,k,k) + U(k,j,k))));
    ！最后一次迭代得到 Dt;
    @FOR(NNN(i,j,k)|k#eq#@size(nodes)：C(i,j) =
          @if(U(i,j,k) #le# U(i,k,k) + U(k,j,k),
              U(i,j,k), U(i,k,k) + U(k,j,k)) );
    ENDCALC
```

4）钢管购运计划安排

程序 6.19　钢管购运计划安排

```
    MODEL：
    SETS：
    SUPPLY/S1..S7/:S,P,f;
    NEED/A1..A15/:b,y,z;
```

```
NEEDT/1..5171/;
LINK1(SUPPLY, NEED): C,X;
LINK2(NEED,NEEDT):dd,xx;
ENDSETS
DATA:
S = 800 800 1000 2000 2000 2000 3000;
P = 160 155  155  160  155  150  160;
b = 104, 301, 750, 606, 194, 205, 201,
    680, 480, 300, 220, 210, 420, 500,;
c = @ole(cost.xls,'finalcost');
@ole(result.xls,'result1') = @writefor(LINK1(i,j):x(i,j));
@ole(result.xls,'result2') = @writefor(NEED:y);
@ole(result.xls,'result3') = @writefor(NEED:z);
@ole(result.xls,'TC') = @write(TC);
ENDDATA
calc:
@for(NEEDT(k):dd(1,k) = k);
@for(LINK2(j,k)|j#gt#1:dd(j,k) =
    @if(k#le#@sum(NEED(l)|l#lt#j:b(l)),
        @sum(NEED(l)|l#lt#j:b(l)) - k + 1,
        k - @sum(NEED(l)|l#lt#j:b(l))));
endcalc
@for(NEEDT(k):@sum(NEED(j):xx(j,k)) = 1);
@for(NEED(j):@sum(NEEDT(k):xx(j,k)) = @sum(SUPPLY(m):x(m,j)));
[obj]MIN = TC;
TC = @sum(LINK1(i,j):(c(i,j) + p(i)) * x(i,j))
    + 0.1 * @sum(LINK2(j,k):dd(j,k) * xx(j,k));
! 约束;
@for(SUPPLY(i): [con1] @sum(NEED(j):x(i,j)) < = S(i) * f(i) );
@for(SUPPLY(i): [con2] @sum(NEED(j):x(i,j)) > = 500 * f(i));
@for(NEED(j):   [con3] @sum(SUPPLY(i):x(i,j)) = y(j) + z(j));
@for(NEED(j)|j#NE#15:   [con4] z(j) + y(j+1) = b(j));
y(1) = 0; z(15) = 0;
@for(SUPPLY:@bin(f));
! @for(LINK2:@bin(xx));
END
```

运行结果表明:应向 S_1, S_2, S_3, S_5, S_6 这 5 个钢厂分别订购 800 km, 800 km, 1000 km, 1366 km, 1205 km 钢管,并按表运输和铺设,可使总费用达到最小 1 278 631.6 万元.

表 6.11　订购和运输计划表

	A_1	A_2	A_3	A_4	A_5	A_6	A_7	A_8	A_9	A_{10}	A_{11}	A_{12}	A_{13}	A_{14}	A_{15}	订购
S_1	0	0	0	0	335	200	265	0	0	0	0	0	0	0	0	800
S_2	0	179	0	40	281	0	0	300	0	0	0	0	0	0	0	800
S_3	0	0	0	336	0	0	0	0	664	0	0	0	0	0	0	1000
S_4	0	0	0	0	0	0	0	0	0	0	0	0	0	0	0	0
S_5	0	0	508	92	0	0	0	0	0	351	415	0	0	0	0	1366
S_6	0	0	0	0	0	0	0	0	0	0	0	86	333	621	165	1205
S_7	0	0	0	0	0	0	0	0	0	0	0	0	0	0	0	0
运输量	0	179	508	468	616	200	265	300	664	351	415	86	333	621	165	5171
向左铺	0	104	226	468	606	184	189	125	505	321	270	75	199	286	165	
向右铺	0	75	282	0	10	16	76	175	159	30	145	11	134	335	0	
最优值	1 278 631.6															

上 机 练 习

1. 利用 LINGO 求解以下规划问题:

(1) $\max z = 4x_1 + 7x_2 + 2x_3$

$$\text{s. t.} \begin{cases} -x_1 + 2x_2 + x_3 \leqslant 10 \\ 2x_1 + 3x_2 + 3x_3 \leqslant 10 \\ x_1, x_2, x_3 \geqslant 0 \end{cases}$$

(2) $\min z = x_1 x_2^2 x_3^3$

$$\text{s. t.} \begin{cases} x_1 + x_2 + x_3 = 1 \\ x_1, x_2, x_3 \geqslant 0 \end{cases}$$

(3) $\min d = \sqrt{(x_1 - x_2)^2 + (y_1 - y_2)^2 + (z_1 - z_2)^2}$

$$\text{s. t.} \begin{cases} x_1 + y_1 + z_1 \leqslant -1 \\ z2 \geqslant x_2^2 + y_2^2 \end{cases}$$

2. 举例说明什么是 LINGO 的原生集、派生集以及它们的集成员、集属性.

3. 在 LINGO 中如何通过数据段给出集合 $\{s(i, j), i = 1, 2, 3; j = 1, 2, 3, 4\}$ 的已知值 $s(1, 3) = 1, s(2, 3) = 2$?

4. 利用 LINGO 计算段求级数 $\sum\limits_{n=1}^{100} \dfrac{1}{n}$.

5. 甲、乙、丙、丁四人完成 A, B, C, D 四项工作,每人做且只做其中一项,每人完成工作的时间见表 6.12 所示.问如何安排工作,可使所需总时间最短?

表 6.12　四人完成指定工作各需的时间

	A	B	C	D
甲	3	12	10	6
乙	14	6	15	1
丙	7	8	16	13
丁	8	10	15	10

6. 某牧场饲养一批动物,平均每头动物至少需要 700 g 蛋白质、30 g 矿物质和 100 g 维生素.现有 A, B, C, D, E 五种饲料可供选用,每千克饲料的营养成分与价格见表 6.13.

表 6.13　五种饲料的营养成分与价格

	蛋白质/g	矿物质/g	维生素/g	价格/(元/kg)
A	3	1.0	0.5	0.4
B	2	0.5	1.0	1.4
C	1	0.2	1.2	0.8
D	6	2.0	2.0	1.6
E	12	0.5	0.8	1.6

试求能满足动物生长营养需求又最经济的选用饲料方案.

7. 在以色列,为分享农业技术服务和协调农业生产,常常由几个农庄组成一个公共农业社区.在本课题中的这个公共农业社区由三个农庄组成,我们称之为南方农庄联盟.

南方农庄联盟的全部种植计划都由技术协调办公室制订.当前,该办公室正在制订来年的农业生产计划.

南方农庄联盟的农业收成受到两种资源的制约.一是可灌溉土地的面积,二是灌溉用水量.这些数据由表 6.14 给出.

表 6.14　南方农庄联盟可用资源数据

农　庄	可灌溉耕地面积/英亩	分配的用水量/(英亩-英尺)
A	400	600
B	600	800
C	300	375

注:英亩-英尺是水容积单位,1 英亩-英尺就是面积为 1 英亩,深度为 1 英尺的体积;1 英亩-英尺 ≈ 1233.48 立方米.

南方农庄联盟种植的作物是甜菜、棉花和高粱,这三种作物的纯利润及耗水量不同.农业管理部门根据本地区资源的具体情况,对本联盟农田种植规划制定的最高限额数据由表 6.15 给出.

表 6.15　南方农庄联盟农作物种植数据

农作物	最大种植面积/英亩	耗水量/(英亩-英尺/英亩)	纯利润/(美元/英亩)
甜　菜	600	3	400
棉　花	500	2	300
高　粱	325	1	100

三家农庄达成协议:各家农庄的播种面积与其可灌溉耕地面积之比相等;各家农庄种植何种作物并无限制.所以,技术协调办公室面对的任务是:根据现有的条件,制定适当的种植计划帮助南方农庄联盟获得最大的总利润,现请你替技术协调办公室完成这一决策.

对于技术协调办公室的上述安排,你觉得有何缺陷,请提出建议并制定新的种植计划.

8. 某农场有 100 hm² 土地及 15 000 元资金可用于发展生产.农场劳动力情况为秋冬季 3500 人日,春夏季 4000 人日,如劳动力本身用不了时可外出干活,春夏季收入为 2.1 元/人日,秋冬季收入为 1.8 元/人日.该农场种植三种作物:大豆、玉米、麦子,并饲养奶牛和鸡.种作物时不需要专门投资,而饲养动物时每头奶牛投资 400 元,每只鸡投资 3 元.养奶牛时每头需拨出 1.5 hm² 土地种饲草,并占用人工秋冬季为 100 人日,春夏季为 50 人日,年净收入为每头奶牛 400 元.养鸡时不占土地,需人工为每只鸡秋冬季 0.6 人日,春夏季为 0.3 人日,年净收入为每只鸡 2 元.农场现有鸡舍允许最多养 3000 只鸡,牛栏允许最多养 32 头奶牛.三种作物每年需要的人工及收入情况见表 6.16.

表 6.16 三种作物所需工时及收入情况

	大 豆	玉 米	麦 子
秋冬季需人日数	20	35	10
春夏季需人日数	50	75	40
年净收入/(元/hm²)	175	300	120

试决定该农场的经营方案,使年净收入为最大.

9. 有一艘货轮,分前、中、后三个舱位,它们的容积与最大允许载重量见表 6.17.

表 6.17 各船舱容积与其载重量

	前 舱	中 舱	后 舱
最大允许载重量/t	2000	3000	1000
容 积/m³	4000	5400	1000

现有三种货物待运,已知有关数据见表 6.18.

表 6.18 待运货物量及其运价

商 品	数量/件	每件体积/(m³/件)	每件重量/(t/件)	运价/(元/件)
A	600	10	8	1000
B	1000	5	6	700
C	800	7	5	600

又为了航运安全,要求前、中、后舱在实际载重量上大体保持各舱最大允许载重量的比例关系.具体要求前、后舱分别与中舱之间载重量比例上偏差不超过 15%,前、后舱之间不超过 10%.

利用 LINGO 回答:该货轮应装载 A,B,C 各多少件,其运费收入为最大?

10. 某厂在今后 4 个月内需租用仓库堆存物资.已知每个月所需的仓库面积数据见表 6.19.

表 6.19 工厂每月所需的仓库面积

月 份	1	2	3	4
所需仓库面积/10² m²	15	10	20	12

当租借合同期限越长时,仓库租借费用享受的折扣优惠越大,具体数据列于表 6.20.

表 6.20　仓库租借费用

合同租借期限	1 个月	2 个月	3 个月	4 个月
合同期内每百平方米仓库面积的租借费用/元	2800	4500	6000	7300

租借仓库的合同每月初都可办理,每份合同具体规定租用面积数和期限.因此该厂可根据需要在任何一个月初办理租借合同,且每次办理时可签署一份,也可同时签署若干份租用面积和租借期限不同的合同,总的目标是使所付的租借费用最小.

试根据上述要求建立一个线性规划的数学模型,并利用 LINGO 求解.

11. 就 6.4 节问题中图 6.15(b),给出钢管订购和运输方案.

12. 就 6.4 节所给问题(图 6.15(a)),用 LINGO 计算回答哪个钢管厂的销价变化对订购和运输方案影响最大?哪个钢管厂的产量上限对订购和运输方案影响最大?

附录　Matlab 的统计计算命令

1. 概率分布函数名

附表 1

离散型分布函数名			
bino 或 Binomial	二项分布	geo 或 Geometric	几何分布
hyge 或 Hypergeometric	超几何分布	poiss 或 Poisson	Poisson 分布
nbin 或 Negative Binomial	负二项分布	unid 或 Discrete Uniform	离散型均匀分布

连续型分布函数名			
beta 或 Beta	β 分布	exp 或 Exponential	指数分布
f 或 F	F 分布	ncf 或 Noncentral F	非中心 F 分布
chi2 或 Chisquare	χ^2 分布	ncx2 或 Noncentral Chi-square	非中心 χ^2 分布
gam 或 Gamma	γ 分布	logn 或 Lognormal	对数正态分布
t 或 T	t 分布	nct 或 Noncentral t	非中心 t 分布
norm 或 Normal	正态分布	unif 或 Uniform	均匀分布
rayl 或 Rayleigh	瑞利分布	weib 或 Weibull	威布尔分布

2. 产生随机数的命令

（1）产生随机数的通用命令：random.

调用格式：

$$y = random('name', A, m, n)$$

产生由 'name' 指定分布的 m × n 阶随机矩阵 y，A 为该分布的参数（可多于一个）.

（2）产生指定分布随机数的命令.

命名规律：简略的分布函数名 + rnd.

附表 2

betarnd	β 分布	binornd	二项分布
chi2rnd	χ^2 分布	exprnd	指数分布
frnd	F 分布	gamrnd	γ 分布
geornd	几何分布	hygernd	超几何分布
lognrnd	对数正态分布	mvnrnd	多元正态分布
mvtrnd	多元 t 分布	nbinrnd	负二项分布
ncfrnd	非中心 F 分布	nctrnd	非中心 t 分布
ncx2rnd	非中心 χ^2 分布	normrnd	正态分布

poissrnd	Poisson 分布	raylrnd	瑞利分布
trnd	t 分布	unidrnd	离散型均匀分布
unifrnd	区间(a,b)上均匀分布	weibrnd	威布尔分布
rand	区间$(0,1)$上均匀分布	randn	标准正态分布

3. 概率密度函数值的计算

（1）计算概率密度函数值的通用命令：pdf.

调用格式：

    y = pdf ('name', k, A)

返回由 name(附表 1)指定的以 A 为参数的概率分布在 $x = k$ 处的密度函数值.

（2）计算指定分布概率密度函数值.

命名规律：简略的分布函数名＋pdf.

附表 3

betapdf	β 分布	binopdf	二项分布
chi2pdf	χ^2 分布	exppdf	指数分布
fpdf	F 分布	gampdf	γ 分布
geopdf	几何分布	hygepdf	超几何分布
lognpdf	对数正态分布	nbinpdf	负二项分布
ncfpdf	非中心 F 分布	nctpdf	非中心 t 分布
ncx2pdf	非中心 χ^2 分布	normpdf	正态分布
poisspdf	Poisson 分布	raylpdf	瑞利分布
tpdf	t 分布	unidpdf	离散型均匀分布
unifpdf	(a,b)上均匀分布	weibpdf	威布尔分布

4. 分布函数值的计算

（1）计算分布函数值的通用命令：cdf.

调用格式：

    y = cdf ('name', k, A)

返回由 name(附表 1)指定的以 A 为参数的概率分布在 $x = k$ 处的分布函数值.

（2）计算指定分布的分布函数值.

命名规律：简略的分布函数名＋cdf.

附表 4

betacdf	β 分布	binocdf	二项分布
chi2cdf	χ^2 分布	expcdf	指数分布
fcdf	F 分布	gamcdf	γ 分布
geocdf	几何分布	hygecdf	超几何分布

logncdf	对数正态分布	nbincdf	负二项分布
ncfcdf	非中心 F 分布	nctcdf	非中心 t 分布
ncx2cdf	非中心 χ^2 分布	normcdf	正态分布
poisscdf	Poisson 分布	raylcdf	瑞利分布
tcdf	t 分布	unidcdf	离散型均匀分布
unifcdf	(a, b) 上均匀分布	weibcdf	威布尔分布

5. 逆分布函数值(分位数)的计算

(1) 计算逆分布函数值的通用命令：icdf.

调用格式：

$$y = \text{icdf}('name', p, A)$$

返回由 name(附表 1)指定的以 A 为参数的概率为 p 的临界值(分位点).

(2) 计算指定分布的逆分布函数值.

命名规律：简略的分布函数名＋inv.

6. 随机变量的数字特征

(1) 位置度量.

附表 5

mean	求 n 个元素的算术平均数
median	中位数
geomean	几何平均数(n 个元素乘积的 n 次方根)
harmmean	调和平均数(n 个元素倒数的算术平均数的倒数)

注：几何平均数的数学定义是 $\left(\prod\limits_{k=1}^{n} x_k\right)^{1/n}$，调和平均数的数学定义是 $\dfrac{n}{\sum\limits_{k=1}^{n} \dfrac{1}{x_k}}$.

(2) 数据处理.

附表 6

sort	将 n 个元素按从小到大的顺序排列
sortrows	将矩阵按行的方式排序
range	求最大值与最小值之差(极差)

(3) 散布度量.

附表 7

var	计算样本的方差
std	计算样本的标准差
moment	计算样本指定阶数的中心矩

cov	计算样本的协方差矩阵
corrcoef	计算样本的相关系数矩阵
kurtosis	计算样本峰度
skewness	计算样本偏度

注:若 x 为向量,$\mathrm{Var}(x) = \dfrac{1}{n-1}\sum_{i=1}^{n}(x_i-\bar{x})^2$,$\mathrm{Var}(x,1)$ 返回前置因子为 $\dfrac{1}{n}$ 的样本方差;峰度为单峰分布曲线"峰的平坦程度"的度量. 峰度的定义为 $\dfrac{E(x-\mu)^4}{\sigma^4}$,正态分布的峰度为 3. 曲线比正态分布曲线平坦的分布,其峰度大于 3,反之,则小于 3;偏度是样本数据围绕其均值左右对称情况的度量. 如果偏度为负,则数据分布偏向于其均值的左边;反之,则偏向右边. 样本分布的偏度定义为 $\dfrac{E(x-\mu)^3}{\sigma^3}$. 正态分布(或其他关于均值对称的分布)的偏度为零.

（4）指定分布的均值和方差的计算命令（简略的分布函数名＋stat）.

附表 8

betastat	$[u, v]=\mathrm{betastat}(a, b)$	以 a,b 为参数的 β 分布
binostat	$[u, v]=\mathrm{binostat}(n, p)$	以 n,p 为参数的二项分布
chi2stat	$[u, v]=\mathrm{chi2stat}(n)$	以自由度为 n 的 χ^2 分布
expstat	$[u, v]=\mathrm{expstat}(mu)$	以 mu 为参数的指数分布
fstat	$[u, v]=\mathrm{fstat}(v1, v2)$	以自由度为 v1 和 v2 的 F 分布
gamstat	$[u, v]=\mathrm{gamstat}(a,b)$	以 a,b 为参数的 Γ 分布
geostat	$[u, v]=\mathrm{geostat}(p)$	以 p 为参数的几何分布
normstat	$[u, v]=\mathrm{normstat}(mu, si)$	以 mu 和 si 为参数的正态分布
poisstat	$[u, v]=\mathrm{poisstat}(lm)$	以 lm 为参数的 Poisson 分布
tstat	$[u, v]=\mathrm{tstat}(n)$	以自由度为 n 的 t 分布
unifstat	$[u, v]=\mathrm{unifstat}(a, b)$	在区间(a, b)上均匀分布
weibstat	$[u, v]=\mathrm{weibstat}(a, b)$	以 a,b 为参数的 Weibull 分布

7. 参数估计

（1）计算分布的有关参数的极大似然估计值. 计算命令:mle.

（2）常用分布参数估计的计算命令（简略的分布函数名＋fit）.

附表 9

betafit	计算 β 分布参数的极大似然估计值和置信区间
binofit	计算二项分布中事件发生概率的估计值及置信区间
expfit	计算指数分布中参数的极大似然估计值和置信区间
gamfit	计算 Γ 分布中参数的极大似然估计值和置信区间
normfit	计算正态分布中参数的最小方差无偏估计值和置信区间

poissfit	计算 Poissin 分布中参数的极大似然估计值和置信区间
unifit	计算均匀分布中参数的极大似然估计值和置信区间
weibfit	计算 Weibull 分布中参数的极大似然估计值和置信区间

8. 假设检验

（1）参数的假设检验.

附表 10

ztest	σ^2 已知,单个正态母体均值的检验
ttest	σ^2 未知,单个正态母体均值的检验
ttest2	两个具有相同方差的正态母体均值差的检验
vartest	单个正态总体方差的 χ^2 检验
vartest2	两个独立正态总体等方差的 F 检验
vartestn	矩阵各列的多个正态总体等方差的 Bartlett 检验

（2）非参数的假设检验.

附表 11

chi2gof	正态性 χ^2 拟合检验
lillietest	单一样本正态拟合优度的 Lilliefors 检验
jbtest	单一样本正态拟合优度的 Bera-Jarque 检验
kstest	单一样本的 Kolmogorov-Smirnov 检验
kstest2	双样本的 Kolmogorov-Smirnov 拟合检验
ranksum	Wilcoxon 秩和检验
signrank	Wilcoxon 符号秩检验
signtest	成对样本的符号检验

9. 多元统计分析

附表 12

princomp	初始数据矩阵的主成分分析
pcacov	对协方差矩阵进行主成分分析
pcares	主成分分析残差
barttest	Bartlett 检验

10. 统计作图命令

附表 13

boxplot	绘出样本数据的 box 图
errorbar	误差条形图
hist	直方图
fsurfht	函数的交互轮廓图
gline	在图中用鼠标点击两点后绘出连线
gname	用指定的名称来标记图中的点
lsline	绘出数据的最小二乘拟合直线
normplot	图形化正态性检验的正态概率图
pareto	Pareto 图（主次因素排列图）
qqplot	两个样本的分位数–分位数图
rcoplot	回归残差图
refcurve	在当前图形中绘出供参考的多项式拟合曲线
refline	在当前图中绘出参考线
weibplot	图形化 Weibull 性检验的 Weibull 概率分布图

11. 线性模型

附表 14

anova1	单因素方差分析
anova2	双因素方差分析
glmfit	广义线性模型拟合
regress	对数据（矩阵）作最小二乘回归拟合
lscov	已知协方差的最小二乘法
ridge	岭回归的参数估计
stepwise	逐步回归的交互式环境
polyfit	多项式曲线拟合
polyval	多项式求值
polyconf	多项式求值及置信区间估计
polytool	拟合多项式的交互式绘图
rstool	二次响应曲面的交互式拟合及其图形
robust	稳健回归环境
x2fx	将矩阵转换为设计矩阵

12. 非线性模型

nlinfit	非线性最小二乘回归拟合
nlintool	非线性拟合并绘出交互式图形
nlparci	非线性模型参数的置信区间
nlpredci	非线性模型最小二乘预测的置信区间

13. 试验设计

ff2n	两种水平全因子试验设计
fullfact	混合水平全因子试验设计
rowexch	行交换 D-优化设计
cordexch	坐标变换的 D-优化设计
daugment	扩张的 D-优化设计
dcovary	具有固定方差的 D-优化设计

参 考 文 献

Patrick Marchand. 2003. Graphics and GUIs with MATLAB. Third edition. New York:CRC-Press

Sergey E Lyshevski. 2003. Engineering and Scientific Computations Using MATLAB. New Jersey:JOHN WILEY & SONS,INC

陈士华,等. 1998. 混沌动力学初步. 武汉:武汉水利电力大学出版社

邓薇. 2008. Matlab 函数速查手册. 北京:人民邮电出版社

黄桐城,等. 2002. 数学规划与对策论. 上海:上海交通大学出版社

姜启源. 2003. 数学模型. 北京:高等教育出版社

李水根. 2004. 分形. 北京:高等教育出版社

孙博文. 2004. 分形算法与程序设计——Visual C++实现. 北京:科学出版社

同济大学应用数学系. 2007. 高等数学. 第 6 版. 北京:高等教育出版社

王松桂,等. 1999. 线性统计模型——线性回归与方差分析. 北京:高等教育出版社

吴传生. 2008. 经济数学——线性代数. 第 2 版. 北京:高等教育出版社

萧礼,等. 1998. 模型数学—连续动力系统和离散动力系统. 北京:科学出版社

薛定宇,等. 2008. 高等应用数学问题的 MATLAB 求解. 第 2 版. 北京:清华大学出版社

张伟年. 2001. 动力系统基础. 北京:高等教育出版社

盛骤,等. 2001. 概率论与数理统计. 第 3 版. 北京:高等教育出版社